Zum Werk Leonhard Eulers

Vorträge des Euler-Kolloquiums
im Mai 1983 in Berlin

Herausgegeben von
E. Knobloch
I. S. Louhivaara
J. Winkler

1984 Birkhäuser Verlag
Basel · Boston · Stuttgart

Die Herausgeber:

Eberhard Knobloch
Technische Universität Berlin
Institut für Philosophie, Wissenschaftstheorie,
Wissenschafts- und Technikgeschichte
Straße des 17. Juni 135
D 1000 Berlin 12

Ilppo Simo Louhivaara
Freie Universität Berlin
Fachbereich Mathematik
Arnimallee 2–6
D 1000 Berlin 33

Jörg Winkler
Technische Universität Berlin
Fachbereich Mathematik
Straße des 17. Juni 135
D 1000 Berlin 12

CIP-Kurztitelaufnahme der Deutschen Bibliothek

Zum Werk Leonhard Eulers : Vorträge d. Euler-
Kolloquiums im Mai 1983 in Berlin / hrsg. von
E. Knobloch ... – Basel ; Boston ; Stuttgart ;
Birkhäuser, 1984.

NE: Knobloch, Eberhard [Hrsg.]; Euler-Kolloquium
‹1983, Berlin, West›

Library of Congress Cataloging in Publication Data

Euler-Kolloquium (1983 : Berlin, Germany)
Zum Werk Leonhard Eulers.
Contributions in English, French, and German of the
colloquium held May 12–14, 1983, at the Technische
Universität Berlin and organized in conjunction with the
Freie Universität Berlin.
Includes bibliographical references.
1. Mathematical analysis—Congresses. 2. Euler,
Leonhard, 1707–1783—Congresses. I. Knobloch, Eberhard.
II. Louhivaara, I. S., 1927–   . III. Winkler, J.
(Jörg), 1936–   . IV. Title.
QA299.6.E84   1983   515   84-2857

ISBN-13: 978-3-0348-7122-8   e-ISBN-13: 978-3-0348-7121-1
DOI: 10.1007/978-3-0348-7121-1

Umschlaggestaltung: Albert Gomm swb/asg, Basel

LEONHARD EULER

Leonhard Euler wurde in Basel am 15. April 1707 als ältestes
Kind des reformierten Pfarrers Paulus Euler und seiner Frau Marga-
retha Brucker geboren.

Zur Zeit der Geburt Leonhard Eulers war Paulus Euler im Pfarramt
zu St. Jacob an der Birs (unmittelbar vor Basels Stadtmauern) tätig.
Im Jahre 1708 wurde Paulus Euler zum Pfarrer in Riehen (etwa 5 km von
Basel entfernt) gewählt. Dadurch verbrachte Leonhard Euler die frühen
Jahre seiner Kindheit mit seinen zwei Schwestern in der ländlichen Umgebung des Pfarrhauses in Riehen. Das jüngste Kind der Familie Euler,
ein Sohn, wurde erst später geboren.

Paulus Euler hatte nach seinem "studium generale" in der ersten
philosophischen Ausbildungsphase vor den Theologiestudien sich gründ-
lich mit Mathematik zum Teil unter Betreuung von Jakob Bernoulli
(1655-1705) beschäftigt. Als dann Paulus Euler der erste Lehrer seines
Sohns wurde, war es dadurch verständlich, daß Mathematik eine wesentliche Stellung in dem Unterricht hatte.

Leonhard Euler wurde im Alter von etwa sechs Jahren nach Basel
in die Lateinschule gesandt; dort wurde er kaum unterrichtet, in der
Mathematik überhaupt nicht. Ein mathematisch interessierter Theologe
Johannes Burkhardt (1691-1743) hatte mit dem Hause Euler eine enge
Verbindung. Sein privater Unterricht in Mathematik war bedeutend für
die Ausbildung des jungen Leonhards.

Im Oktober 1720 immatrikulierte Leonhard Euler sich an der philosophischen Fakultät der Universität Basel (Studienbeginn in so jungem
Alter war damals üblich). Obgleich sein Ziel den Wünschen des Vaters
entsprechend theologische Studien war, wurde sein Hauptinteresse bald

aus den für die Theologie vorbereitenden Fächern in die Richtung der
Mathematik geleitet. Leonhard Euler hatte das Glück, daß als Haupt-
lehrer in Mathematik an der Basler Universität einer der wichtigsten
Mathematiker der Zeit, Johann Bernoulli (1667-1748), Bruder Jakob
Bernoullis, war. Die Unterricht Johann Bernoullis war sicher schon in
der Anfangsphase der Studien für die erfolgreiche Entwicklung Eulers
von großer Bedeutung.

Mit 15 Jahren erwarb Euler den ersten akademischen Grad "prima
laurea". Als Ausdruck der Vielseitigkeit und der breiten Interessen
Eulers während der Studien sei erwähnt, daß er sich schon in diesem
Alter um eine Logikprofessur und eine Professur der Geschichte des
römischen Rechts bewarb, wenn auch ohne Erfolg. Im Alter von 16 Jahren
beendete Euler seine Studien an der philosophischen Fakultät mit einem
philosophischen Magisterexamen. Gleichzeitig mit Euler erwarb auch
der jüngste Sohn Johann Bernoullis, Johann II Bernoulli (1710-
1790), die Magisterwürde.

Nach dem Magisterexamen schrieb Euler sich an der theologischen
Fakultät ein. Neben den theologischen Studien konnte er weiter die
Vorlesungen von Johann Bernoulli über Mathematik und Physik hören.
Durch die Vermittlung von Johann II Bernoulli und von dessen etwas älteren Brüdern, Niklaus II Bernoulli (1695-1726) und Daniel Bernoulli (1700-1782), bekam Leonhard Euler allmählich auch die Gelegenheit, persönlichen Unterricht von Johann Bernoulli zu erhalten.
Somit konnte Euler von den breiten Kenntnissen Bernoullis profitieren,
und die engen Kontakte von Euler zu der Familie Bernoulli wurden gegründet. Diese früh begonnenen Verbindungen behielt Euler durch sein
ganzes Leben.

Aus dieser Zeit stammt die erste Abhandlung Leonhard Eulers,
"Constructio linearum isochronarum in medio quocunque resistente", die
im Jahre 1726 in Leipzig veröffentlicht wurde. Dies zeigt, daß Euler
seine Forschungstätigkeit in der mathematischen Analysis begonnen hatte.
Dieses Erstlingswerk bezeugt den Anfang seines Interesses in einer
neuen mathematischen Disziplin, in der Variationsrechnung.

Durch den Einfluß von Johann Bernoulli konnte Leonhard Euler die
Zustimmung seines Vaters dafür erhalten, daß er nicht weiter Theologie
studierte. Sein ganzes Leben blieb aber Leonhard Euler ein tiefgläubi-
ger Mann.

Bald wurden die Forschungsinteressen Leonhard Eulers breiter,
unter anderem reichte er eine Abhandlung über eine Preisfrage aus dem

Schiffbau an der Pariser Akademie ein (zwar nur mit teilweisem Erfolg:
er erhielt diesmal noch nicht den Preis, sondern nur eine lobende Aner-
kennung; später wurde ein entsprechender Preis ihm zwölfmal verliehen).

Mit einer Abhandlung über den Schall bewarb Euler sich im Jahre
1726 um eine Physikprofessur in Basel. Trotz der Empfehlung von Johann
Bernoulli wurde die Stelle ihm nicht gegeben.

Aus der Basler Zeit soll vielleicht noch erwähnt werden, daß
Leonhard Euler bei der Begründung der Hydrodynamik durch Johann und
Daniel Bernoulli wesentlich mitwirkte.

Zar Peter (I.) von Rußland hatte die Stadt Sankt Petersburg an
der Mündung des Flusses Neva gegründet und Pläne zu einer Akademie der
Wissenschaften entwickelt. Nach dem Tod Peters verwirklichte die neue
Zarin Katharina (I.) diese Pläne. Nachdem Johann Bernoulli einen
Ruf zum Professor und Akademiemitglied nach Petersburg abgelehnt hatte,
wurden seine Söhne Daniel und Niklaus im Jahre 1725 Professoren in
Petersburg. Diese veranlaßten schon im Herbst 1726, daß dem jungen
Euler eine Adjunktenstelle der Physiologie an der Akademie angeboten
wurde. Bald danach verstarb Niklaus Bernoulli.

Am 5. April 1727 verließ Leonhard Euler Basel. Obgleich er nie
mehr seine Heimatstadt besuchte, behielt Euler bis zu seinem Tode das
Basler Bürgerrecht. Am 24. Mai traf Euler in Petersburg ein.

Im Jahre 1731 wurde Leonhard Euler dann Professor der Physik und
dadurch Mitglied der Akademie. Nachdem Daniel Bernoulli einen Ruf nach
Basel erhalten und angenommen hatte, wurde Euler im Jahre 1733 zum
Professor der Mathematik ernannt.

Am 7. Januar 1734 heirateten Leonhard Euler und Katharina
Gsell, Tochter des in Petersburg lebenden schweizerischen Malers
Georg Gsell. Aus der Ehe wurden 13 Kinder geboren, von denen acht
bereits als Kleinkind starben.

Durch mehrere Regierungswechsel und ständige politische Streite-
reien waren die Verhältnisse in Petersburg für viele Kollegen Eulers
unerträglich geworden. Als diese einer nach dem anderen weggingen,
wurde Euler für viele zusätzliche Tätigkeiten zuständig.

Mit enormer Arbeitskraft und genialer Erfindungsfähigkeit entwickelte Leonhard Euler in Petersburg eine Forschungstätigkeit, die in
der Breite und in der Tiefe eine einmalige Stellung in der Geschichte
der Wissenschaften hat. Seine Tätigkeit war entscheidend für den Auf-
stieg der Petersburger Akademie zum Weltruf.

Im Jahre 1735 verlor Euler die Sehkraft seines rechten Auges.
Ohne das linke Auge zu schonen arbeitete er aber weiter, und bald wur-
de auch dieses Auge schwächer. Von da ab lebte er in der ständigen
Gefahr der totalen Erblindung.

Die politische Situation in Rußland besserte sich nicht. In
Berlin wollte König Friedrich II. von Preußen (Friedrich der Große,
1712-1786) die durch König Friedrich (I.) im Jahre 1700 gegründete
Königliche Preußische Akademie der Wissenschaften, die inzwischen
inaktiv geworden war, wieder beleben. Friedrich II. ließ einen Ruf an
Leonhard Euler gehen, und dieser nahm ihn an.

Hauptgewicht in der Forschung Leonhard Eulers während der "ersten
Petersburger Periode" lag in der Mechanik, Musiktheorie und in dem
Schiffbau; neben vielen weiteren Abhandlungen aus den verschiedensten
Themenkreisen verfaßte er über diese Gebiete umfangreiche Werke.

Am 19. Juni 1741 verließ Euler Petersburg, das Ort seines ersten
Erfolgs.

Am 25. Juli 1741 traf Leonhard Euler mit seiner Familie in Berlin
ein. Die Pläne Friedrichs wurden aber durch verschiedene Einflüsse
verzögert, und die Neugründung der Berliner Akademie folgte erst im
Jahre 1745.

Auch Johann und Daniel Bernoulli sowie Jean le Rond
d'Alembert (1717-1783) waren nach Berlin berufen worden, aber sie
lehnten die Rufe ab. Diese drei Mathematiker wurden später auswärtige
Mitglieder der Berliner Akademie, und ihre Bedeutung für die Akademie
und für die Forschungsarbeit Eulers war groß.

Wieder war Eulers Anteil in der Forschung entscheidend für die
günstige Entwicklung der Akademie. Neben der sehr regen Forschertätig-
keit wirkte er zwanzig Jahre als Direktor der mathematischen Klasse,
und nach dem Tod des Präsidenten der Akademie, Pierre-Louis Moreau
de Maupertuis (1698-1759) leitete er, zwar nicht nominell, aber
de facto die ganze Akademie.

Nach dem Tod Johann Bernoullis im Jahre 1748 lehnte Leonhard
Euler den an ihn gegangenen Ruf ab, als Nachfolger seines wichtigsten
Lehrers nach Basel zurückzukehren.

Das Fehlen des vollen Einverständnisses zwischen dem kulturell
vielseitig interessierten König und dem großen Wissenschaftler ebenso
wie verschiedene Kämpfe innerhalb der Akademie waren wohl Gründe, wa-
rum Leonhard Euler nach einer 25-jährigen Tätigkeit in Berlin bereit

war, im Jahre 1766 dem Ruf der Zarin Katharina II. von Rußland an die Petersburger Akademie zu folgen.

Neben hunderten von Abhandlungen entstanden in der Berliner Periode Leonhard Eulers die Hauptwerke in der Variationsrechnung, Funktionentheorie, Differentialrechnung und Mechanik. Man kann mit gutem Grund sagen, daß die Hauptinteressengebiete Eulers in Berlin die mathematische Analysis und die von ihm zusammen mit Daniel Bernoulli und Jean d'Alembert gegründete Disziplin der mathematischen Physik waren. Während der Berliner Jahre verfaßte er auch die ersten mathematischen Universitätslehrbücher, die auch noch heute Vorbilder für die höheren Lehrbücher sind. Von den in Berlin entstandenen Werken Eulers soll noch das umfangreiche Werk "Lettres à une princesse d'Allemagne sur divers sujets de physique et de philosophie" erwähnt werden, das er im Auftrag des Markgrafen von Brandenburg-Schwedt, Heinrich, ursprünglich für dessen Tochter Friederike schrieb; es war eine sehr ernst zu nehmende "popularwissenschaftliche" Gesamtdarstellung der Physik, Philosophie, Musiktheorie, Logik, Ethik und Theologie.

Nachdem Euler einige Monate auf das Entlassungsschreiben des Königs hatte warten müssen, verließ er mit seiner großen Familie Berlin am 1. Juni 1766. In Berlin hatte Leonhard Euler den Höhepunkt seines Wirkens erlebt.

Am 28. Juli 1766 traf Leonhard Euler in Petersburg ein. Jetzt hatte er eine wichtige Stellung an der Akademie und dadurch alle äußeren Möglichkeiten zu einer erfolgreichen und vielseitigen Forschungstätigkeit.

Wegen der fortgeschrittenen Erblindung des linken Auges von Euler wurde im Jahre 1771 eine Staroperation geglückt durchgeführt: er konnte wieder sehen. Die Genesung war aber nicht dauerhaft, und Euler war wahrscheinlich ab 1773 erblindet.

Im Jahre 1773 verstarb nach 40-jähriger Ehe Eulers Frau. Der erblindete Euler heiratete drei Jahre später die Halbschwester der Verstorbenen, Salomea Abigail Gsell.

Die Blindheit konnte Euler nicht hindern, seine Forschungen und seine Veröffentlichungstätigkeit in unvermindertem Maß fortzuführen. Wie er während seiner Berliner Zeit gute Verbindungen mit der Petersburger Akademie gehabt hatte, war er jetzt wieder in guter Zusammenarbeit mit den Berliner Wissenschaftlern, unter anderem mit seinem dortigen Nachfolger Joseph Louis Comte de Lagrange (1736-1813).

In dieser zweiten Petersburger Periode verfaßte Euler neben anderen Abhandlungen wichtige Werke über die Integralrechnung, Algebra und Dioptrik.

Leonhard Euler verstarb am 18. September 1783 nach einem Schlaganfall in Sankt Petersburg.

Leonhard Euler war einer der ideenreichsten Mathematiker und einer der größten Gelehrten aller Zeiten. Nach dem in den Jahren 1910-1913 erschienenen Verzeichnis von Gustaf Eneström waren bis dahin 866 gedruckte Schriften Eulers erschienen. Seit 1907 sind in der durch die Initiative der Schweizerischen Naturforschenden Gesellschaft erscheinenden Gesamtausgabe "Opera omnia" vom Werk Eulers rund 70 Quartbände veröffentlich worden. Es sollen noch in etwa 14 Bänden seine Briefe und Manuskripte erscheinen.[1]

Zum Gedenken des 200. Todestages von Leonhard Euler wurde eine Tagung, Euler-Kolloquium, vom 12. bis 14. Mai 1983 in Berlin veranstaltet.

---

[1] Über Eulers Leben und Wirken sind zahlreiche Monographien und Abhandlungen verfaßt worden, hier sei auf die unten angegebenen Festschriften [1]-[3] verwiesen ([3] enthält auch eine möglichst vollständige Liste von diesbezüglichen Literaturangaben, "Euleriana – Verzeichnis des Schrifttums über Leonhard Euler", zusammengestellt von Johann Jakob Burkhardt, S. 511-552); weiter sei auf die neulich erschienene Biographie [4] verwiesen:

[1] Леонард Эйлер. Сборник статей в честь 250-летия со дня рождения, представленных Академии наук СССР. Под редакцией М. А. Лаврентьева, А. П. Юшкевича, А. Т. Григорьяна. Издательство Академии наук СССЗ, Москва, 1958. [Sammelband der zu Ehren des 250. Geburtstages Leonhard Eulers der Akademie der Wissenschaften der UdSSR vorgelegten Abhandlungen. Unter verantwortlicher Redaktion von M. A. Lawrentjew, A. P. Juschkewitsch, A. T. Grigorjan. Verlag der Akademie der Wissenschaften der UdSSR, Moskau, 1958.] 611 S.

[2] Sammelband der zu Ehren des 250. Geburtstages Leonhard Eulers der Deutschen Akademie der Wissenschaften zu Berlin vorgelegten Abhandlungen. Unter verantwortlicher Redaktion von Kurt Schröder. Akademie-Verlag, Berlin, 1959. X+336 S.

[3] Leonhard Euler 1707-1783. Beiträge zu Leben und Werk. Gedenkband des Kantons Basel-Stadt. Birkhäuser Verlag, Basel, 1983. 555 S.

[4] Rüdiger Thiele: Leonhard Euler. Biographien hervorragender Naturwissenschaftler, Techniker und Mediziner 56. BSB B. G. Teubner Verlagsgesellschaft, Leipzig, 1982. 192 S.

Erste Anregungen zu der Tagung kamen aus zwei Richtungen. Herr Professor Dr. Paul L. Butzer aus Aachen und Herr Professor Dr. Wolfgang Gerisch aus Berlin wiesen in Gesprächen oder in Briefen auf die Gelegenheit hin, eine Tagung in diesem Jahr der 200. Wiederkehr des Todes von Leonhard Euler zu seiner Ehre in Berlin zu organisieren. Vertreter der Technischen Universität Berlin und der Freien Universität Berlin unternahmen dann, eine solche Tagung zu verwirklichen.

Die Veranstalter wählten aus der vielseitigen Tätigkeit Eulers (aus der Philosophie, Astronomie, Mechanik, Musiktheorie, Theologie, Artilleristik, Architektur bis zur Algebra, Zahlentheorie, Analysis) nur einen kleinen Teil als Grundlage der Tagung, nämlich die Analysis, ein Hauptinteressengebiet Eulers in seiner Berliner Periode. Diese enge Wahl erfolgte, um in der Konzentration die Auswirkung von Eulers Schaffen intensiver und deutlicher zum Ausdruck zu bringen.

Auf dem Kolloquium wurden drei mathematische Übersichtsvorträge gehalten, in denen über die von Leonhard Euler ausgehende Entwicklung in den Gebieten der Potentialtheorie, Variationsrechnung und der komplexen Analysis berichtet wurde. Ferner wurden drei mathematisch-historische Vorträge über wissenschaftliche Korrespondenz Eulers vorgesehen. Den wissenschaftlichen Kern des Kolloquiums bildeten acht Vorträge über den jetzigen Stand der Forschung im Bereich der Funktionentheorie und der partiellen Differentialgleichungen einschließlich angewandter Aspekte der Analysis. Leider konnte Herr Professor Dr. Reinhold Remmert aus Münster seinen Übersichtsvortrag "Euler als komplexer Analytiker" nicht zur Veröffentlichung in diesem Band geben, alle anderen Vorträge erscheinen hier.

Die Herausgeber sind zu Dank verpflichtet für die freundliche und vielseitige Unterstützung von verschiedenen Organisationen und Persönlichkeiten, die die Veranstaltung ermöglicht hat. Insbesondere möchten wir unseren Dank aussprechen

der Deutschen Forschungsgemeinschaft, deren finanzielle Unterstützung entscheidend war,

dem Senat des Landes Berlin und dem Senator für Wissenschaft und Kulturelle Angelegenheiten, Herrn Professor Dr. Wilhelm Kewenig für die gewährte Unterstützung,

der Technischen Universität Berlin, die Räumlichkeiten in ihrem neuen Mathematikgebäude und Personal dem Kolloquium zur Verfügung stellte sowie die Druckarbeiten der Tagung leistete, der Freien Universität Berlin für die Bereitschaft, zwei weitere Gäste anläßlich des Kolloquiums einzuladen,

der Berliner Mathematischen Gesellschaft, die durch Herrn Professor Dr. Rudolf Gorenflo die Planung der Tagung unterstützte, und

dem Birkhäuser Verlag für die Bereitschaft, diesen Bericht des Euler-Kolloquiums zu veröffentlichen.

Schließlich wollen wir allen Gästen des Euler-Kolloquiums danken, insbesondere den Referenten: Durch ihre Teilnahme bezeugten sie die auch noch heute anhaltende Bedeutung des Werkes von Leonhard Euler.

Die Herausgeber

Berlin, im November 1983

INHALT

BERICHTE ÜBER ENTWICKLUNGEN
IN DER MATHEMATISCHEN ANALYSIS
SEIT EULER

ZUM HEUTIGEN BILD DER POTENTIALTHEORIE

Heinz Bauer

1. Euler und die Potentialtheorie

Was Potentialtheorie ist, wovon diese Theorie handelt, ist eine
nicht leicht zu beantwortende Frage, wenn dabei genauer nach dem heutigen Stand sowie nach den heutigen Untersuchungsobjekten und Methoden der
Theorie gefragt wird.

Die Antwort kann sehr vielschichtig und unterschiedlich ausfallen.
Unabhängig vom jeweiligen Standpunkt des Beantwortens dürften aber zwei
Ansatzpunkte für eine Beantwortung unumstritten sein: Potentialtheorie
hat mit der Laplace-Gleichung

$$\Delta u = 0 \tag{1}$$

zu tun, und - hiermit eng zusammenhängend - mit dem Potential einer Mas-
sen- oder Ladungsverteilung μ im $\mathbb{R}^p$, d.h., für die Dimension $p \geq 3$,
mit dem Studium der Funktion

$$U^\mu(x) \ := \ \int \frac{d\mu(y)}{\|x-y\|^{p-2}} \ .$$

Die Laplace-Gleichung findet sich - offenbar auch zur Überraschung
vieler Kenner der Potentialtheorie - erstmals bei Leonhard Euler und
zwar in seiner in Berlin während des 7-jährigen Krieges entstandenen Arbeit [13]: Principia motus fluidorum.

Die in der zweiten Hälfte des 18. Jahrhunderts bereits weit entwickelte Hydrodynamik verdankt Euler die allgemeinen Gleichungen für

inkompressible und kompressible Flüssigkeiten. In der genannten Arbeit [13] studiert er eine strömende Flüssigkeit, welche durch die Komponenten des Geschwindigkeitsvektors

$$u(x,y,z) , \quad v(x,y,z) , \quad w(x,y,z)$$

der Strömung im Punkte (x,y,z) beschrieben wird. Mit Hilfe einer geometrischen Überlegung wird zunächst die Inkompressibilität durch die Bedingung

$$\frac{\partial u}{\partial x} + \frac{\partial v}{\partial y} + \frac{\partial w}{\partial z} = 0 , \tag{2}$$

also durch das Verschwinden der Divergenz des Geschwindigkeitsfeldes angegeben. Euler führt dann – ebenfalls als Erster – das Geschwindigkeitspotential S durch

$$dS = u \, dx + v \, dy + w \, dz$$

ein und bemerkt, daß

$$u = \frac{\partial S}{\partial x} , \quad v = \frac{\partial S}{\partial y} , \quad w = \frac{\partial S}{\partial z} \tag{3}$$

ist. Hieraus und aus (2) folgert er

$$\frac{\partial^2 S}{\partial x^2} + \frac{\partial^2 S}{\partial y^2} + \frac{\partial^2 S}{\partial z^2} = 0 .$$

Die Laplace-Gleichung tritt damit erstmals in Erscheinung.

Euler schließt mit der Bemerkung, daß eine allgemeine Methode zur Lösung der Gleichung fehle. Er wendet sich darum anschließend der Suche nach "harmonischen Polynomen" zu. (Zu den Ausführungen über Euler vergleiche man: Brenneke [8], Kline [21], S. 525, und Sologub [26], insbesondere ab S. 16.)

2.   Drei Fundamentalprobleme der Potentialtheorie

Die Eulersche Idee des Potentialbegriffes als einer Funktion, deren Gradientenfeld ein gegebenes Vektorfeld liefert, wird von Lagrange, dem Nachfolger Eulers im Amt des Direktors der Mathematischen Klasse der Berliner Akademie, weiterverfolgt. Sie führt ihn 1773 (publiziert 1775) im Spezialfall des Newtonschen Kraftfeldes zum Begriff des Potentials U^μ (für Massenbelegungen μ , die durch geeignete Dichtefunktionen beschrieben werden; hierzu vgl. [1]).

Neue physikalische Entdeckungen, insbesondere die Entdeckung der Coulombschen Gesetze (1785-1789), prägen die weitere Entwicklung der Potentialtheorie. Diese Entwicklung ist mit den Namen Laplace (1749-1827), Poisson (1781-1840) und Gauß (1777-1855) eng verknüpft.

Drei Fundamentalprobleme der Elektrostatik sind es, mit deren Formulierung und Behandlung Carl Friedrich Gauß die Entwicklung der Potentialtheorie über einen mehr als hundertjährigen Zeitraum hinweg beeinflußt. Es sind dies (vgl. Gauß [20]):

a) Das Gleichgewichtsproblem. - Auf einen leitenden Körper L (im ladungsfreiem Raum) wird positive Ladung vom Gesamtbetrag Q aufgebracht. Sie verteilt sich auf der Oberfläche von L derart, daß sich auf L ein konstantes Potential V einstellt. Der Quotient

$$\frac{Q}{V} \tag{4}$$

ist eine Konstante; sie heißt die Kapazität von L .

Das mathematische Problem besteht darin, die Kapazität von L und die Verteilung von Q auf L zu bestimmen. Diese Gleichgewichtsverteilung ist ein positives Maß auf L mit Q als Gesamtmasse; das zugehörige Potential im Falle V = 1 heißt Gleichgewichtspotential.

b) Das Konduktorproblem. - Ein geerdeter Leiter L begrenze ein Gebiet ω. Auf ω sei eine positive Ladung μ verschmiert. Nach den Gesetzen der Elektrostatik erscheint dann auf L eine induzierte, negative Ladungsverteilung $-\mu'$; diese besitzt die Eigenschaft, daß $\mu-\mu'$ auf $\complement\omega$ zum Potential Null oder - hiermit äquivalent - daß μ und μ' auf $\complement\omega$ zum gleichen Potential führen:

$$U^\mu = U^{\mu'} \qquad \text{auf} \quad \complement\omega . \tag{5}$$

Eine analoge Situation liegt vor, wenn die Ladung μ im Außenraum von L sitzt.

c) Das Dirichletsche Problem. - Dieses, auch erste Randwertaufgabe genannte Problem, ist sicherlich das bekannteste unter den drei Fundamentalproblemen. Für Gauß geht es dabei um die Bestimmung der Werte eines Potentials in dem nicht mit Ladung belegten Teil des Raumes bei Kenntnis der Werte des Potentials auf dem Rand eines Gebietes.

Die Problematik der von Gauß angegebenen "Lösungen" dieser Probleme ist bekannt und häufig diskutiert worden (vgl. Brelot [6], Gårding [19], Monna [24]). Sie beruhen auf dem Studium von

$$\min \int (U^\mu - 2 f) \, d\mu$$

bei geeignet gegebener Funktion f und variabler Ladungsverteilung μ . Dabei ist für Gauß die Existenz eines solchen Minimums evident. Im übrigen stehen ihm nur Ladungsverteilungen zur Verfügung, welche durch eine Dichte beschrieben werden können.

3. Balayage in der modernen Potentialtheorie

Unter den drei Fundamentalproblemen ist das zweite, das Konduktorproblem, das eigentlich zentrale Problem. Unter dem Einfluß von Henri Poincaré's Methode des Fegens von Maßen entwickelt sich hieraus das moderne Balayage-Problem, dessen Zusammenhang mit dem Konduktorproblem evident ist.

$\underline{b_0})$ Balayage-Problem. - Gegeben sei eine Teilmenge E des $\mathbb{R}^p$, $p \geq 3$, und eine Ladungsverteilung $\mu \geq 0$ im $\mathbb{R}^p$. Gesucht wird eine Ladungsverteilung $\mu^E \geq 0$ "auf E" mit

$$U^{\mu^E} = U^\mu \qquad \text{"auf E"}. \tag{6}$$

Dabei wird insbesondere eine Präzisierung der Formulierungen "auf E" verlangt. Diese wird auf das Studium von Ausnahmepunkten von E hinauslaufen. Die Physik läßt erwarten, daß dies aus E herausragende Spitzen sein werden, von denen aus Ladung abspritzt.

Das Balayage-Problem bestimmte in entscheidender Weise die moderne Entwicklung der Potentialtheorie. Zu einer Lösung konnte das Problem erst durch die Fortschritte der Maßtheorie gelangen. Die Lösung selbst verläuft doppelgleisig:

1. Weg: Dieser Lösungsweg ist gekennzeichnet durch die Arbeiten von Frostman (1935), die fundamentalen Beiträge von H. Cartan (1941-1946) und die anschließenden Beiträge von Deny und Choquet. Methodisch stehen die Begriffe <u>Potential eines Radon-Maßes</u> sowie <u>Energie</u> und <u>Kapazität</u> im Mittelpunkt (bezüglich der Details sei auf Brelot [6] verwiesen).

2. Weg: Im Gegensatz zum 1. Weg stehen hier nicht die Radon-Maße, sondern die Potentiale, aufgefaßt als Funktionen, im Vordergrund. Als zentral erweist sich der Begriff der superharmonischen Funktion. Diese Entwicklung beginnt mit den fundamentalen Beiträgen von B r e l o t (ab 1938). Sie rückt die Potentialtheorie näher an den Ausgangspunkt unserer Betrachtung, nämlich den der Laplace-Gleichung. Bekanntlich sind die superharmonischen Funktionen – nach geeigneter Präzisierung – die Lösungen der Laplaceschen Ungleichung

$$\Delta u \leqq 0 \ . \tag{7}$$

Wenngleich beide Wege wegen des Zerlegungssatzes von F. Riesz formal äquivalent sind, so hat sich der zweite Weg für die neuere Entwicklung der Potentialtheorie als besonders bedeutsam erwiesen.

Reduzieren und Fegen von Funktionen sind die durch Brelot eingeführten, neuen Objekte. Bezeichnet u eine superharmonische Funktion $\geqq 0$ auf $\mathbb{R}^p$ und E eine Teilmenge des $\mathbb{R}^p$, so heißt die für alle $x \in \mathbb{R}^p$ definierte Funktion

$$R_u^E(x) \quad := \quad \inf \left\{ v(x) : v \text{ superharmonisch} \geqq 0 \text{ auf } \mathbb{R}^p, \ v = u \text{ auf } E \right\} \tag{8}$$

die Reduzierte von u bezüglich E und deren untere Regularisierte

$$\hat{R}_u^E(x) \quad := \quad \liminf_{y \to x} R_u^E(y) \tag{9}$$

die Gefegte von u bezüglich E. Diese Gefegte $\hat{R}_u^E$ ist selbst eine superharmonische Funktion $\geqq 0$ auf $\mathbb{R}^p$. Mit ihrer Hilfe ergibt sich nun folgender Zusammenhang mit den drei Fundamentalproblemen von Gauß, wobei wir statt des Konduktorproblems gleich das Balayage-Problem betrachten (stillschweigend wird $p \geqq 3$ vorausgesetzt):

a) Für jede kompakte Menge K im $\mathbb{R}^p$ ist

$$\hat{R}_1^K$$

das Gleichgewichtspotential. Mit den Bezeichnungen von (4) ist also $V = 1$.

b_0) Zu jedem Radon-Maß $\mu \geqq 0$ mit kompaktem Träger und zu jeder Menge $E \subset \mathbb{R}^p$ gibt es genau ein Radon-Maß $\mu^E \geqq 0$ auf $\mathbb{R}^p$ derart, daß

$$\int \hat{R}_u^E \, d\mu \ = \ \int u \, d\mu^E \tag{10}$$

für **alle** superharmonischen Funktionen $u \geq 0$ auf $\mathbb{R}^p$ gilt. μ^E heißt das zu μ und E gehörige **gefegte Maß**. Dieses ist, wie sich zeigen wird, die in (6) verlangte Lösung.

Für den Spezialfall $\mu = \varepsilon_x$ = Einheitsmasse in einem Punkt $x \in \mathbb{R}^p$ ergibt sich somit

$$\hat{R}_u^E(x) = \int u \, d\varepsilon_x^E \tag{11}$$

für alle superharmonischen Funktionen $u \geq 0$ auf $\mathbb{R}^p$.

c) Aus der vorangehenden Behandlung von $b_0)$ erhält man zu jedem beschränkten Gebiet Ω im $\mathbb{R}^p$ und zu jedem Punkt $x \in \Omega$ das sogenannte **harmonische Maß**

$$\mu_x^\Omega := \varepsilon_x^{\complement\Omega} \tag{12}$$

durch Fegen von ε_x auf das Komplement von Ω. Dieses sitzt auf dem Rand Ω^* von Ω. Für jede stetige Randfunktion f erweist sich

$$x \mapsto H_f(x) := \int f \, d\mu_x^\Omega$$

als die zu f gehörige verallgemeinerte Lösung des Dirichletschen Problems im Sinne von Perron - Wiener - Brelot. Wegen (11) gilt insbesondere

$$H_u = \hat{R}_u^{\complement\Omega} \qquad \text{auf} \quad \Omega \tag{13}$$

für jede superharmonische Funktion $u \geq 0$ auf $\mathbb{R}^p$. (Die Restriktion einer solchen Funktion auf Ω^* ist immer resolutiv im Sinne der Theorie der verallgemeinerten Lösungen.)

4. Harmonische Räume

Bekanntlich lassen sich superharmonische Funktionen ausgehend von den harmonischen Funktionen, also den Lösungen der Laplace-Gleichung definieren. Im Falle $p = 1$ entspricht dies dem Übergang von den affinen zu den konkaven Funktionen. Man muß dazu nur das Dirichletsche Problem für Kugeln lösen können. Dies aber leistet die klassische Poissonsche Integralformel.

Hinter dieser einfachen Bemerkung verbirgt sich eine einfach anmutende, die moderne Potentialtheorie aber kraftvoll vorantreibende Idee. Nämlich die Idee der Theorie der harmonischen Räume.

Ziel dieser Theorie ist die möglichst umfassende simultane Erledigung potentialtheoretischer Fragestellungen bei linearen elliptischen und parabolischen linearen Differentialgleichungen 2. Ordnung auf Gebieten im euklidischen Raum oder allgemeiner auf Mannigfaltigkeiten. Wir beschränken uns hier auf die Grundideen und verweisen bezüglich weiterer, insbesondere auch historischer Details auf den Überblicksartikel [4].

Ein harmonischer Raum ist definitionsgemäß ein Paar (X, H), wobei X ein lokal-kompakter Raum mit abzählbarer Basis und H ein Garbendatum $U \mapsto H_U$ von Vektorräumen H_U stetiger reeller Funktionen (auf den offenen Mengen $U \subset X$) ist. Die Funktionen aus H_U heißen harmonische Funktionen auf U. Es wird vorausgesetzt, daß H die folgenden drei Axiome erfüllt:

A_1) H ist nicht ausgeartet, d. h. zu jedem Punkt $x \in X$ gibt es lokal definierte harmonische Funktionen h mit $h(x) \neq 0$.

A_2) Es existiert eine Basis regulärer Mengen.

Dabei wird eine offene, relativ-kompakte Menge $V \subset X$ mit Rand $V^* \neq \emptyset$ regulär (bezüglich H) genannt, wenn für jede stetige Randfunktion $f : V^* \to \mathbb{R}$ das Dirichletsche Problem eindeutig und positiv lösbar ist. Dies bedeutet: zu f existiert genau eine in V harmonische Funktion $H_f \in H_V$, welche stetig an f anschließt und im Falle $f \geq 0$ selbst ≥ 0 ist.

A_3) Für jede Folge (h_n) harmonischer Funktionen in einer offenen Menge U, welche aufsteigend gegen eine Grenzfunktion $\bar{h}$ konvergiert, gilt: $\bar{h}$ ist in U harmonisch, sofern $\bar{h}$ auf einer in U dichten Teilmenge reellwertig ist (Doobsches Konvergenzaxiom).

Ein derartiger Raum X ist dann stets lokal-zusammenhängend. Es gibt also eine Basis von X, die nur aus Gebieten besteht.

Der harmonische Raum (X, H) heißt ein Brelot-Raum, wenn folgende Verschärfung von A_3) gilt (Brelotsches Konvergenzaxiom):

A_3') Für jede Folge (h_n) harmonischer Funktionen in einem Gebiet Ω, welche aufsteigend gegen eine Grenzfunktion $\bar{h}$ konvergiert, gilt: $\bar{h}$ ist entweder in Ω harmonisch oder konstant gleich $+\infty$.

Diesem Konvergenzaxiom entspricht in der klassischen Potentialtheorie der bekannte Harnacksche Konvergenzsatz. Daher ist $(\mathbb{R}^p, H_\Delta)$ für jedes $p \geq 1$ ein Brelot-Raum, wenn H_Δ das Garbendatum der klassischen harmonischen Funktionen, also der Lösungen von $\Delta u = 0$ (jeweils in einer offenen Menge) bezeichnet. Ersetzt man Δ durch den parabolischen Differentialoperator

$$ \Omega \; := \; \Delta - \frac{\partial}{\partial t} \tag{14} $$

der <u>Wärmeleitung</u>, so erhält man analog den harmonischen Raum $(\mathbf{R}^{p+1}, H_\Omega)$ der Lösungen der Wärmeleitungsgleichung ($p \geq 1$). Dieser ist nicht Brelotsch. Vielmehr ist die Aussage des Doobschen Konvergenz-axioms der bei parabolischen Differentialgleichungen typische Ersatz für den Harnackschen Konvergenzsatz.

Allgemein läßt sich sagen, daß das Garbendatum H_L der Lösungen einer Differentialgleichung

$$ L u = 0 $$

für eine große Klasse von linearen Differentialoperatoren L 2. Ordnung vom elliptisch-parabolischen Typ auf einer differenzierbaren Mannigfaltigkeit X zu einem harmonischen Raum (X, H_L) führt.

Die Beispiele für harmonische Räume führen sogar über Mannigfaltigkeiten hinaus. So existieren auf dem unendlich-dimensionalen Torus

$$ T^\infty \; := \; T^{\mathbf{N}} \; = \; \left\{ (\Theta_n)_{n \in \mathbf{N}} : \; \Theta_n \in T \right\} $$

(T = Kreislinie) harmonische Strukturen H_L, die als Lösungen im ver-allgemeinerten Sinn von einer "Differentialgleichung" der Form

$$ \sum_{n=1}^{\infty} a_n \, \frac{\partial^2 u}{\partial \Theta_n^2} - c \, u \; = \; 0 $$

mit konstanten Koeffizienten $a_n > 0$ und $c \geq 0$ interpretiert werden können. Dabei muß nach Berg [5] eine Wachstumsbedingung

$$ \sum_{n=1}^{\infty} \frac{1}{a_n} \; < \; +\infty $$

erfüllt sein. Die betreffenden harmonischen Räume (T, H_L) sind dann sogar Brelot-Räume.

Nähere Einzelheiten zu diesen und weiteren Beispielen harmonischer Räume können in dem Überblicksartikel [4] nachgelesen werden.

<u>5.</u>   <u>B a l a y a g e   a u f   h a r m o n i s c h e n   R ä u m e n</u>

Auf jedem harmonischen Raum (X, H) lassen sich in völliger Analogie zum klassischen Fall superharmonische Funktionen einführen: Eine auf einer offenen Menge $U \subset X$ definierte Funktion

$$u : \quad U \to \;]-\infty, +\infty]$$

heißt _hyperharmonisch_ auf U , wenn sie nach unten halbstetig ist und

$$\int u \, d\mu_x^V \; \leqq \; u(x)$$

für alle[1] regulären Mengen V mit $\overline{V} \subset U$ und alle $x \in V$ erfüllt. Dabei ist μ_x^V das harmonische Maß, d. h. das positive Radon-Maß

$$f \; \mapsto \; H_f(x) \; ,$$

welches durch die Lösung H_f des Dirichletschen Problems für stetige reelle Randfunktionen f auf V* definiert wird. Ist u hyperharmonisch und $< +\infty$ auf einer dichten Teilmenge von U , so heißt u _superharmonisch_ auf U .

Fortan bezeichne S_+ die Menge aller auf ganz X superharmonischen und nicht-negativen Funktionen. Wir setzen ab sofort voraus, daß der Raum (X, H) ein _streng harmonischer Raum_ sei, d. h. daß S_+ je zwei verschiedene Punkte $x \neq y$ aus X im folgenden Sinne trennt:

$$u(x) \, v(y) \; \neq \; u(y) \, v(x) \tag{15}$$

für geeignete $u, v \in S_+$. Der klassische harmonische Raum $(\mathbb{R}^p, H_\Delta)$ ist genau für die Dimensionen $p \geqq 3$ streng. Der Raum $(\mathbb{R}^{p+1}, H_0)$ ist für alle $p \geqq 1$ streng.

Eine Hauptaufgabe der Theorie ist dann das Studium der Gefegten $\hat{R}_u^E$, welche für $E \subset X$ und $u \in S_+$ in völliger Analogie zum klassischen Fall definiert wird. Auch die Definition des gefegten Maßes μ^E , insbesondere von ε_x^E , kann dann übernommen werden. Als Schlüsselbegriff erweist sich der Begriff der _Dünnheit_ einer Menge $E \subset X$ in einem Punkt $x \in X$.

Die Menge E heißt _dünn in_ x , wenn

$$\varepsilon_x^E \; \neq \; \varepsilon_x \tag{16}$$

oder - wegen (11) gleichwertig -

$$\hat{R}_u^E(x) \; < \; u(x) \qquad \text{für ein} \quad u \in S_+ \; . \tag{16'}$$

---

[1] Ist der Raum streng (vgl. weiter unten) oder wenigstens lokal streng - dies sind z. B. alle Brelot-Räume - so genügt es, diese Bedingung für eine Basis regulärer Mengen nachzuweisen, vgl. [4].

Hierdurch wird die Instabilität beim Fegen ausgedrückt. Dies entspricht in der klassischen Theorie der Vorstellung des Wegspritzens von Ladung. Beispielweise ist im klassischen Raum $(\mathbb{R}^p, H_\Delta)$, $p = 3$, der bekannte Lebesguesche Dorn dünn in seiner Spitze x. Beim Dirichletschen Problem für ein beschränktes Gebiet $\Omega \subset \mathbb{R}^p$ ist ein Randpunkt z genau dann irregulär, wenn das Komplement $E = \complement\Omega$ von Ω in z dünn ist. Im Raum $(\mathbb{R}^{p+1}, H_\Omega)$ der Wärmeleitung ist der obere Halbraum

$$H := \{(y_1, \ldots, y_p, t) \in \mathbb{R}^{p+1} : t \geqq 0\} \tag{17}$$

dünn in jedem Punkt $x = (x_1, \ldots, x_p, 0)$ des Randes.

Über den Begriff der Dünnheit gelangt man zum Hauptresultat der Balayage-Theorie durch die Einführung geeigneter Ausnahmemengen: Eine Menge $E \subset X$ wird total-dünn genannt, wenn sie in jedem Punkt des Raumes X dünn ist. Jede Menge, welche sich als Vereinigung abzählbar vieler total-dünner Mengen darstellen läßt, heißt semipolar. Für den Fall $(\mathbb{R}^p, H_\Delta)$, $p \geqq 3$, und für viele strenge Brelot-Räume fallen diese Mengen mit den polaren Mengen, d. h. denjenigen Mengen $P \subset X$ zusammen, zu welchen eine Funktion $u \in S_+$ mit

$$P \subset \{u = +\infty\}$$

existiert. Anders ist dies schon beim Raum $(\mathbb{R}^{p+1}, H_\Omega)$: Dort ist die Hyperebene mit der Gleichung $t = 0$ (und jede hierzu parallele) total-dünn, also auch semipolar, aber nicht polar.

Der entscheidende Hauptsatz über das Verhalten der Gefegten besagt:

Für jede Funktion $u \in S_+$ gilt

$$\hat{R}_u^E(x) = \begin{cases} R_u^E(x), & x \in \complement E \\ u(x), & x \in E \smallsetminus S_E \end{cases}. \tag{18}$$

Hierbei bezeichnet S_E die stets semipolare Menge aller Punkte von E, in welchen E dünn ist.

Definitionsgemäß gilt $R_u^E = u$ auf E. Daher kann (18) auch in der Kurzform

$$\hat{R}_u^E = R_u^E \qquad \text{auf } \complement S_E \tag{18'}$$

geschrieben werden.

Bezüglich genaueren Details sei auf [2], [4] und [11] verwiesen.

6.   Neuere Entwicklungen: Feine Theorie

Wiederum sei (X, H) ein streng harmonischer Raum. Die bereits
im klassischen Fall seit 1940 bekannte feine Topologie (vgl. hierzu
Brelot [7], insbesondere S. 13), läßt sich dann auch in der allgemeinen
Situation definieren: Es ist die gröbste Topologie, bezüglich welche
alle Funktionen aus S_+ stetig sind. Jeder Punkt $x \in X$ besitzt als Umgebungsbasis in dieser Topologie - kurz: als feine Umgebungsbasis - das
System aller Mengen $V \subset X$ mit $x \in V$, deren Komplement $\complement V$ dünn in
x ist.

Seit ihrer Einführung in die Potentialtheorie spielte diese Topo-
logie die Rolle eines Hilfswerkzeuges. Für sich genommen galt die feine
Topologie als pathologisch: sie ist nicht-metrisierbar, wohl aber
Bairesch, nur die endlichen Teilmengen sind fein-kompakt.

Ein Resultat von Fuglede [14] aus dem Jahr 1969 änderte die Situation schlagartig. Er zeigt, daß die feine Topologie im $\mathbb{R}^p$ (bezüglich H_Δ) lokal-zusammenhängend ist. Dieses Resultat gilt in jeder Dimension $p \geq 2$, wenn man die feine Topologie im $\mathbb{R}^2$ durch eine nahelie-
gende Lokalisierung definiert. (Jede offene, relativ kompakte Menge U
im $\mathbb{R}^2$ mit dem auf U restringierten Garbendatum H_Δ ist streng harmonisch.)

In engem Zusammenhang hiermit steht ein weiteres Resultat aus [14].
Danach sind für offene Mengen im $\mathbb{R}^p$ Zusammenhang und lokaler Zusammenhang gleichwertige Eigenschaften. Insbesondere ist jedes Gebiet im $\mathbb{R}^p$
auch ein feines Gebiet. Analoge Resultate gelten in Brelotschen harmonischen Räumen. Man vergleiche hierzu Fuglede [15] und Lukeš - Malý
[22].

Für die klassischen harmonischen Räume $(\mathbb{R}^p, H_\Delta)$, $p \geq 2$, wurde
vor kurzem durch Lyons [23] gezeigt, daß in jedem feinen Gebiet G sogar je zwei Punkte von G durch einen in G verlaufenden Sreckenzug verbunden werden können. Vorläufer dieses Resultats finden sich bei
Nguyen - Watanabe [25] und Carleson [9].

Die Entdeckung des feinen Zusammenhangs führte Fuglede noch einen
entscheidenden Schritt weiter, nämlich zur Entwicklung einer auf die
feine Topologie bezogenen Potentialtheorie, der sogenannten feinen Potentialtheorie. Grundbegriff dieser feinen Theorie sind die fein-hyperharmonischen Funktionen, die in formaler Analogie zu den hyperharmonischen Funktionen definiert werden, wobei jetzt allerdings die fein-offenen Mengen die bisherige Rolle der offenen Mengen übernehmen: Eine auf

einer fein-offenen Menge $U \subset \mathbb{R}^p$ definierte, in der feinen Topologie nach unten halbstetige Funktion

$$u \; : \quad U \; \rightarrow \;]-\infty, +\infty]$$

heißt <u>fein-hyperharmonisch</u>, wenn

$$\int^* u \, d\varepsilon_x^{\complement V} \; \leqq \; u(x) \qquad (x \in V) \tag{19}$$

für eine geeignete Basis[2] fein-offener Mengen V mit feinem Abschluß $\overset{\circ}{V} \subset U$ erfüllt ist. Ist $u : U \rightarrow \mathbb{R}$ fein-stetig und existiert eine Basis fein-offener Mengen $V \subset \overset{\circ}{V} \subset U$ derart, daß u $\varepsilon_x^{\complement V}$-integrierbar ist mit

$$\int u \, d\varepsilon_x^{\complement V} \; = \; u(x) \qquad \text{für alle} \; x \in V \, , \tag{20}$$

so heißt u <u>fein-harmonisch</u>. Ein nicht-trivialer Satz besagt, daß hiermit gleichwertig die simultane feine Hyperharmonizität von u und $-u$ ist.

Für offenes $U \subset \mathbb{R}^p$ erhält man eine Erweiterung der alten Begriffe einer hyperharmonischen bzw. harmonischen Funktion. Im Sonderfall $p = 2$ stimmen aber die fein-hyperharmonischen Funktionen auf <u>offenen</u> Mengen $U \subset \mathbb{R}^2$ mit den hyperharmonischen überein [16].

Zur Illustration der Bedeutung dieser Begriffsbildungen sei hier nur die höchst natürliche Kennzeichnung eines klassischen Funktionenraumes durch Debiard und Gaveau [12] erwähnt. Dies ist der Raum

$$H(K)$$

aller auf einer kompakten Menge $K \subset \mathbb{R}^p$ definierten Funktion f, die sich auf K gleichmäßig durch Funktionen h approximieren lassen, welche in einer offenen Umgebung von K (abhängig von h) harmonisch sind. Das Resultat von Debiard - Gaveau besagt:

Der Raum $H(K)$ ist die Menge aller stetigen reellen Funktionen auf K, welche auf dem feinen Inneren von K fein-harmonisch sind.

Der Begriff der fein-hyperharmonischen Funktion steht auch in einer geeigneten Klasse harmonischer Räume zur Verfügung, nämlich in streng harmonischen Räumen, die dem sogenannten Dominationsaxiom D ge-

---

[2] Gemeint ist: bezüglich U .

nügen (vgl. [15]). Eine gewisse Befreiung von diesem Zusatzaxiom ist kürzlich Lukeš-Malý [22] gelungen.

Schon kurze Zeit nach dem Entstehen der feinen Theorie wurde die Frage diskutiert, ob auch eine Theorie fein-holomorpher Funktionen in der komplexen Ebene als Weiterführung der klassischen Theorie holomorpher Funktionen existiert. Es gibt eine ganze Reihe von Ansätzen zur Definition solcher Funktionen; sie haben sich inzwischen alle als äquivalent erwiesen. Die naheliegendste Definition aber hat sich erst kürzlich als zu den früheren äquivalent und damit als brauchbar erwiesen (Fuglede [17]):

Sei U eine fein-offene Menge in der komplexen Ebene $\mathbb{C}$. Eine komplexe Funktion $u : U \to \mathbb{C}$ heißt fein-holomorph, wenn u in U fein-differenzierbar und die feine Ableitung u' fein-stetig in U ist. Dabei wird die feine Ableitung von u in einem Punkt $z_0 \in U$ durch

$$u'(z_0) \;=\; \underset{\substack{z \to z_0 \\ z \neq z_0}}{\text{fein-lim}} \; \frac{u(z) - u(z_0)}{z - z_0}$$

definiert mit zunächst der euklidischen Topologie in der Bildebene $\mathbb{C}$. Der Begriff der feinen Holomorphie bleibt aber unverändert, wenn man bei der Definition der Ableitung u' auch in der Bildebene die feine Topologie verwendet.

Fein-holomorphe Funktionen verhalten sich in vieler Hinsicht ähnlich wie holomorphe Funktionen. (In offenen Mengen $U \subset \mathbb{C}$ stimmen sie mit diesen überein.) Beispielsweise ist mit u stets auch die feine Ableitung u' fein-holomorph.

Besonders eindrucksvoll ist die folgende lokale Kennzeichnung fein-holomorpher Funktionen mittels der Cauchy-Riemannschen Differentialgleichungen: Eine Funktion $u : U \to \mathbb{C}$ ist in der fein-offenen Menge U genau dann fein-holomorph, wenn zu jedem $z_0 \in U$ eine feine Umgebung V von z_0 mit $V \subset U$ und eine klassische C^1-Funktion $f : \mathbb{C} \to \mathbb{C}$ existiert derart, daß

$$u(z) = f(z) \quad \text{und} \quad \bar{\partial} f(z) = 0 \qquad \text{für alle} \quad z \in V$$

gilt.

Bezüglich aller Einzelheiten und weiteren Details sei auf Fuglede [17], [18] verwiesen. In [17] findet sich der interessante Hinweis auf die Querverbindung zu den Ideen Émile Borels über monogene Funktionen.

7. Wahrscheinlichkeitstheoretische Aspekte

Abschließend soll noch kurz auf die enge Koppelung zwischen Potentialtheorie und Brownscher Bewegung eingegangen werden. Diese Koppelung hat das Bild der modernen Potentialtheorie in ganz besonderer Weise mitgeprägt.

Wir bezeichnen mit $(X_t)_{t \geq 0}$ die Brownsche Bewegung im $\mathbb{R}^p$ und

$$(\Omega , F , P^x)_{x \in \mathbb{R}^p}$$

den Steuermechanismus dieses stochastischen Prozesses. Unter Beiseitelassen allen technischen Beiwerks heißt dies sehr grob gesagt: P^x ist für jedes $x \in \mathbb{R}^p$ ein Wahrscheinlichkeitsmaß auf einem geeigneten von x unabhängigen Meßraum (Ω , F). Jedem Element $\omega \in \Omega$ ist eine stetige Abbildung

$$t \mapsto X_t(\omega)$$

von $\mathbb{R}_+ = [0 , +\infty[$ in $\mathbb{R}^p$ zugeordnet. X_t bedeutet dabei die Position des Brownschen Teilchens zum Zeitpunkt t. Diese hängt vom Zufall, d. h. von ω, ab. Das Wahrscheinlichkeitsmaß P^x macht Aussagen über diese Position, wenn das Teilchen in $x \in \mathbb{R}^p$ startet. Letzteres drückt sich in der Forderung

$$P^x \{ X_0 = x \} = 1 \tag{21}$$

aus. Für Zeiten $t > 0$ wird dagegen

$$P^x \{ X_t \in B \} = \int_B g_t(x - y) \, dy$$

mit

$$g_t(y) = \left(\frac{1}{2 \pi t} \right)^{p/2} \exp \left(- \frac{\| y \|^2}{2 t} \right)$$

verlangt, wobei B eine p-dimensionale Borelsche Menge ist.

Für die Wärmeleitung im $\mathbb{R}^{p+1} = \mathbb{R}^p \times \mathbb{R}$ existieren analog beschaffene Objekte $(X_t)_{t \geq 0}$ und

$$(\Omega , F , P^x)_{x \in \mathbb{R}^{p+1}} \, ,$$

wobei jetzt allerdings X_t eine Abbildung von Ω in $\mathbb{R}^{p+1}$ ist. Diese ist so beschaffen, daß man als 1. Projektion, d. h. als Projektion auf

$\mathbb{R}^p$, eine Brownsche Bewegung im $\mathbb{R}^p$ und als 2. Projektion eine Bewegung mit konstanter Geschwindigkeit -1 auf $\mathbb{R}$, anschaulich also eine konstante Drift nach unten erhält.

Wir behandeln beide Fälle, also Brownsche Bewegung im $\mathbb{R}^p$ und Brownsche Bewegung mit Drift im $\mathbb{R}^{p+1}$, simultan. Dementsprechend sei E eine Borelsche Menge in $\mathbb{R}^p$ bzw. $\mathbb{R}^{p+1}$ und T_E die Zeit des <u>ersten Treffers</u> von E , d. h.

$$T_E(\omega) = \inf \{ t > 0 : X_t(\omega) \in B \} \qquad (\omega \in \Omega) .$$

Dann läßt sich die Dünnheit von E in einem Punkt $x \in \mathbb{R}^p$ bzw. $x \in \mathbb{R}^p \times \mathbb{R}$ bezüglich der Laplace-Gleichung (hier sei $p \geq 3$) bzw. der Wärmeleitungsgleichung durch die Bedingung

$$P^x \{T_E > 0\} = 1 \qquad\qquad\qquad (22)$$

kennzeichnen. Dies bedeutet: Bei Start in x erfolgt der erste Treffer von E mit Wahrscheinlichkeit 1 nicht sofort, sondern erst nach einer gewissen positiven Zeitspanne. Für den Lebesgueschen Dorn im Falle der Laplace-Gleichung ist dies anschaulich klar. Für den Fall der Wärmeleitungsgleichung wird so die Dünnheit des Halbraumes H aus (17) in $x = (x_1, \ldots, x_p, 0)$ evident. Wegen der Drift von $(X_t)_{t \geq 0}$ nach unten ist nämlich

$$T_E(\omega) = +\infty$$

für alle $\omega \in \Omega$ mit $X_0(\omega) = x$, also wegen (21) P^x-fast sicher.

Die feinen Umgebungen V eines Punktes x sind gemäß §6 durch die Bedingungen $x \in V$ und $\complement V$ dünn in x gekennzeichnet. Obiges Resultat lehrt daher, daß der Prozeß $(X_t)_{t \geq 0}$ bei Start in x erst eine Weile in V verharren muß. In diesem Sinne erscheinen feine Umgebungen dem sich in $\mathbb{R}^p$ bzw. $\mathbb{R}^{p+1}$ bewegenden Teilchen als natürliche Umgebungen. Kurz: Das Teilchen sieht die feine Topologie!

Entsprechend lassen alle wichtigen potentialtheoretischen Phänomene eine stochastische Deutung zu. Beispielweise ist die <u>Polarität</u> einer Borelschen Menge E (in $\mathbb{R}^p$ bzw. $\mathbb{R}^{p+1}$) äquivalent zu

$$P^x \{T_E < +\infty\} = 0 \qquad \text{für alle Punkte } x .$$

Unabhängig vom Startpunkt x - dieser kann in E liegen - erfolgt also fast sicher kein weiterer Treffer mit E .

<u>Semi-Polarität</u> von E bedeutet: Das Teilchen trifft E nur zu höchstens abzählbar vielen Zeitpunkten, unabhängig von seinem Startpunkt.

So fortfahrend können auch die Fundamentalprobleme von Gauß wahrscheinlichkeitstheoretisch interpretiert - und auch gelöst werden. Hierzu sei etwa auf Chung [10] verwiesen. Zur wahrscheinlichkeitstheoretischen Interpretation potentialtheoretischer Begriffsbildungen in harmonischen Räumen vgl. [3].

Bei aller Lückenhaftigkeit und Oberflächlichkeit der hier versuchten Skizze eines Bildes der heutigen Potentialtheorie dürfte klar werden, daß ein mehrfach zitiertes Wort von Pierre Jacquinot auch heute nach fast zwanzig Jahren seine Gültigkeit besitzt. Anläßlich der Eröffnung eines Kolloquiums über Potentialtheorie im Jahre 1964 in Orsay stellte er fest: "<u>La théorie du potentiel est un véritable carrefour de la Mathématique.</u>"

Literatur

[1]   Bacharach, M.: Abriß der Geschichte der Potentialtheorie. Inaugural-Dissertation, Würzburg, 1883. = Vandenhoeck & Ruprecht, Göttingen, 1883.

[2]   Bauer, H.:   Harmonische Räume und ihre Potentialtheorie. Lecture Notes in Mathematics 22. Springer-Verlag, Berlin - Heidelberg - New York, 1966.

[3]   - " - Harmonic spaces and associated Markov processes. Potential theory. Centro Internazionale Matematico Estivo (C. I. M. E.), Stresa, 1969, I ciclo. Edizioni Cremonese, Roma, 1970. S. 23-67.

[4]   - " - Harmonische Räume. Jahrbuch Überblicke Mathematik 1981. Bibliographisches Institut, B. I.-Wissenschaftsverlag, Mannheim - Wien - Zürich, 1981. S. 9-35.

[5]   Berg, C.:   Potential theory on the infinite dimensional torus. Invent. Math. 32, 1976, S. 49-100.

[6]   Brelot, M.:   La théorie moderne du potentiel. Ann. Inst. Fourier (Grenoble) 4, 1954, S. 113-140.

[7]   - " - Exemples de renouvellement par la topologie de quelques questions d'analyse. 106e Congrès national des sociétés savantes, Perpignan, 1981, sciences, fasc. V, S. 9-23.

[8]   Brenneke, R.:   Die Verdienste Leonhard Eulers um den Potentialbegriff. Z. Phys. 25, 1924, S. 42-45.

[9]   Carleson, L.:   Asymptotic paths for subharmonic functions on $\mathbb{R}^n$. Commentationes in honorem Rolf Nevanlinna LXXX annos nato. Ann. Acad. Sci. Fenn. Ser. A. I. Math. 2, 1976, S. 35-39.

[10] Chung, K. L.:   Lectures from Markov processes to Brownian motion.
        Grundlehren der mathematischen Wissenschaften 249. Springer-
        Verlag, New York - Heidelberg - Berlin, 1982.

[11] Constantinescu, C., und A. Cornea :   Potential theory on har-
        monic spaces. Grundlehren der mathematischen Wissenschaften
        158. Springer-Verlag, Berlin - Heidelberg - New York, 1972.

[12] Debiard, A., und B. Gaveau : Potentiel fin et algèbres de
        fonctions analytiques I.   J. Funct. Anal. 16, 1974, S. 289-
        304.

[13] Euler, L.:   Principia motus fluidorum. Novi Commentarii Acade-
        miae Scientiarum Petropolitanae 6, 1756-1757 (1761), S. 24-
        26, 271-311. = Leonhardi Euleri opera omnia, series secunda,
        volumen XII. Orell Füssli, Turici, 1954. S. 133-168.

[14] Fuglede, B.:   Connexion en topologie fine et balayage des
        mesures. Ann. Inst. Fourier (Grenoble) 21:3, 1971, S. 227-
        244.

[15] - " - Finely harmonic functions. Lecture Notes in Mathematics
        289. Springer-Verlag, Berlin - Heidelberg - New York, 1972.

[16] - " - Fonctions harmoniques et fonctions finement harmoniques.
        Ann. Inst. Fourier (Grenoble) 24:4, 1974, S. 77-91.

[17] - " - Fine topology and finely holomorphic functions. 18th Scan-
        dinavian congress of mathematicians, Proceedings, 1980.
        Progress in Mathematics 11. Birkhäuser, Boston - Basel -
        Stuttgart, 1981. S. 22-38.

[18] - " - Sur les fonctions finement holomorphes. Ann. Inst. Fourier
        (Grenoble) 31:4, 1981, S. 57-88.

[19] Gårding, L.:   The Dirichlet problem. Math. Intelligencer 2,
        1979, S. 43-53.

[20] Gauß, C. F.:   Allgemeine Lehrsätze in Beziehung auf die im ver-
        kehrten Verhältnisse des Quadrats der Entfernung wirkenden
        Anziehungs- und Abstossungs-Kräfte. Resultate aus den Beo-
        bachtungen des magnetischen Vereins im Jahre 1839. Göttin-
        gen, 1840. = Carl Friedrich Gauß Werke, Band V. König-
        liche Gesellschaft der Wissenschaften, Göttingen, 1877.
        S. 195-242.

[21] Kline, M.:   Mathematical thought from ancient to modern times.
        Oxford University Press, New York, 1972.

[22] Lukeš, J., und J. Malý :   Fine hyperharmonicity without axiom
        D. Math. Ann. 261, 1982, S. 299-306.

[23] Lyons, T. J.:   Finely holomorphic functions. J. Funct. Anal. 37,
        1980, S. 1-18.

[24] Monna, A. F.:   Dirichlet's principle. A mathematical comedy of
        errors and its influence on the development of analysis.
        Oosthoek, Scheltema & Holkema, Utrecht, 1975.

[25] Nguyen-Xuan-Loc und T. Watanabe : A characterization of
        fine domains for a certain class of Markov processes with
        applications to Brelot harmonic spaces. Z. Wahrsch. Verw.
        Gebiete 21, 1972, S. 167-178.

[26] Сологуб, В. С. [V. S. Sologub]:   Развитие теории эллиптичес-
     ких уравнений в XVIII и XIX столетиях. [The development of
     the theory of elliptic equations in the eighteenth and nine-
     teenth century.] Издательство "Наукова Думка", Киев, 1975.

Universität Erlangen-Nürnberg
Mathematisches Institut
Bismarckstraße 1 1/2
D 8520 Erlangen
Bundesrepublik Deutschland

EULER UND DIE VARIATIONSRECHNUNG

Stefan Hildebrandt

Die Variationsrechnung, der Euler eine Reihe seiner besten Arbeiten
gewidmet hat, verdankt dem größten Mathematiker des 18ten Jahrhunderts
nicht nur ihren Namen, Calculus variationum, sondern auch ihr erstes
Lehrbuch. Dieses erschien im Jahre 1744 bei Bousquet in Lausanne und
Genf unter dem Titel "Methodus inveniendi lineas curvas maximi mini-
mive proprietate gaudentes sive solutio problematis isoperimetrici
latissimo sensu accepti". Carathéodory nannte die Methodus inveniendi
*"eines der schönsten mathematischen Werke, die je geschrieben worden
sind"*.
Es mag verwundern, daß im Titel dieses Buches das Wort Variationsrechnung gar nicht auftaucht. Man findet es erstmals in den "Registres"
der Berliner Akademie der Wissenschaften. Das Protokoll der Sitzung
Nr. 441 vom Donnerstag, den 16. September 1756, verzeichnet:
"Mr Euler a lû Elementa calculi variationum".
Auf dieser Sitzung und auf der vorangehenden vom 9.9.1756 hat Euler
seine ersten Abhandlungen[1] über den Lagrangeschen δ-Kalkül vorgetragen,
die allerdings erst viel später, nämlich 1766 publiziert worden sind.
Diese beiden Arbeiten gehen auf einen Brief Lagranges an Euler vom
12. August 1755 zurück, in dem der neunzehnjährige französische

---

[1] (E296) Elementa calculi variationum, Novi comment. acad. sci. Petrop.
10 (1764), 1766, 51-93;
(E297) Analytica explicatio methodi maximorum et minimorum, Novi
comment. acad. sci. Petrop. 10 (1764), 1766, 94-134; vgl. auch: Opera
omnia, ser. I, vol. 25 .

Mathematiker seine "Variationsmethode", den Kalkül mit δx, δy,...,
auseinandersetzte, der bekanntlich auch heute noch benutzt wird. Über
seine Absichten informiert Euler im von ihm selbst verfaßten Summarium
zu (E296) den Leser folgendermaßen: *"Man stelle nämlich die Frage: es
soll nach Vorgabe einer Größe V, die irgendwie von zwei Veränderlichen
x,y, von ihren Ableitungen irgendwelcher Ordnung sowie auch von gewissen unbestimmten Integralen abhängt, diejenige Beziehung zwischen x
und y untersucht werden, welche mit dem Maximal- oder Minimalwert des
Integralausdruckes $\int V\, dx$ vereinbar ist. Dann hat diese Fragestellung
gar nichts mehr mit Geometrie zu tun! Deshalb sollte auch jede natürliche Behandlung dieser Fragestellung frei von geometrischen Überlegungen
sein. Und je größer die Schwierigkeiten sein sollten, um die Analysis
auf dieses Ziel abzustimmen, desto größer wäre im Falle des Gelingens
die Hoffnung, dieser Disziplin eine Förderung zukommen zu lassen.
Obgleich nun unser Autor lange über diese Sache und viel nachgedacht
hat und auch manchen Freunden seinen Wunsch in dieser Hinsicht mitgeteilt hat, so ist doch der Ruhm ihrer ersten Entdeckung dem scharfsin-
nigen Geometer aus Turin, LAGRANGE, vorbehalten gewesen, der mit Hilfe
der reinen Analysis zu genau derselben Lösung gekommen ist, welche der
Autor (früher) aus geometrischen Betrachtungen entwickelt hatte.
Außerdem war diese Lösung von solcher Art, daß sie zu einem ganz neuen
Kapitel der Analysis führte, durch welches die Grenzen dieser Wissenschaft nicht unbeträchtlich erweitert werden. Auf diese Weise wurde
dem Autor die Gelegenheit geboten, diese neue Art von Kalkül zu pflegen,
dem er den Namen 'Variationsrechnung' gegeben hat und dessen Anfangs-
gründe hier mitgeteilt und erklärt werden."*
Carathéodory bemerkte zu diesem Kommentar, daß sich Euler getäuscht
habe, wenn er seine in der "Methodus" verwendete Methode als geometrisch,
die Lagrangesche aber als analytisch bezeichnet, da sich das Eulersche
Verfahren ebensogut in die Sprache der Analysis übersetzen lasse. In
der Tat besteht der wesentliche Unterschied der Methoden darin, daß
Lagrange mit allgemeinen Variationen sämtliche Punkte einer Kurve
variierte, während Euler, vereinfachend gesagt, die Integrale durch
Summen und die Extremalen durch Polygone ersetzte, bei denen er nur
eine oder mehrere Ecken variierte, wodurch die zu behandelnden Variationsprobleme auf gewöhnliche Extremalaufgaben reduziert wurden. Die
Eulerschen Gleichungen, also die notwendigen Bedingungen für die
Extremalen, ergaben sich bei dem letzteren Verfahren durch einen

Grenzübergang oder, um in der Sprache des 18ten Jahrhunderts zu reden, vermöge Ersetzen der Differenzen durch Differentiale.

Lagrange und auch Euler glaubten zunächst, daß die Variationsrechnung ein ganz neuer Kalkül wäre, gleichsam eine Differentialrechnung auf höherer Stufe. In einem Anhang[2] zu seinen "Institutiones Calculi integralis" stellte Euler den δ-Kalkül ein weiteres Mal dar, wobei er auch die unabhängige Variable variierte und sogar die erste Variation von Doppelintegralen betrachtete, nachdem Lagrange um 1760/61 bereits die erste Variation des Flächeninhalts studiert und dabei die sogenannte "Minimalflächengleichung" aufgestellt hatte.

Vermutlich um 1771 entdeckte Euler[3] einen Kunstgriff, mit dem er den Variationskalkül auf bekannte Verfahren der Infinitesimalrechnung reduzierte. Denselben Kniff wendet auch heute noch jeder an, der ein Variationsproblem behandeln möchte. Beispielsweise bettet man bei einem eindimensionalen Variationsintegral die Extremalkurve $y(x)$ in eine Schar von Vergleichskurven $z(x,t)$ ein derart, daß $y(x)=z(x,0)$ ist, und setzt $\delta y = \frac{\partial}{\partial t} z(\cdot,0)$. Dieser Ansatz führte nicht nur zu beträchtlichen Vereinfachungen der Rechnungen, sondern ermöglichte auch im 19ten Jahrhundert eine zweifelsfreie Ableitung der Eulerschen Gleichungen, die allen Anforderungen der Analysis an Strenge der Beweisführung standhält. Hierbei stützt man sich gewöhnlich[4] auf ein "Fundamentallemma der Variationsrechnung" genanntes Ergebnis, das bis zur Mitte des vorigen Jahrhunderts noch als evident galt und dessen ersten strengen Beweis erst Paul Du Bois-Reymond im Jahre 1879 geliefert hat[5]. Von hier aus führt eine direkte Verbindung zur Theorie der "schwachen Lösungen" von Differentialgleichungen und zur Distributionentheorie von L. Schwartz.

Übrigens hat Euler den Namen "Variationsrechnung" nur auf den Lagrangeschen δ-Kalkül angewandt. Carathéodory schrieb:

"Bei allen übrigen Abhandlungen, die sich mit Gegenständen befassen,

---

[2] (E385) Institutiones calculi integralis, vol. III, appendix: De calculo variationum 459-596 (1770) .

[3] Es handelt sich um die Arbeit (E420) Methodus nova et facilis calculum variationis tractandi. Nova comment. acad. sci. Petrop. <u>16</u> (1771) 1772, 35-70 .

[4] Vgl. O. Bolza, Vorlesungen über Variationsrechnung, Teubner, Leipzig 1909, Kap. I, §5 .

[5] Mathematische Annalen <u>15</u> (1879) .

die wir heute zur Variationsrechnung zählen, spricht er von kürzesten Linien, von isoperimetrischen Problemen, von Kurven, denen eine Maximaleigenschaft aufgeprägt ist, von Brachystochronen usw., daß heißt, er hat keinen besonderen Namen für die Disziplin, die er mit so großem Erfolg entwickelt und eigentlich neu begründet hat ... Diesem Gebrauch sind übrigens alle späteren Mathematiker, die vor 1850 geschrieben haben, treu geblieben."

Betrachten wir nun, in welchem Zustand Euler die Variationsrechnung vorfand, als er mit seiner wissenschaftlichen Arbeit im Jahre 1726 begann. Einige Variationsprobleme waren bereits im klassischen Altertum untersucht worden. So kannten die Griechen bereits die isoperimetrische Eigenschaft von Kreis und Kugel, und Heron hatte das Reflexionsgesetz für Lichtstrahlen aus einem Minimumprinzip hergeleitet. Ähnlich glückte es Fermat im Jahre 1662, das Berechnungsgesetz für Lichtstrahlen aus dem Prinzip herzuleiten, wonach das Licht in kürzster Zeit von einem Punkt zu einem anderen gelangt. Newton behandelte 1686 das Problem, den Rotationskörper kleinsten Widerstandes zu bestimmen. Die Entwicklung der Variationsrechnung als eigenständiger Disziplin begann mit den Arbeiten der Brüder Jakob und Johann Bernoulli, die mit dem bekannten Wettstreit von 1696/97 um das sogenannte Brachystochronenproblem einsetzten[6]. Beide Brüder haben Bedeutendes in einer kurzen Zeitspanne geleistet, wobei sich Jakob besonders um die Behandlung isoperimetrischer Probleme verdient gemacht hat. Die Untersuchungen der Bernoullis waren gegen 1700 abgeschlossen. Zwischen 1701 und 1728 findet man außer einem Beitrag von Brook Taylor nur eine wichtige Abhandlung zur Variationsrechnung, die Johann Bernoulli 1718 über die isoperimetrischen Probleme verfaßt hat und die neben den grundlegenden Untersuchungen von Jakob Bernoulli der Ausgangspunkt für die Arbeiten Eulers war, die Ende 1728 begannen.

Eulers erste Arbeit über Variationsrechnung, die 1732 unter dem Titel

---

[6] Die erste Zeit der Variationsrechnung ist in den beiden Abhandlungen "The beginning of research in the calculus of variations" und "Basel und der Beginn der Variationsrechnung" von Carathéodory mustergültig geschildert, die man im zweiten Band seiner "Gesammelten mathematischen Schriften" findet. Eulers Beiträge zur Variationsrechnung hat Carathéodory im Band XXIV, Series prima der "Opera omnia" Eulers gewürdigt, während C. Truesdell in den Bänden XI_2 und XII, Series secunda der "Opera omnia" Eulers Leistungen auf dem Gebiet der Mechanik dargestellt hat.

"De linea brevissima in superficie quacunque duo quaelibet puncta
jungente" in den Commentarii der Petersburger Akademie erschien[7],
befaßte sich mit dem Problem, zwei Punkte auf einer beliebigen Fläche
durch eine kürzeste Linie zu verbinden. Zur Behandlung dieses Problems
war Euler von Johann Bernoulli aufgefordert worden in einem Brief, den
dieser im Dezember 1727 an seinen Sohn Daniel gerichtet hatte. In der
oben genannten Arbeit, die vermutlich bereits 1728 verfaßt und der
Petersburger Akademie zur Publikation eingereicht worden ist[8], hat
Euler die Differentialgleichung der Kürzesten auf einer nichtparame-
trisch gegebenen Fläche aufgestellt und für mehrere Spezialfälle
gelöst. Aus den Eulerschen Formeln läßt sich dann ohne weiteres der
Satz gewinnen, daß jede Schmiegebene einer kürzesten Linie die Flächen-
normale enthält. Dieses Ergebnis hatte Johann Bernoulli bereits 1698
gefunden, aber nicht publiziert; es erschien erst in seinen gesammelten
Werken.
Seit dem vorigen Jahrhundert benutzt man den Bernoullischen Satz
zur Definition der geodätischen Kurven.
Zwischen diesem Gesellenstück und der Methodus inveniendi hat Euler
noch drei weitere Arbeiten zur Variationsrechnung geschrieben, von
denen sich eine mit dem Brachystochronenproblem im widerstrebenden
Medium und die beiden anderen vornehmlich mit isoperimetrischen Problemen
befassen[9]. In den letzteren Arbeiten, die methodisch an die Ideen
von Jakob Bernoulli anknüpften, unterliefen Euler zahlreiche Fehler,
doch gelang es ihm schließlich, diese Fehlschlüsse einzusehen und zu
überwinden. Übrigens entdeckte Euler schon in diesen Arbeiten die
sogenannte "Regel der Lagrangeschen Mulitplikatoren" und zeigte, daß die
Extremalen unverändert bleiben, wenn man eine Nebenbedingung mit der
Extremalbedingung vertauscht. So liefert beispielsweise die Kugel die
kleinste Oberfläche bei vorgegebenem Volumen wie auch den größten
Inhalt bei vorgeschriebener Oberfläche.
Wir kommen nun zur Methodus inveniendi, die Euler spätestens 1741

---

[7] (E9) und Opera omnia, Ser. prima, Vol. XXV, Seiten 1-12 .

[8] Enestroem (1899) meinte, die Eulersche Arbeit könnte erst 1729
entstanden und eingereicht worden sein. Herr Dr. Fellmann hat mich
jedoch freundlicherweise darauf aufmerksam gemacht, daß neuere
historische Untersuchungen auf das Entstehungsjahr 1728 deuten. Man
vgl. auch das Vorwort von A. Speiser (1952) zum Vol. XXV der ersten
Reihe der Opera omnia .

[9] (E27), (E42), (E56); vgl. Opera omnia Ser. I, Vol. XXV .

geschrieben hat (mit Ausnahme der beiden Additamenta, die erst 1743
entstanden). Carathéodory hat die großen Leistungen dieses Buches ein-
eingehend gewürdigt[10], so daß wir uns hier darauf beschränken können,
die wichtigsten Ergebnisse zu erwähnen. Hierzu gehört erstens eine
sichere Methodik zur Aufstellung der "Eulerschen Differentialgleichungen", die sich als eine Art Differenzenverfahren beschreiben läßt.
Euler faßte die Kurven als Polygone (mit infinitesimal kleiner Seiten-
länge) auf und betrachtete dann nur drei oder vier aufeinanderfolgende
Punkte, womit die Differentialgleichung der Extremalen vermöge gewöhn-
licher Infinitesimalrechnung für Funktionen gewonnen werden konnte.
Dieser Methode Eulers kann in vielen Fällen eine Begründung gegeben
werden, die auch den heutigen Ansprüchen an mathematische Strenge
gerecht wird.
Euler gelangte auch zu einer sicheren Behandlung isoperimetrischer
Probleme und von Variationsaufgaben mit Differentialgleichungen als
Nebenbedingungen. Wenn er auch noch nicht zu einer allgemeinen
Theorie "Lagrangescher Variationsprobleme" vordrang, so stellen doch diese
Resultate nach Ansicht Carathéodorys *eine Spitzenleistung dar, wie sie
auch einem Euler nicht allzuoft geglückt ist."*
Besonders erwähnenswert sind die erstaunlichen Beispiele[11], die Euler
in seinem Buch diskutierte und an denen er die Kraft seiner Methoden
erprobte.
Eine wichtige Rolle spielten auch die beiden Zusätze zur Methodus
inveniendi, deren erster die Gestalt der elastischen Linien bestimmte.
Euler legte hier das Variationsproblem

$$\int R^{-2}\,ds \rightarrow \text{Min}$$

(R=Krümmungsradius, s=Parameter der Bogenlänge) zugrunde, das ihm 1742
von Daniel Bernoulli zur Bestimmung der Gleichgewichtsfiguren elastischer Kurven vorgeschlagen worden war. Es gelang Euler, die zugehörige
Differentialgleichung zu integrieren, wobei sich neun Arten elastischer
Linien ergaben. Dabei entdeckte er das Phänomen des Ausknickens eines
durch Druck belasteten elastischen Stabes, wenn der Druck eine gewisse
charakteristische Größe erreicht. Dies war wohl das erste Mal, daß in
der mathematischen Literatur eine "Verzweigung" bei einem nichtlinearen

---

[10] Opera Omnia Ser. I, Vol. XXIV, Seiten XI-XXVI .

[11] Carathéodory hat diese Beispiele auf den Seiten LVI-LXII von Vol.
XXIV der Opera Omnia, Ser. I, zusammengestellt, nach Typen geordnet
und mit knappen Anmerkungen versehen.

Eigenwertproblem beschrieben wurde.

Auch in neuerer Zeit wurden die elastischen Linien in der Ebene und im Raum eingehend studiert, wobei Stabilitätsuntersuchungen im Vordergrund standen. Wir erwähnen hier nur Arbeiten von Max Born und Ernst Hölder. Vor kurzem wurden auch alle stationären geschlossenen räumlichen Elastica bestimmt.

Das Integral

$$\int H^2 dA$$

(H=mittlere Krümmung, dA=Flächenelement) stellt das zweidimensionale Analogon zum Integral $\int R^{-2} ds$ dar. Die Abschätzung dieses Integrales über geschlossene Flächen nach unten gehört zu den reizvollsten Problemen, die zur Zeit von Geometern untersucht werden. Es wird vermutet, daß für eine eingebettete Torusfläche im R^3 das Integral nie kleiner als $2\pi^2$ sein kann.

Mindestens ebenso interessant dürfte das Additamentum II sein, in dem Euler unter dem Titel "De motu projectorum in medio non resistente, per Methodum maximorum ac minimorum determinando" ein Variationsprinzip für die Bewegung eines Massenpunktes in einem ebenen konservativen Kraftfeld aufstellte. Hierbei handelt es sich um die erste mathematische Fassung des sogenannten "Prinzips der kleinsten Wirkung", das kurze Zeit später de Maupertuis, allerdings in viel weniger präziser Fassung, als universelles Naturgesetz formuliert hat. Wir wollen nicht auf die unerfreulichen Streitigkeiten eingehen, die zwischen Maupertuis und Samuel König entstanden sind, da Fleckenstein[12] die Affaire und ihre Hintergründe eingehend beschrieben hat. Es genügt hier zu sagen, daß wir in dieser Untersuchung Eulers den Ursprung aller Variationsprinzipien zu suchen haben, die später vornehmlich von Lagrange und danach von Hamilton, Jacobi und vielen anderen Autoren zuerst zur Begründung der analytischen Mechanik und dann auch zu der vieler anderer physikalischen Disziplinen verwendet worden sind. Nur das Fermatsche Prinzip der geometrischen Optik von 1662 hat noch eine ähnliche Rolle gespielt. Jacobi[13] hat Eulers Leistung im genannten Anhang der Methodus inveniendi folgendermaßen beurteilt:

"Das Wichtigste an diesem Werke ist ein kleiner Anhang, in welchem

---

[12] Euler, Opera omnia Ser. II , Vol. V .

[13] in einer Vorlesung über Variationsrechnung, deren Manuskript uns vorliegt. Nach Fellmann wurde sie 1837/38 gehalten und von Rosenhain ausgearbeitet.

gezeigt wird, wie bei gewissen Problemen der Mechanik die Kurve, die
der Körper beschreibt, ein Minimum wird; es wird indes nur ein Körper
angenommen, der sich in der Ebene bewegt. Allein aus diesem Anhang ist
die ganze analytische Mechanik entsprungen. Denn bald nach seiner
Erscheinung trat Lagrange, nach Archimedes vielleicht das größte
mathematische Genie, 20 Jahre alt, mit seiner mécanique analytique auf.
Er hat die wahren analytischen Prinzipien der Variationsrechnung
gefunden und einen großen Fortschritt gemacht durch die Einführung des
Zeichens δ. Indem er Eulers Methode verallgemeinerte, kam er auf seine
merkwürdigen Formen, wo in einer einzigen Zeile die Auflösung aller
Probleme der analytischen Mechanik enthalten ist."

Im Jahre 1779 machte Euler eine Entdeckung, die ihn sehr überraschte,
so daß er von einem Paradoxon in der Variationsrechnung sprach[14].
Beim Studium des Integrals

$$\int \sqrt{x}\,\sqrt{dx^2+dy^2}$$

fand er heraus, daß unter Umständen eine Extremale (also eine reguläre
Lösung der Eulerschen Differentialgleichung) existieren kann, die ein
relatives Minimum liefert, während das absolute Minimum für einen
polygonalen Linienzug erreicht wird, der keine richtige Extremale ist.
Diese Erscheinung hat später Goldschmidt in einer Arbeit untersucht,
mit der er eine auf Vorschlag Gauß' von der Göttinger Akademie gestellte
Preisaufgabe gelöst hat[15], und Plateau wie auch Lindelöf haben den
Sachverhalt völlig geklärt. Es handelt sich um die heute wohlbekannte
Tatsache, daß das Katenoid (die Drehfläche einer Kettenlinie) zwischen
zwei parallelen Kreisen zuweilen nur ein relatives Minimum des Flächeninhaltes liefert, während zwei in die Kreislinien eingespannte
Kreisscheiben das absolute Minimum des Flächeninhaltes geben.
Die Überraschung Eulers über diese Entdeckung erklärt sich daraus, daß
er eine ganz unklare Vorstellung von Maxima und Minima hatte. Wie
Carathéodory bemerkt hat, glaubte Euler nämlich, daß jede Extremale y
(d.h. jede Lösung der Eulergleichung) entweder Maximum oder Minimum
des betrachteten Variationsintegrals I wäre, und er hatte eine ganz

---

[14] (E735) "De insigni paradoxo quod in analysi maximorum et minimorum
occurit", Mem. acad. Sci. St.-Pétersbourg 3 (1811), 16-25, und:
Opera omnia Ser. I, Vol. XXV.

[15] B. Goldschmidt, Determinatio superficiei minimae rotatione curvae
data duo puncta jungentis circa datum axem ortae (1831). Vgl. auch
G.A. Bliss, Calculus of Variations, Open Court. Publ. (1925), und
J.C.C. Nitsche, Vorlesungen über Minimalflächen, Springer (1975).

einfache Probe, dies herauszufinden: Gab es eine zulässige Probefunktion z mit

$$I(z) > I(y),$$

so handelte es sich bei y um ein absolutes Minimum. Merkwürdigerweise kam Euler nicht auf den Gedanken, daß es sich bei der Extremalen y auch um ein relatives Minimum oder gar um einen "Sattelpunkt" handeln könnte. Dies ist umso erstaunlicher, als bereits Johann Bernoulli erkannt hatte, daß die Minimumseigenschaft der Zykloide für das Brachystochronenproblem nicht selbstverständlich ist, sondern eines Beweises bedarf. In seiner Arbeit[16] von 1718 hatte er sogar einen sowohl strengen wie auch eleganten Beweis dieser Minimumseigenschaft geliefert, der aber in der Folgezeit gar nicht beachtet worden zu sein scheint. Erst Carathéodory erkannte[17] - fast zweihundert Jahre später - , welche glänzende Idee in Johanns Arbeit steckte. Im Anhang zu seiner Dissertation zeigte er, wie sich die Bernoullische Methode zu einer befriedigenden Theorie einfacher Variationsprobleme ausbauen läßt. Mit einiger Phantasie entdeckt man, daß hinter dem Verfahren von 1718 eine "Feldtheorie" steckt, doch war schon der Scharfsinn eines Carathéodory erforderlich, um dies herauszufinden. Übrigens tauchen diese Gedanken immer wieder in den späteren Arbeiten Carathéodorys auf, und mein Lehrer Ernst Hölder verfehlte nie, in seinen Vorlesungen auf die Methode von Johann Bernoulli hinzuweisen.

Zunächst aber müssen wir auf den unbefriedigenden Umgang Eulers mit den Maxima und Minima eingehen. Als erstem scheinen Legendre hierzu Bedenken gekommen zu sein[18]. Er führte die zweite (und höhere) Variation(en) eines Extremalintegrales ein und versuchte, deren Vorzeichen abzuschätzen, um so zu einer Minimums- oder Maximumsaussage zu gelangen, ganz ähnlich, wie man zeigt, daß eine Nullstelle x_0 der Ableitung $f'(x)$ einer Funktion $f(x)$ ein Minimum für diese liefert, falls

---

[16] Remarques sur ce qu'on a donné jusqu'ici de solutions des problemes sur les isoperimetres, Mémoires de l'Académie Royale des Sciences de Paris (1718), und: Opera omnia II, S. 235-269, insbesondere S. 267-269 und Tafel XXXII.

[17] Über die diskontinuierlichen Lösungen in der Variationsrechnung, Doktor-Dissertation, Göttingen (1904), S. 1-71, und: Gesammelte mathematische Schriften I, S. 3-79, insbesondere S. 69-78.

[18] Mémoire sur la manière de distinguer les maxima des minima dans le Calcul des Variations, Histoire de l'Académie Royale des Sciences (1786; erschienen 1788).

$f''(x_0)$ positiv ist. Jacobi[19] kommentierte Legendres Bemühungen folgendermaßen:

"In der Variationsrechnung hat man sich fast nur mit der Untersuchung des Falles beschäftigt, wo die ersten ... Terme verschwinden. Die andere Untersuchung, ob die Terme zweiter Ordnung dasselbe Zeichen behalten, ist fast noch gar nicht behandelt. Über diesen Gegenstand existiert nur eine Abhandlung von Legendre (1786), in welcher er zwar ein ganz falsches Räsonnement macht, aber doch den rechten Weg einschlägt, indem er die richtigen Differentialgleichungen betrachtet. Legendre glaubte nämlich, man könnte zum Ziele kommen, ohne die Differentialgleichungen zu integrieren, und auch Lagrange tat weiter nichts, als daß er auf das Mangelhafte der Legendreschen Abhandlung aufmerksam machte und zeigte, daß die Integration nötig sei. Ich habe zufällig die Integration dieser Differentialgleichungen gefunden und sie in einem der letzten Hefte des Crelleschen Journals ohne Beweis mitgeteilt."[20]

Jacobi leitete mit seinem Beitrag zur Variationsrechnung eine außerordentlich wichtige Entwicklung ein, über die man Genaueres bei Todhunter[21] und Bolza[22] nachlesen kann. Die Jacobigleichung und Jacobifelder gehören heute zu den unentbehrlichen Hilfsmitteln eines jeden Differentialgeometers. Jedoch waren auch die Schlüsse, die Jacobi aus seinen Untersuchungen gezogen hat, nicht korrekt. Aus der Positivität der zweiten Variation des betrachteten Integrales auf einer Extremalen kann man, wie Weierstraß bemerkt hat, nur schließen, daß die Extremale ein "schwaches" relatives Minimum liefert (zum Vergleich sind also nur Kurven zugelassen, bei denen auch die Tangentenrichtungen nur wenig von den entsprechenden Richtungen der Extremalen abweichen). Dagegen erhält man im allgemeinen nicht, daß die Extremale ein starkes Minimum ergibt. Als Beispiel kann ein Punkt p auf einer Geodätischen dienen, dessen erster konjugierter Punkt $\bar{p}$ "hinter" dem

---

[19] loc. cit. 13) .

[20] Jacobi bezieht sich hier auf seine Arbeit "Zur Theorie der Variationsrechnung und der Differential-Gleichungen", die im 17ten Band des Journals für die reine und angewandte Mathematik, S. 68-82, (1837) erschien.

[21] I. Todhunter, A history of the progress of the calculus of variations during the nineteenth century, Cambridge University Press 1861 .

[22] O. Bolza, Vorlesungen über Variationsrechnung, Teubner 1933 .

Schnittortpunkt q von p auf der Geodätischen liegt. Erst Weierstraß hat
in der zweiten Hälfte des vorigen Jahrhunderts hinreichende Bedingungen
für das Eintreten eines starken Minimums aufgestellt, wobei die
Weierstraßsche Feldtheorie eine wesentliche Rolle spielte. Diese Methode war lange Zeit nur mündlich oder durch Abschriften von Ausarbeitun-
gen der Weierstraßschen Vorlesungen verbreitet. Sie wurde erst durch
das Lehrbuch von A. Kneser [23] der Allgemeinheit zugänglich gemacht und
darauf vornehmlich durch A. Mayer, Hilbert und Carathéodory vervoll-
kommnet, so daß der klassischen Feldtheorie einfacher Integrale kaum
etwas Wesentliches hinzuzufügen ist. Boerner bezeichnete Carathédorys
Zugang sogar als den *"Königsweg in die Variationsrechnung"*. [24]

Nach diesem Überblick über einen Teil der Entwicklung, der auf Eulers
Beiträge zur Variationsrechnung folgte, wollen wir einige wichtige Resultate und Einsichten von Euler besprechen, die direkt oder indirekt
zur Variationsrechnung zu zählen sind, ohne daß wir dabei Vollständig-
keit anstreben.

Eine der wichtigsten Leistungen Eulers ist der Sturz des "Leibnizschen
Dogmas", wonach sich alle Vorgänge in der Natur nur durch kontinuier-
liche Funktionen beschreiben lassen. Hierunter verstand man im 18ten
Jahrhundert nicht etwa stetige, sondern analytische Funktionen, wobei
der Gebrauch des Wortes analytisch nicht immer einheitlich war; wir
können an Potenzreihen oder an "durch analytische Ausdrücke" bestimmte
Funktionen denken. Durch die Untersuchung schwingender Saiten gelangte
Euler zur Einsicht, daß auch nichtanalytische Funktionen als Lösungen
der Wellengleichung in Betracht zu ziehen sind, worüber sich ein er-
bitterter wissenschaftlicher Streit mit d'Alembert entspann[25], und die
Mehrheit der Mathematiker akzeptierte wohl erst im 19ten Jahrhundert
die Richtigkeit von Eulers Entdeckung.

---

[23] Lehrbuch der Variationsrechnung, Braunschweig, Viehweg (1900). Vgl.
auch: K. Weierstraß, Werke, Bd. 7: Vorlesungen über Variationsrechnung, Leipzig, Akademische Verlagsgesellschaft (1927).

[24] Carathéodory's Eingang zur Variationsrechnung, Jahresberichte der
DMV 56, S. 31-58 (1953), und: Variationsrechnung à la Carathéodory
und das Zermelosche Navigationsproblem, Selecta Mathematica V, S. 23-
67 (1979).

[25] Wir verweisen hier und im folgenden auf den Artikel "The rational
mechanics of flexible or elastic bodies 1638-1788" von C. Truesdell,
der in den Bänden XI_2 und XII der zweiten Serie von Eulers "Opera
omnia" erschienen ist.

Auch andere Überlegungen, die heute jedem Analytiker geläufig, wenn
nicht sogar selbstverständlich sind, stellte Euler zum ersten Male an,
und zu seiner Zeit waren sie alles andere als trivial. Dazu müssen wir
uns vor Augen halten, daß erst Euler den Kalkül der partiellen Ableitungen entwickelt hat und daß beispielsweise Daniel Bernoulli, neben
Euler der Begründer der Hydromechanik, es nie gelernt hat, mit diesem
neuen Hilfsmittel mühelos umzugehen. Euler erkannte die Notwendigkeit
zu untersuchen, wo eine Differentialgleichung erfüllt sein muß und wo
nicht (also beispielsweise nicht am Rande des Geltungsbereiches der
Gleichung) oder welche Rand- und Anfangsbedingungen man stellen kann
oder muß. Ganz allmählich wurden solche Fragen mathematisches Allgemeingut, wobei die scharfen Begriffsbildungen und die Strenge Weierstraß' aus der Entwicklung nicht wegzudenken sind. Wir erinnern dabei
an die Rolle, die das sogenannte "Dirichletsche Prinzip" gespielt hat.
Von Riemann zur Begründung der geometrischen Funktionstheorie verwandt,
jedoch durch Weierstraß' Kritik (1869) seiner Basis beraubt, führte es
letztlich zur Entwicklung der Integralgleichungstheorie, der Funktional-
analysis und der Potentialtheorie, bis Hilbert es 1899 wieder zu einem
legitimen Hilfsmittel machte.Aus den Hilbertschen Untersuchungen und
aus seinen Problemen 19 und 20, die er auf dem Internationalen
Mathematikerkongreß zu Paris (1900) formulierte[26], entstanden die
direkten Methoden der Variationsrechnung und die Regularitätstheorie
elliptischer Differentialgleichungen. Am Entstehen der Regularitätstheorie hatten allerdings auch die potentialtheoretischen Arbeiten von
Otto Hölder, Ljapunow, Korn, Lichtenstein und schließlich Schauder einen
wesentlichen Anteil. Die Ausführung des von Hilbert vorgeschlagenen
Programmes für die Variationsrechnung lag für lange Zeit in den Händen
von C.B. Morrey, der im wesentlichen ganz allein die Existenz- und
Regularitätstheorie zweidimensionaler Variationsprobleme geschaffen
hat[27]. In letzter Zeit hat sich gezeigt, daß allgemeine ellliptische
Variationsprobleme - entgegen der "Vermutung" von Problem 19 - irreguläre Extremalen und sogar irreguläre Minima haben können, mehr noch, daß

---

[26] Vgl. D. Hilbert, Gesammelte Abhandlungen Bd. III, S. 10-37 und 238-329.

[27] Über die Entwicklung der direkten Methoden bis zum Jahre 1965 hat
Morrey in seiner Monographie "Multiple integrals in the calculus
of variations", Springer (1966), berichtet. Die darauf folgende
Periode wurde kürzlich von M. Giaquinta dargestellt in seinem Buch
"Multiple integrals in the calculus of variations and nonlinear
elliptic systems",Princeton University Press (1983).

unter Umständen überhaupt nur singuläre Minima existieren. Besonders
einfache Beispiele wurden kürzlich bei harmonischen Abbildungen Riemann-
scher Mannigfaltigkeiten gefunden. Diese merkwürdigen Phänomene zeigen,
daß wir auch heute noch ähnliche Überraschungen wie Euler erleben - die
von dem großen Analytiker eingeleitete Entwicklung ist noch längst
nicht zu Ende.

Wie schon bemerkt, hat bereits Euler[28] die erste Variation von Doppelintegralen berechnet, nachdem Lagrange[29] die des Flächeninhalts
aufgestellt und die sogenannte Minimalflächengleichung hergeleitet
hatte. Jedoch waren sowohl Euler als auch Lagrange nicht in der Lage,
aus den in der ersten Variation auftretenden Randtermen irgendwelche
Schlußfolgerungen zu ziehen. Sie mußten sich mit der Einsicht begnügen,
daß die Randterme verschwinden, falls am Rand nicht variiert wird, was
ja zur Aufstellung der Eulergleichung ausreicht. Für ein weiteres
Halbjahrhundert blieben diese Schwierigkeiten unüberwindlich, vermutlich
weil der Gaußsche Integralsatz oder verwandte Formeln zur partiellen
Integration noch nicht formuliert worden waren. Es blieb Gauß[30]
vorbehalten, am Beispiel der Kapillaritätstheorie zu zeigen, wie man
zu freien Randbedingungen für die Lösung der Eulergleichung gelangt.
In der nun einsetzenden Entwicklung wurden entsprechende Formeln für
zwei- und mehrfache Integrale ausgearbeitet, wobei gleichzeitig der
"Gaußsche Integralsatz in allgemeiner Form" entstand. Es ist nicht ganz
klar, ob und wie die Gaußsche Arbeit jeden der folgenden Autoren (unter
anderen Poisson, Ostrogradski, Green, Cauchy, Sarrus) direkt oder auf
Umwegen beeinflußt hat, da zu dieser Zeit häufig nicht oder nicht korrekt
zitiert wurde (noch in Hilberts Göttingen war das Nostrifizieren durch-
aus üblich). Wir verweisen hierzu auf Bolzas Bericht[31] und auf das
Buch von Todhunter[32].

---

[28] (E385) Institutiones calculi integralis, Bd. III, Appendix de
calculo variationum, Art. 159-174 (1770), und Opera Onmia, Ser. I,
Vol. XIII, S. 458-469 .

[29] Essai d' une nouvelle méthode pour déterminer les maxima et les
minima des formules intégrales indéfinies, Miscell. Taurin. Bd. II ,
(1760-61) und: Oeuvres, Bd. I, S. 353-356 .

[30] Principia generalia theoriae figurae fluidorum in statu equilibrii,
der Göttinger Ges. d. Wiss. am 28.9.1829 vorgelegt und 1830 (und
erneut 1832) publiziert. Vgl. auch: Gauß, Werke, Bd. V, S. 29-77 .

[31] O. Bolza, Gauß und die Variationsrechnung, Gauß' Werke, Bd. X,
Abhandl. V, S. 1-95 .

[32] Vgl. loc. cit. 21) .

Man soll aber nicht denken, daß die von unserem heutigen Standpunkt aus
einfachen analytischen Methoden, die zur formalen Behandlung mehrfacher
Variationsintegrale nötig sind und die jetzt jeder Student in kurzer
Zeit zu beherrschen lernt, in der ersten Hälfte des vorigen Jahrhunderts
mathematisches Allgemeingut geworden wären. Um einen Eindruck zu
vermitteln, welche Schwierigkeiten selbst ein Jacobi empfand, der doch
mit Abel die Theorie der elliptischen Integrale geschaffen hatte und
vor keinem Problem zurückschreckte, wollen wir noch einmal aus Jacobis
Vorlesung[33] zitieren:

*Allein dies alles [d.h. die Theorie der zweiten Variation einfacher
Integrale] ist noch einfach: Die größten Schwierigkeiten treten bei
zweien oder mehreren Variablen ein, wo der vorgelegte Ausdruck ein
Doppel- oder ein höheres Integral wird ...*

*Es haben sich in der neuesten Zeit die ausgezeichnetsten Mathematiker
wie Poisson und Gauß mit der Auffindung der Variation des Doppelinte-
grales beschäftigt, die wegen der willkürlichen Funktionen unendliche
Schwierigkeiten macht. Dennoch wird man durch ganz gewöhnliche Aufgaben
darauf geführt, z.B. durch das Problem: unter allen Oberflächen, die
durch ein schiefes Viereck im Raum gelegt werden können, diejenige
anzugeben, welche den kleinsten Flächeninhalt hat. Es ist mir nicht
bekannt, daß schon irgend jemand daran gedacht hätte, die zweite
Variation solcher Doppelintegrale zu untersuchen; auch habe ich, trotz
vieler Mühe, nur erkannt, daß der Gegenstand zu den allerschwierigsten
gehört."*

Es verstrichen dreißig Jahre, bis Riemann[34] und H.A. Schwarz[35] das
von Jacobi genannte Problem für das reguläre Vierseit lösten, und fast
hundert Jahre vergingen bis zur Lösung des allgemeinen Plateauschen
Problems, in eine beliebige geschlossene Kurve eine Fläche kleinsten
Inhalts einzuspannen, durch Jesse Douglas[36] und Tibor Rado[37]. In

---

[33] loc. cit. 13).

[34] Ueber die Fläche vom kleinsten Inhalt bei gegebener Begrenzung,
Göttinger Nachr., Bd. 13 (1867), und: Gesammelte Mathematische
Werke, S. 283-315 .

[35] Bestimmung einer speciellen Minimalfläche, Preisschrift der Königl.
Akad. Wiss. Berlin (4. Juli 1867), und: Gesammelte Mathematische
Abhandlungen, Bd. I, S. 6-125 .

[36] Solution of the Problem of Plateau, Trans. American. Math. Soc. 33,
S. 263-321 (1931) .

[37] On Plateau's problem, Annals of Math. (2) 31, S. 457-469 (1930) .

einer berühmten Arbeit[38] aus dem Jahre 1885, die für viele Zwecke
vorbildlich geworden ist, hat H.A. Schwarz auch erstmals das von Jacobi
genannte Problem der zweiten Variation für Minimalflächen erfolgreich
untersucht.
In unserem Jahrhundert hat die Variationsrechnung im allgemeinen und
die Theorie der geodätischen Linien und der Minimalflächen einen
großen Aufschwung genommen. Besonders gefreut hätte Euler wohl die
Verbindung von Variationsrechnung und Topologie, die zuerst
Poincaré ins Auge gefaßt hat und die dann speziell durch Marston Morse
sehr erfolgreich hergestellt worden ist. Die Weiterentwicklung dieser
Ideen gehört zu den schönsten und interessantesten Aufgaben, die uns
von der Variationsrechnung gestellt werden.

Universität Bonn
Mathematisches Institut
Wegelerstraße 10
D 5300 Bonn 1
Bundesrepublik Deutschland

---

[38] Ueber ein die Flächen kleinsten Flächeninhalts betreffendes Problem
der Variationsrechnung. Festschrift zum siebzigsten Geburtstage des
Herrn Karl Weierstrass, Acta soc. sci. Fennicae, tom. XV, S. 315-362,
und: Gesammelte Mathematische Abhandlungen, Bd. I.

HISTORISCHE BEZÜGE DES WERKES
VON EULER

ÜBER EINIGE MATHEMATISCHE SUJETS IM BRIEFWECHSEL

LEONHARD EULERS MIT JOHANN BERNOULLI

Emil A. Fellmann

Prolog

Basel, Petersburg und Berlin fixieren exakt die drei Punkte der
historischen Ebene, auf welcher wir hier Leonhard Euler gedenken. Der
Name seiner Geburtsstadt ist wohlbekannt in der Geschichte der mathematischen Wissenschaften: die Brüder Jakob und Johann Bernoulli erhellten
im ausgehenden siebzehnten Jahrhundert als Doppelstern erster Grösse
das mathematische Firmament, indem es ihnen der machtig treibende Keim
des Leibnizschen Infinitesimalkalküls - gewissermassen als Familienge-
heimnis - ermöglichte, die Mathematik bis ins nächste Jahrhundert hin-
ein weitgehend zu monopolisieren. Ihr Glanz sollte erst überstrahlt
werden von der 'Sonne aller Mathematiker des achtzehnten Jahrhunderts',
wie man Euler genannt hat, der als Phänomen ebensosehr eine Singularität
der Differentialgleichung der Geschichte der Wissenschaften darstellt
wie die Existenz seiner Vaterstadt am Rheinknie in der Geschichte
Europas.

Jeder Mathematiker kennt (wenigstens von aussen) die seit 1911 in
drei Serien erschienenen rund 70 Bände der Euler-Ausgabe, die heute bis
auf 5 noch ausstehende Bände[1] komplett vorliegt. Die Eulerkommission
der Schweizerischen Naturforschenden Gesellschaft fasste 1967 den bedeutsamen Entschluss, diesen ersten drei Serien mit einer vierten die Krone
aufzusetzen. Diese *Series quarta* zerfällt in zwei Teile A und B. Der
Teil IV A soll Eulers Briefwechsel[2] (8 Bände) enthalten, IV B seine wissenschaftlichen Notiz- und Tagebücher (ca. 6 Bände). Konnten die Serien
I-III noch ausschliesslich auf bereits früher gedruckte Bücher und Ab-

handlungen Eulers abgestützt werden, so müssen jedoch die Briefe und
Manuskripte, die nur zum kleineren Teil und oft bloss partiell veröffentlicht sind, textkritisch, d. h. aus den handschriftlichen Originalen
(soweit erhalten), transkribiert und fachlich kommentiert herausgegeben
werden.

Die (noch ungedruckten) Bände IV A, 2 und IV A, 3 sind Eulers Korrespondenzen mit der Bernoulli-Dynastie[3], hauptsächlich mit Johann I,
Niklaus I und Daniel I Bernoulli, gewidmet. Eine dieser Korrespondenzen, nämlich diejenige Eulers mit seinem ehemaligen Lehrer Johann I
Bernoulli, soll uns in dieser Stunde beschäftigen. Dabei müssen wir uns
insofern beschränken, als wir nur die wichtigsten Sujets der sogenannten
reinen Mathematik, die in diesem Briefwechsel abgehandelt werden, ins
Auge fassen: Logarithmentheorie, geodätische Linien, Gammafunktion, Reihenlehre, Zetafunktion und schliesslich Differentialgleichungen.

Vom Inhalt dieser 38 heute bekannten, fast durchwegs lateinisch
abgefassten Briefe dieser Korrespondenz, die - kein Wunder im 18. Jahrhundert! - oft beinahe druckfertige Abhandlungen darstellen, ist nicht
ganz die Hälfte den oben aufgezählten Themata gewidmet, der Rest zu
ungleichen Teilen der Hydraulik, der Hydrodynamik, der Mechanik, der
Astronomie sowie administrativen, politischen und privaten Belangen[4].
Die Dauer des Briefwechsels erstreckt sich von Eulers Abgang von Basel
nach Petersburg (1727) als Zwanzigjähriger bis fast zu Bernoullis Tod[5].
Abgesehen von einer grösseren 'Brieflücke' zwischen 1731 und 1737 folgen
sich die Briefe bis etwa Ende 1740 (R 219) einigermassen regelmässig und
alternierend, doch die letzten 7 oder 8 Briefe Eulers müssen heute leider als verloren gelten, und ihr möglicher Inhalt kann nur aus den Brief-
texten Bernoullis (R 220 - R 227) qualitativ grob erraten werden.

Selbstverständlich kann der Briefwechsel dem heutigen Mathematiker
substantiell nichts Neues bringen, doch gewährt er belehrende Einblicke
in die Genesis einiger mathematisch wichtiger Disziplinen. Schliesslich
"bleibt man" - nach Lessing, dem Berlin ja auch nicht ganz fremd war -
"ohne die Geschichte ein unerfahrenes Kind", und diese Weisheit gilt
nicht nur für Politiker.

°

1. Logarithmen negativer Zahlen

Bereits im ersten Brief vom November 1727 (R 190) startet Euler in seinem Schlussabschnitt [Uebersetzung]:

"Ich bin zufällig auf die Gleichung $y = (-1)^x$ gestossen. Wie ihr Graph beschaffen ist, ist schwierig festzustellen. Da y bald positiv, bald negativ und bald imaginär ist, scheint es mir, sie drücke keine stetige Linie, sondern unendlich viele, auf beiden Seiten der Achse im Abstand von 1 diskret gesetzte Punkte aus, die aber, nimmt man sie zusammen, möglicherweise gleich der Achse sind...".

Johann Bernoulli repliziert (R 191):

"Sie fragen, was $y = (-1)^x$ bedeutet. Ich beurteile dies so: Sei $y = (-n)^x$, dann wird $ly = x\,l(-n)$, also $\frac{dy}{y} = dx\,l(-n)$. Es ist aber $l(-n) = l(+n)$, denn es gilt allgemein $dl(-z) = \frac{-dz}{-z} = \frac{+dz}{z} = dl(z)$, also ist $\frac{dy}{y} = dx\,l(+n)$. Integriert man nun, so ist $ly = x\,ln$ und daher wird $y = n^x = 1^x$ (im Fall, wo $n = \pm 1$), also $y = 1$...".

Euler erwidert etwa folgendermassen: Dass die Differentiale von lx und $l(-x)$ einander gleich sind, beweist überhaupt nichts, da man nicht von der Gleichheit der Differentiale auf die Gleichheit der Integrale schliessen darf. So folgt beispielsweise aus $d(a+x) = dx$ keineswegs etwa $a + x = x$. Wollte man z.B. nach Johann Bernoullis eigener [!] Methode die Kreisquadratur auf Logarithmen zurückführen, so ergäbe sich für die Fläche eines Kreissektors mit dem Radius a

$$F = \frac{a^2}{4i}\, lg\, \frac{x+iy}{x-iy} \qquad\qquad [\ x = \cos\phi, \quad y = \sin\phi\ ]$$

und für den Viertelkreis ($x = 0$)

$$F_q = \frac{a^2}{4i}\, lg(-1).$$

Nach Bernoulli folge dann aus $lg(-1) = 0$ der Widerspruch $1 = 0$.

Johann Bernoulli windet sich nun (R 194) tautologisch im Kreis herum mit einer (undurchsichtigen) Unterscheidung von lg[-(1)] und lg(-1) und versucht, den Widerspruch mit einem Kunstgriff aus der Welt zu schaffen, indem er die Sektorfläche dargestellt haben will als

$$F = \frac{a^2}{4i} \lg \frac{x+iy}{x-iy} + nQ \text{ mit } Q = \frac{\pi a^2}{4} \ .$$

Doch unterläuft ihm auch hier ein Ueberlegungsfehler, denn das (natürliche) n müsste stets ungerade gewählt werden, was Bernoulli entgangen zu sein scheint. Er liess dann die Sache auf sich beruhen, und auch Euler scheint damals (1729) von diesem Problem wieder abgelassen zu haben. Erst etliche Jahre später griff er es wieder auf: das früheste Zeugnis von Eulers entscheidendem Durchbruch findet sich wohl in seinem Brief an Gabriel Cramer vom 24. September 1746 (R 469), welchem dann die diesbezügliche Korrespondenz mit d'Alembert ab Dezember desselben Jahres folgt (cf. O.IV A,5). Bemerkenswert ist Eulers Brief an Goldbach[6] vom 4.Juni 1746, in welchem er seine Entdeckung mitteilt, dass der Ausdruck i^i einen reellen Wert habe, nämlich 0.2078795763, und dies erscheine ihm merkwürdig. In der Tat hat bekanntlich i^i unendlichviele reelle Werte, denn es ist

$$i^i = e^{i\lg i} = e^{i\left(\frac{\pi i}{2} + 2k\pi i\right)} = e^{-\frac{\pi}{2} - 2k\pi} \qquad [k = 0, \pm 1, \pm 2, \ldots] \ .$$

Was Euler gefunden hatte, war offensichtlich der Hauptwert ($k = 0$) von i^i, und von hier aus dürfte er wenig später zu

$$\lg i = \frac{\pi i}{2} + 2k\pi i$$

durchgedrungen sein. Eulers Logarithmentheorie gipfelte schliesslich in seiner grossartigen Schrift *De la controverse entre Mrs. Leibniz et Bernoulli sur les logarithmes des nombres negatifs et imaginaires* [7].

Als *apperçu* sei vermerkt, dass Bernoulli selbst damals Euler auf die Identität[8]

$$\int_0^a \frac{a^2\, dx}{2\sqrt{a^2-x^2}} = \frac{a^2}{2} \cdot \frac{\lg i}{i} = \frac{\pi a^2}{4}$$

hingewiesen hatte, und daraus hätte er sehr leicht auf $\frac{\pi}{2} = -i\lg i$ schliessen können, doch zog Johann Bernoulli diese Konsequenz in seiner Befangenheit von der vermeintlichen Identität $\lg i = 0$ leider nicht.

2. Geodätische Linien

In jenem Brief, den Johann Bernoulli seinem Sohn Daniel im Dezember 1727 nach Petersburg schrieb, stellte er für Euler das "Problem, in einer beliebigen Fläche die kürzeste Linie zwischen zwei gegebenen Punkten zu ziehen". Johann hatte das Problem bereits im Augustheft 1697 des *Journal des Savants* öffentlich gestellt, und sein Bruder Jakob gab im Maiheft 1698 der *Acta Eruditorum* eine Lösung für den Fall konvexer Rotationsflächen. Er antizipierte (in Aufzeichnungen) das Wesentliche des *Satzes von Clairaut* (1733)

$$r \sin \phi = \text{const.},$$

wo r der Radius des Parallelkreises im Punkt einer geodätischen Linie und ϕ der Winkel zwischen dieser und dem Meridian in P ist.

Euler, der mit Johann Bernoullis Problem aller Wahrscheinlichkeit nach im Herbst 1728 konfrontiert wurde, meldete am 18.Februar 1729 (R 193) seine allgemeine Lösung in der Form seiner Differential-gleichung

$$\frac{Q\,d^2x + P\,d^2y}{Q\,dx + P\,dy} = \frac{dx\,d^2x + dy\,d^2y}{dx^2 + dy^2 + dz^2} \quad \text{mit } F(x,y,z) = f(x,y) - z = 0$$

als Flächengleichung und $P = \frac{\partial f}{\partial x}$, $Q = \frac{\partial f}{\partial y}$, $dz = \text{const.}$
Diese Gleichung exemplifiziert Euler an vier Spezialfällen: an der Zylinderfläche, an einer beliebigen Rotationsfläche (Fall von Jakob Bernoulli), an der Kugel sowie an speziellen Regelflächen, was auf recht umständliche und mühsame Integrationen führen kann.

Marginalien Johann Bernoullis auf diesen Briefblättern erweisen nun klar, dass der alte Kämpe in Uebereinstimmung mit Euler ebenfalls den allgemeinen Fall bewältigt hatte. Allerdings publizierte Euler für gewöhnlich sehr rasch: die diesem Gegenstand gewidmete Abhandlung

De linea brevissima in superficie quacunque duo quaelibet puncta jungente (E.9/O.I,25) wurde noch für das Berichtjahr 1728 der *Petersburger Kommentare* eingereicht, jedoch erst 1732 gedruckt. Vier Jahre danach sollte Euler zu Ergebnissen von noch viel grösserer Tragweite gelangen, nämlich in seiner Studie *Problematis isoperimetrici in latissimo sensu accepti solutio generalis* (E.27/O.I,25), die bereits als erster Fanfarenstoss der 1744 folgenden *Methodus inveniendi...* (E.65/O.I,24), der ersten Grundlegung der Variationsrechnung, empfunden werden musste. Wenige nur haben diesen Höhenflug mitgemacht: mindestens passiv, aber verstehend, hat Johann Bernoulli daran teilgenommen, wie aus zwei Briefen von 1738 (R 208 und R 209) erhellt, in welchen von allgemeinen Extremalprinzipien im Kontext des von Daniel Bernoulli[9] aufgeworfenen Problems die Rede ist, das Kurvenintegral

$$\int r^m ds \qquad [\; r \text{ Krümmungsradius}, \; ds \text{ Bogenelement} \;]$$

zu extremisieren. Es handelt sich dort - moderner geschrieben - um eine spezielle Folgerung aus dem Variationsansatz

$$U = \int_{x_0}^{x_1} G(x,y,z,y',z',y'',z'',\ldots)\,dx \; \rightarrow \; \text{Extremum mit Nebenbedingung}$$

$$F(x,y,z) = 0, \quad \text{hier speziell}$$

$$U_S = \int_{x_0}^{x_1} dx \sqrt{1+y'^2+z'^2} \; \rightarrow \; \text{Minimum} \; .$$

Die Differentialgleichung des Variationsproblems mit Nebenbedingung liefert sofort den Eulerschen Hauptsatz:

Die Hauptnormale einer Geodätischen fällt mit der Flächennormalen zusammen.

o

3. Gammafunktion

"...[Noch] etwas bleibt zu vermelden", berichtet Euler am 21.
Oktober 1729 (R 196) nach Basel, "und zwar die Reihenlehre betreffend.
Von Herrn Goldbach wurde in einem Brief an Ihren Sohn[10] die Reihe
1, 1·2, 1·2·3, 1·2·3·4 etc. oder 1, 2, 6, 24, 120 etc. behandelt, von
welcher er die Zwischenglieder zu bestimmen suchte... Ich kann beweisen, dass der Zwischenwert von der Ordnung $\frac{1}{2}$ gleich der Seite eines
Quadrates ist, das gleich dem Kreis mit dem Durchmesser 1 ist. Dessen
Anderthalbfaches ergibt den Zwischenwert von der Ordnung $1\frac{1}{2}$, und von
da aus können die übrigen [Zwischenwerte] der Ordnungen $2\frac{1}{2}$, $3\frac{1}{2}$ etc.
gefunden werden".

Mit dem Symbol von Legendre ausgedrückt, sagt also Euler hier:

$$\Gamma\left(1 + \frac{1}{2}\right) = \Gamma\left(\frac{3}{2}\right) = \frac{1}{2}\sqrt{\pi} \; ; \; \Gamma\left(\frac{5}{2}\right) = \Gamma\left(\frac{3}{2} + 1\right) = \frac{3}{2}\,\Gamma\left(\frac{3}{2}\right) = \frac{3}{4}\sqrt{\pi} \quad \text{usw.,}$$

allgemein

$$\Gamma(z + 1) = z\,\Gamma(z) \qquad\qquad [\; z = \frac{2k+1}{2}\;] \; ,$$

ur.d es ist wahrscheinlich, dass er kurz darauf im Zusammenhang mit
seiner Abhandlung *De progressionibus transcendentibus*...(E.19/O.I,14)
über die Integraldarstellung für die Betafunktion

$$\int x^e dx\,(1 - x)^n$$

zur fundamentalen Beziehung

$$\Gamma(z) \cdot \Gamma(1-z) = \frac{\pi}{\sin\pi z}$$

vorgestossen ist[11]. - Die Reaktion Bernoullis ist enttäuschend: sie besteht in einer bloss memo-assoziativen Erwähnung von Wallis' *Arithme-
tica infinitorum*, worin dieser "dieselbe Sache schon behandelt" habe.

4. Reihenlehre

Die Reihentheorie nimmt im Briefwechsel einen breiten Raum ein. In Eulers Brief vom 27.August 1737 (R 202) ist zu lesen:

"Viel interessanter, wenn auch weniger nützlich, scheint mir die Summation der Reihen zu sein, deren Bildungsgesetz nicht auf einen allgemeinen Ausdruck zurückgeführt werden kann. Von dieser Art ist die Reihe

$$\frac{1}{3} + \frac{1}{7} + \frac{1}{8} + \frac{1}{15} + \frac{1}{24} + \frac{1}{26} + \text{etc.},$$

deren um 1 vergrösserte Nenner alle [ganzzahligen] Potenzen natürlicher Zahlen durchlaufen. Ihre Summe ist gleich 1, hat unser Herr Goldbach bewiesen...".

An dieses Goldbachsche Resultat

$$\sum \frac{1}{n^q - 1} = 1$$

anknüpfend, bemerkte Euler in seiner Arbeit *Variae observationes circa series infinitas* (E.72/O.I,14), dass die Summe der reziproken Primzahlen gleich dem natürlichen Logarithmus der Summe der harmonischen Reihe ist:

$$\sum \frac{1}{p} = \lg \sum \frac{1}{n} \qquad\qquad [\,p \text{ prim}, \quad n = 1,\ 2,\ 3,\ldots],$$

was er hier Johann Bernoulli mitteilt. Dieser erinnert an seine noch im vergangenen Jahrhundert in den *Acta Eruditorum* (III, 1697) publizierte Methode, die Reihe

$$\frac{1}{1} - \frac{1}{2^2} + \frac{1}{3^3} - \frac{1}{4^4} +-\ldots$$

durch die endliche Grösse $\int_0^1 x^x\,dx$ auszudrücken, nämlich als

$$\sum_{1}^{\infty} \frac{(-1)^{k+1}}{k^k} = \int_0^1 x^x dx \quad . \qquad [*]$$

Schon früher bestimmte Bernoulli das Summenverhältnis

$$\left[\frac{1}{1^n} + \frac{1}{2^n} + \frac{1}{3^n} + \ldots\right] : \left[\frac{1}{1^n} - \frac{1}{2^n} + \frac{1}{3^n} -+\ldots\right] = \frac{2^n}{2^n-2} \quad ,$$

also

$$\sum_{1}^{\infty} \frac{1}{k^n} \; : \; \sum_{1}^{\infty} \frac{(-1)^{k+1}}{k^n} = \frac{2^n}{2^n-2} \; , \qquad [**]$$

und er fragt nun Euler, "ob er gleicherweise das Verhältnis finden könne, das jene Reihe [*] hat zu derjenigen mit lauter positiven Gliedern".

Euler antwortet postwendend (R 217) und liefert sein Resultat

$$\sum_{1}^{\infty} k^{-k} = \int_0^1 x^{-x} dx \quad .$$

Er betont die Unabhängigkeit seiner Methode von derjenigen Johanns betreffs [*], denn er ging von der Reihe

$$x^y = 1 + \frac{y\lg x}{1} + \frac{y^2(\lg x)^2}{2!} + \ldots = \sum_{0}^{\infty} \frac{y^k(\lg x)^k}{k!}$$

aus und benutzte das Lemma

$$\int_0^1 x^m dx (\lg x)^n = \pm \frac{n!}{(m+1)^{n+1}} \quad ,$$

wo das Pluszeichen für $n = 2k$ und das Minuszeichen für $n = 2k+1$ gilt.

Nun geht Bernoulli historisch auf die Formel [*] ein und erzählt nicht ohne Stolz, dass er in den Zwanzigerjahren den schwedischen Professor Klingenstjerna als Privatschüler darüber unterrichtet habe. Sein [Bernoullis] Verfahren läuft auf die Rekursionsformel hinaus:

$$\int x^p (\lg x)^q dx = \frac{1}{p+1} x^{p+1} \cdot (\lg x)^q - \frac{q}{p+1} \int x^p (\lg x)^{q-1} dx \qquad \{p \neq -1\}$$

./.

$$= x^{p+1} \sum_{k=0}^{q} (-1)^k \cdot \frac{\binom{q}{k} k!}{(p+1)^{k+1}} \cdot (\lg x)^{q-k} \qquad\qquad [\, p \neq -1 \;;\; q \geq 0 \,] \;.$$

Jetzt weist Johann Bernoulli auf das Summenverhältnis [**] hin und leitet daraus (für $n = 1$) die Divergenz der harmonischen Reihe ab. Diese bildete - infolge ihrer Wichtigkeit für die gesamte Analysis - ein Hauptsujet der hier betrachteten Korrespondenz um 1740. So lesen wir in Bernoullis Brief vom 16.April 1740 (R 216) :

"Als mich Leibniz einst fragte, ob ich über eine Abkürzungsformel verfüge, um ohne Schwierigkeit die harmonische Reihe über alle Glieder bis zum Term $\frac{1}{x}$ zu summieren, antwortete ich (wie ich mich erinnere) folgendes[12]: ich besitze zwar keine Abkürzungsformel, wohl aber ein Theorem. Die Reihe

$$\frac{1}{1} + \frac{1}{2} + \frac{1}{3} + \frac{1}{4} + \ldots + \frac{1}{x}$$

wird nämlich gleich einer anderen

$$x - \frac{x(x-1)}{2\cdot 2} + \frac{x(x-1)(x-2)}{2\cdot 3\cdot 3} - \frac{x(x-1)(x-2)(x-3)}{2\cdot 3\cdot 4\cdot 4} + \ldots \pm \frac{1}{x} \;,$$

deren Glieder nichts anderes sind als die Binomialkoeffizienten bezüglich x , je dividiert durch die einzelnen Zahlen 2, 3, 4, 5,..., x. Zum Beispiel gilt

$$1 + \frac{1}{2} + \frac{1}{3} + \frac{1}{4} + \frac{1}{5} = 5 - \frac{10}{2} + \frac{10}{3} - \frac{5}{4} + \frac{1}{5} \quad [= \frac{137}{60}] \;\; " \,,$$

und es gilt tatsächlich streng

$$\sum_{1}^{x} \frac{1}{n} = \sum_{k=1}^{x} \frac{(-1)^{k+1}}{k} \binom{x}{k} \;.$$

In seiner Replik findet das Euler "wohlgefällig und elegant", jedoch zweifelt er an der Wirksamkeit der Formel für grosses n wegen der schwachen Konvergenz. Er legt seine eigene Summationsmethode mittels der inzwischen von ihm gefundenen Konstanten (cf. umseitige Abb.)

$$C = \lim_{x\to\infty} \left[\sum_{1}^{x} \frac{1}{x} - \lg x \right] = 0.577\ldots \,,$$

die heute seinen Namen trägt, dar und berechnet mit seiner stark konvergenten Reihe die Summe der ersten Million Glieder der harmonischen

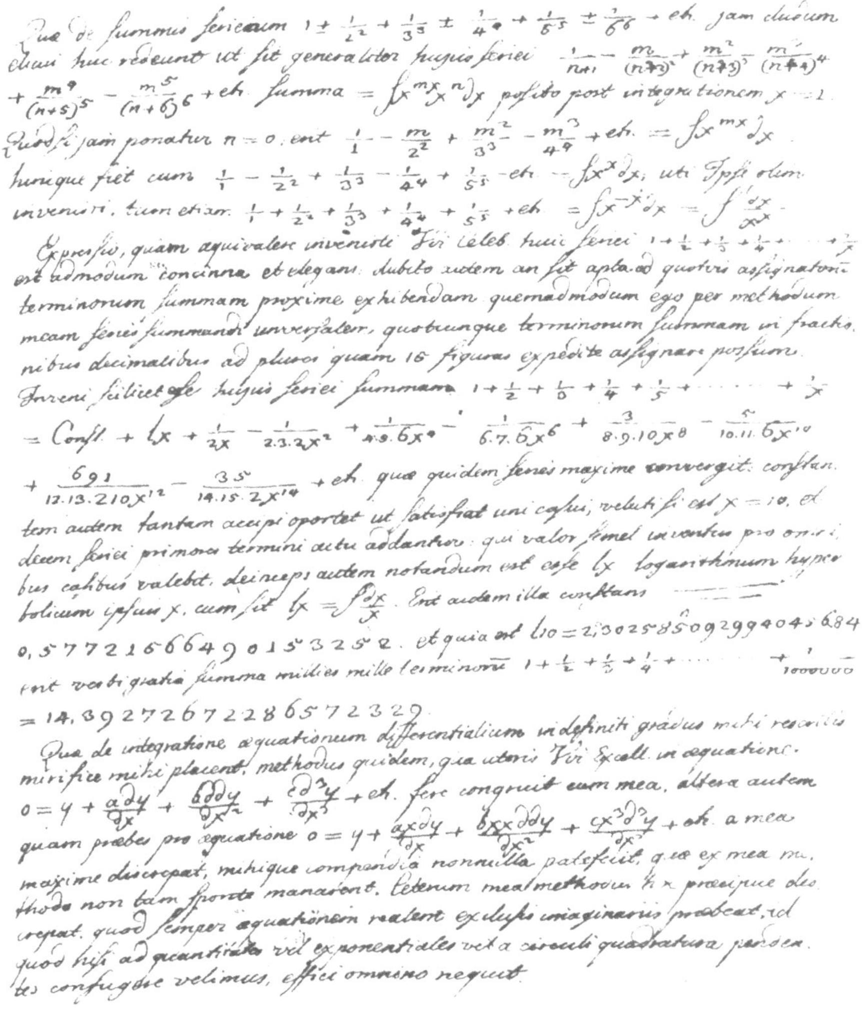

Quae de summis seriearum $1 \pm \frac{1}{2^2} + \frac{1}{3^3} \pm \frac{1}{4^4} + \frac{1}{5^5} \pm \frac{1}{6^6} +$ etc. jam dudum
etiam huc redeunt ut sit generaliter hujus seriei $\frac{1}{n+1} - \frac{m}{(n+2)^2} + \frac{m^2}{(n+3)^3} - \frac{m^3}{(n+4)^4}$
$+ \frac{m^4}{(n+5)^5} - \frac{m^5}{(n+6)^6} +$ etc. summa $= \int x^{mx} x^n dx$ posito post integrationem $x = 1$.
Quod si jam ponatur $n = 0$, erit $\frac{1}{1} - \frac{m}{2^2} + \frac{m^2}{3^3} - \frac{m^3}{4^4} +$ etc. $= \int x^{mx} dx$
hincque fiet cum $\frac{1}{1} - \frac{1}{2^2} + \frac{1}{3^3} - \frac{1}{4^4} + \frac{1}{5^5} -$ etc. $= \int x^x dx$; uti Ipse olim
invenisti, tum etiam $\frac{1}{1} + \frac{1}{2^2} + \frac{1}{3^3} + \frac{1}{4^4} + \frac{1}{5^5} +$ etc. $= \int x^{-x} dx = \int \frac{dx}{x^x}$.
Expressio, quam aequivalere invenisti Vir Celeb. huic seriei $1 + \frac{1}{2} + \frac{1}{3} + \frac{1}{4} + \cdots + \frac{1}{x}$
est admodum concinna et elegans: dubito autem an sit apta ad quotvis assignatorum
terminorum summam proxime exhibendam quemadmodum ego per methodum
meam series summandi universalem, quotcunque terminorum summam in fractio-
nibus decimalibus ad plures quam 16 figuras expedite assignare possum.
Inveni scilicet esse hujus seriei summam $1 + \frac{1}{2} + \frac{1}{3} + \frac{1}{4} + \frac{1}{5} + \cdots + \frac{1}{x}$
$= Const. + lx + \frac{1}{2x} - \frac{1}{2.3.2x^2} + \frac{1}{4.5.6x^4} - \frac{1}{6.7.6x^6} + \frac{3}{8.9.10x^8} - \frac{5}{10.11.6x^{10}}$
$+ \frac{691}{12.13.210x^{12}} - \frac{35}{14.15.2x^{14}} +$ etc. quae quidem series maxime convergit. constan-
tem autem tantum accipi oportet ut satisfiat uni casui, veluti si est $x = 10$, et
decem seriei primores termini actu addantur: qui valor semel inventus pro omni-
bus casibus valebit. deinceps autem notandum est esse lx logarithmum hyper-
bolicum ipsius x, cum sit $lx = \int \frac{dx}{x}$. Erit autem illa constans
0,5772156649015325, et quia est $l10 = 2,302585092994045684$
erit verbi gratia summa millies mille terminorum $1 + \frac{1}{2} + \frac{1}{3} + \frac{1}{4} + \cdots + \frac{1}{1000000}$
$= 14,392726722865723(2)9$.
Quae de integratione aequationum differentialium indefiniti gradus mihi rescribis
mirifice mihi placent; methodus quidem, qua utoris Vir Excell. in aequatione
$0 = y + \frac{a\,dy}{dx} + \frac{b\,ddy}{dx^2} + \frac{c\,d^3y}{dx^3} +$ etc. fere congruit cum mea, altera autem
quam praebes pro aequatione $0 = y + \frac{ax\,dy}{dx} + \frac{bxx\,ddy}{dx^2} + \frac{cx^3\,d^3y}{dx^3} +$ etc. a mea
maxime discrepat, mihique compendia nonnulla patefecit, quae ex mea me-
thodo non tam sponte manarent. Ceterum mea methodus hoc praecipue discrepat, quod semper aequationem realem exclusis imaginariis praebeat, id
quod nisi ad quantitates vel exponentiales vel a circuli quadratura penden-
tes confugere velimus, effici omnino nequit.

Abb.1

Dritte Seite des Briefes von Euler an Johann Bernoulli vom 20.Juni/1.Juli 1740 (R 217). Man beachte speziell die 19.Zeile von oben, in welcher die *Eulersche Konstante C* auftritt.
Das Original des Briefes gehört zu den Beständen der Basler Universitätsbibliothek und trägt die Signatur Ms.L Ia 657, Nr.15* - [Ich danke der UBB für die freundliche Genehmigung dieser Wiedergabe wie auch Herrn Marcel Jenni, Leiter der Reprophotographie der UBB, für die Aufnahme. EAF].

Reihe als 14.392... auf 17 Stellen nach dem Komma, wobei die ersten 15
genau sind. (Euler hatte diese Dinge bereits in zwei Abhandlungen
(E. 43 und 47) 1734 und 1736 in den *Commentarii* eingereicht, und sie
lagen während dieses Briefaustausches bereits im Druck).

Doch der alte Routinier Johann Bernoulli dachte keineswegs daran,
nun die Segel zu streichen, sondern er gab in diesem freundschaftlichen
Wettstreit wieder einmal ein bewundernswertes Beispiel seiner glänzen-
den Eingebung. Er habe, so schreibt er Euler (R 218) zurück, betreffend
$\Sigma 1/x$ lediglich ein Theorem gegeben. Wenn aber eine numerische Nähe-
rungsmethode für die Berechnung von S_x für grosses x verlangt wird, so
erscheine ihm sein eigenes Vorgehen einfacher als dasjenige Eulers
(das er offensichtlich nicht ganz durchschaute !), nämlich:

Bernoulli geht in der Reihe $\Sigma 1/x$ mit x bis $n+y$, sodass

$$\underbrace{1 + \frac{1}{2} + \frac{1}{3} + \frac{1}{4} + \ldots + \frac{1}{n}}_{S_n} + \underbrace{\frac{1}{n+1} + \frac{1}{n+2} + \ldots + \frac{1}{n+y}}_{R_n} = S_n + R_n \; .$$

Nun setzt er [wie zuweilen Leibniz !] $dy = 1$, was umso zulässiger ist,
je grösser n und $n+y$ werden. R_n wird somit zu

$$R_n = \frac{dy}{n+1} + \frac{dy}{n+2} + \ldots + \frac{dy}{n+y} \qquad \text{und } [!]$$

$$\lim_{n\to\infty} R_n = \int_0^y \frac{dy}{n+y} = \lg(n+y) - \lg n \; .$$

Diese beiden Logarithmen liegen aber auf einer logarithmischen Kurve,
welche die Einheit als Subtangente hat. Transformiert man für die
praktische Rechnung auf Zehnerlogarithmen, so muss man bloss noch die
Logarithmendifferenz durch den Modul dividieren, um R_n zu bekommen.
Addiert man dazu die Summe S_n, so ergibt sich die gesuchte Summe der
ganzen Reihe. Bernoulli, dem die Logarithmentafeln von Vlacq zur
Verfügung standen, exerzierte dieses Verfahren numerisch durch für
zunächst $x = n+y = 10^6$, dann für $x = 10^7$ und schliesslich für $x = 10^8$.

Bernoulli schliesst den Briefabschnitt mit einer Erläuterung:
Wächst die Gliederzahl um das Zehnfache, so nimmt die Summe um ca.
$2\frac{1}{3}$, d.h. um den natürlichen Logarithmus von 10 zu.

Als Baslerproblem ist die Bestimmung der Reihensumme der reziproken geradzahligen Potenzen der natürlichen Zahlen in die Geschichte der Mathematik eingegangen, und jedem Mathematiker ist sie als spezielle Zetafunktion in der Form

$$S_{2n} \; = \; \zeta(2n) \; = \; a_{2n}\,\pi^{2n} = \sum_{k=1}^{\infty} k^{-2n}$$

bekannt, wo a_{2n} die Koeffizienten in der Euler-Maclaurinschen Summenformel bedeuten.

Die Frühgeschichte der Bestimmung von $S_2 = \sum 1/k^2$ ist schon von Otto Spiess (1945) einigermassen ausführlich und eindrucksvoll geschildert worden[10], sodass wir uns hier kurz fassen können und nur deren Niederschlag in der zur Diskussion stehenden Korrespondenz nachzeichnen wollen.

Bekanntlich stellte Jakob Bernoulli 1689 das von Pietro Mengoli initiierte, jedoch zu seiner Zeit auch schon in England bekannte Problem erstmals öffentlich[14] mit dem Eingeständnis, es nicht lösen zu können. Daraufhin teilte der ehrgeizige Johann seinem Bruder Jakob voreiligerweise brieflich (22.Mai 1691) aus Genf mit, dass er eben der Lösung auf dem Sprung sei. Die Antwort Jakobs ist nicht erhalten, doch erwies sich Johanns Idee als schwerer Irrtum, denn erst ein halbes Jahrhundert später sollte der Bann um dieses Problem gebrochen werden: nämlich durch Leonhard Euler.

In einem (heute verlorenen) Brief Eulers an Daniel Bernoulli, aus dessen Antwort wir dies wissen (22.September 1737, R 108), meldete Euler seinem Freund ohne weitere Erklärung die Teilresultate

$$S_2 = \frac{\pi^2}{6} \; ; \qquad\qquad S_4 = \frac{\pi^4}{90} \; .$$

Hier setzt Johann Bernoulli ein (2.April 1737, R 201). Er erriet aus der Form der Resultate die Methode Eulers, nämlich die Zahlen $u = 2n+1$ in Potenzsummen von der Form

$$\sum_{n=0}^{\infty} \frac{(-1)^{np}}{(2n+1)^p} \qquad\qquad [\; p = 1,\, 2,\, 3, \ldots] \qquad\qquad\qquad [\star\star\star]$$

als Wurzeln einer Gleichung von unendlich hohem Grad aufzufassen und auf diese bedenkenlos den Hauptsatz über die symmetrischen Funktionen der Wurzeln anzuwenden, wie man sie von den algebraischen Gleichungen her kannte. Das Paradebeispiel, das auch von Johann Bernoulli (R 201) als Quittung seines Verständnisses angegeben wird, ist die Gleichung

$$a - \sin x = a - x + \frac{x^3}{3!} - \frac{x^5}{5!} +-\ldots = 0 \, ,$$

die für $a = 1$ die Doppelwurzeln $\pm(2n+1)\frac{\pi}{2}$ besitzt. Johann Bernoulli gibt die Werte von

$$S_2 = \frac{\pi^2}{6} \; ; \qquad S_4 = \frac{\pi^4}{90} \; ; \qquad S_6 = \frac{\pi^6}{94\emptyset_{5}} \; .$$

Daraufhin zeigt Euler seine – inzwischen neuentwickelte – Methode zur Bestimmung von S_2 mittels einer Zwischensumme aus [***], nämlich

$$\int_0^1 \frac{\arcsin x \, dx}{\sqrt{1 - x^2}} = \frac{\pi^2}{8} \, ,$$

und gibt – nach der diskret geäusserten Korrektur des Bernoullischen Rechenfehlers in S_6 – die weiteren Summen an:

$$S_8 = \frac{\pi^8}{9450} \; ; \qquad S_{10} = \frac{\pi^{10}}{93555} \; ; \qquad S_{12} = \frac{691\pi^{12}}{N} \; .$$

Aus seinen weiteren Ausführungen über Zähler und Nenner höherer geradzahliger Indices geht hervor, dass Euler schon damals zur Formel für $\zeta(2k)$ vorgedrungen sein muss.

Die traurige Praxis, deren sich Johann Bernoulli später anlässlich der Herausgabe seiner vierbändigen *Opera omnia* (1742) bedienen zu müssen glaubte, ist bekannt. Er nahm seine Nachentdeckung in den vierten Band seiner Werke[15] auf, ohne über die Priorität seines Lieblings- und Meisterschülers Euler auch nur eine Silbe zu verlieren ! Dessen Erstlingsrecht war allerdings ohne Bernoullis Wissen bereits durch den Druck im 7.Band der *Petersburger Kommentare 1740* gesichert, jedoch befand sich der Band noch nicht in Basel. Eulers entscheidende Abhandlung *De summis serierum reciprocarum* (E.41/O.I,14) war nämlich

schon Jahre (!) vor den entsprechenden, mit den Bernoullis gewechselten
Briefen der Petersburger Akademie eingereicht worden, und diese Möglichkeit hätte Johann einrechnen sollen.

Die Frage Bernoullis, ob Euler auch etwa $\zeta(3)$, also die Summe
der reziproken Kuben der natürlichen Zahlen, bestimmen könne , beantwortete Euler schlicht mit nein, doch äusserte er seine Vermutung,
dass diese Summation nicht auf die Kreisquadratur zurückführe.

All diese Beschäftigung Eulers im Kontext mit $\sum k^{-2}$ führte schliesslich - in regem Ideenaustausch mit Niklaus I Bernoulli - zur wahrhaft
berühmten Produktformel (*Introductio...I*, E.101/O.I,8, § 158, p.168)

$$\frac{\sin x}{x} = \prod_{n=1}^{\infty} \left[1 - \frac{x^2}{n^2 \pi^2} \right] \ ,$$

die schlussendlich ihre Entstehung dem sogenannten Baslerproblem
verdankt.

o

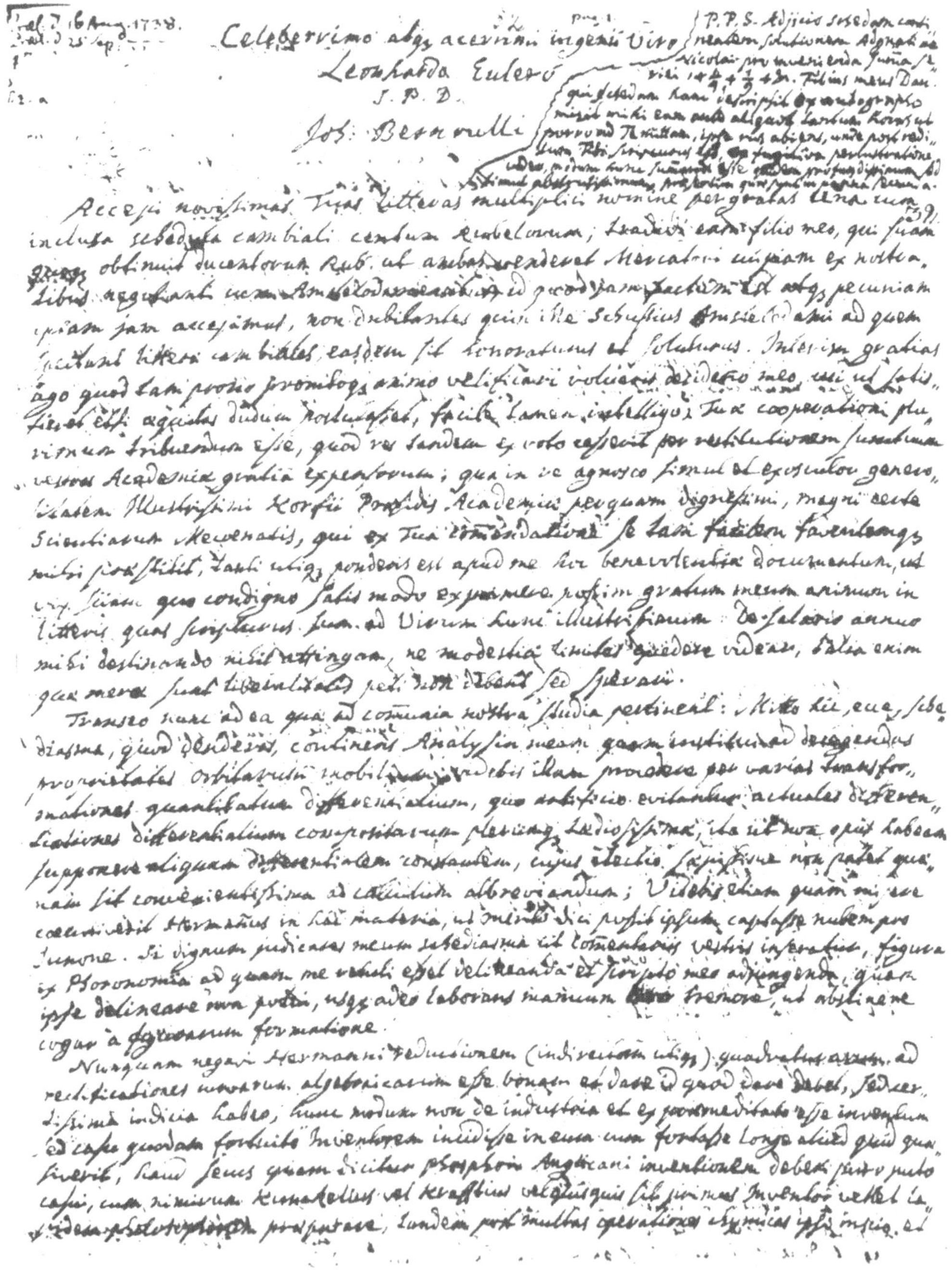
Celeberrimo atque acerrimi ingenii Viro
Leonhardo Eulero
S. P. D.
Joh. Bernoulli

Abb.2

Erste Seite des Briefes von Johann Bernoulli an Leonhard Euler vom 12.Juli 1738 (R 207). Das Original befindet sich im Archiv der Akademija Nauk in Leningrad und trägt die Signatur AAN, f.1, op.3, Nr.26, l.82-83R. - [Ich danke dieser Institution für die freundliche Genehmigung dieser Wiedergabe. EAF].

5. Differentialgleichungen

Die Theorie, genauer die Praxis der Differentialgleichungen [Dgl. bezw. Dgln.] hat im hier betrachteten Briefwechsel ansehnlichen Umfang. Von "Praxis" sei deshalb gesprochen, weil zu Beginn des 18. Jahrhunderts noch nicht von einer (geschlossenen) Theorie der Dgln. gesprochen werden kann, denn unsere mathematischen Heroën versuchten sich damals vor allem an Dgln. und Gleichungstypen, die sich im Kontext mit vorwiegend physikalischen Fragestellungen ergaben. Von hier aus - und nicht etwa von den "lichten Höhen" der im 19. Jahrhundert entwickelten Theorien - müssen wir in die ersten Methoden Bernoullis und Eulers Einblick nehmen.

Die grundlegende Erkenntnis, dass eine gewöhnliche Dgl. n-ter Ordnung auf ein System von n linearen Dgln. erster Ordnung führt, verdanken wir zwar Euler (E.62/O.I,22), doch müssen wir uns davor hüten, seine ersten Schritte in dieser Richtung, wie sie uns in seinen Briefen an Johann Bernoulli begegnen, als "naiv" zu empfinden, vielmehr geziemt es uns, die Genesis der Theorie zu erkennen und den Einfallsreichtum der Pioniere "ruhig zu bewundern".

Während in der Frühgeschichte der gewöhnlichen Dgln. im Zeitalter von Newton, Leibniz und den Gebrüdern Bernoulli die Integrationsaufgaben in Form von Quadraturen gestellt, einige Klassen von Dgln. erster Ordnung durch Trennung der Variablen gelöst und als universales Mittel zur Lösung die Entwicklung der Integralfunktionen in unendliche Potenzreihen benutzt wurden, handelt es sich bei dem betreffenden Gegenstand im Briefwechsel Eulers mit Johann Bernoulli im wesentlichen um die Bewältigung einzelner Typen von Dgln. höherer Ordnung durch Reduktion auf Gleichungen erster Ordnung mittels geeigneter Substitutionen.

Euler eröffnet das Thema 1728 (R 192) mit der Angabe einer speziellen Dgl. zweiter Ordnung (I) sowie zweier weiterer, allgemeinerer Gleichungstypen höherer Ordnung, die er auf solche erster Ordnung reduzieren kann:

I. $y^2 d^2 y = x\, dx^2$ $\qquad [ddx = 0]$.

II. Eine der beiden Variablen kommt in den einzelnen Termen in derselben Dimension vor, jedoch seien x, dx, ddx von der gleichen Dimension. Als Beispiel dient die Dgl.

$$ddx = x^n \bar{Y}\, dx^{m-n}\, dy^{2-m} + x^p Y\, dx^{q-p}\, dy^{2-q} \quad \text{mit } \bar{Y} = \bar{Y}(y) \; ; \; Y = Y(y).$$

III. Alle Dgln., deren einzelne Terme dieselbe Dimensionszahl enthalten.

Bernoulli hat Eulers Verallgemeinerung des Begriffs der Homogenität – wohl wegen der Neuheit seines Zugangs – zunächst nicht verstanden; er musste sich diesen zwei weitere Male erklären lassen[16]. Euler präzisiert im Mai 1729 (R 195) diesen Begriff und erläutert ihn an einem Beispiel: zu integrieren sei die Dgl.

$$y^m\, ddy = x^n\, dx^p\, dy^{2-p} \qquad [ddx = 0] \; .$$

Die Substitutionen[17]

$$x = e^v \, , \quad y = t \cdot e^{\frac{n+p}{m+p-1}\, v} \qquad [dv = z\, dt]$$

führen für $m = p = 2$, $n = 1$ auf die Dgl. erster Ordnung

$$z^3 dt = z^2 t^2 dt - t^2 dz \; .$$

Ganz ähnlich werden die beiden andern Klassen behandelt.

Nun hatte Johann begriffen: am Rand dieses Eulerbriefes notierte er seine eigene Methode:

"Wenn $F(t,z) = 0$ gefunden ist, führt

$$x = e^{\int z\, dt} \, , \quad y = t \cdot e^{\int z\, dt}$$

sofort zum Ziel. Uebrigens gelange ich leichter zu dieser Gleichung mittels einer von mir schon lange angewandten Methode, wie aus dem beigefügten Zettel ersichtlich ist." – Dieser Zettel scheint indes verloren; wahrscheinlich beinhaltete er die Methode, die Johann

Bernoulli in seiner Abhandlung *Reductio aequationis...* dargelegt hat[18].
Er schrieb seinerzeit an seinen Sohn Daniel, dass die Integration der
Dgl.

$$a\, x^m\, dx^p = y^n dy^{2-p} ddy \qquad\qquad (1)$$

"auf eine parabolische Gleichung" führe. Daran knüpft Euler in seinem
Antwortbrief (R 196) an und weist darauf hin, dass diese Gleichung
nur ein Spezialfall der Gleichung

$$\frac{d^2y}{dx^2} = \sum f_r(x)\, \Phi(y) y'^{n_r} \qquad\qquad [\; y' = \frac{dy}{dx}\;]$$

sei und gibt das allgemeine Reduktionsverfahren mittels der Substitutionen

$$x = e^{(n+p-1)\int z\, dt} \quad , \quad y = t\cdot e^{(m+p)\int z\, dt}$$

an. Nach Division heben sich die Exponentialglieder auf und es ergibt
sich [dx = const.] die lineare Dgl.

$$a(n+p-1)^p z^p t - t^n[1+(m+p)tz]^{p-2}$$
$$\cdot \left[\frac{dz}{z} + (2m-n+p+1)z\, dt + (m+p)(m-n+1)z^2 t\, dt\right] .$$

All dies hatte Euler damals bereits im Druck in seiner Abhandlung
*Nova methodus innumerabiles aequationes differentiales secundi gradus
reducendi ad aequationes differentiales primi gradus* (E.10/O.I,22),
(im gleichen Band der *Commentarii* [3,(1728) 1732], in welchem auch die
in Kaptel 2 erwähnte Studie über geodätische Linien veröffentlicht
wurde).

Bernoulli reduzierte die Gleichung (1) (R 197) mittels

$$y = t^a \quad \text{und} \quad dx = x\, z\, dt ,$$

um sie frei von dx zu machen. Wird in der so entstehenden Funktion
$F(x,t,z) = 0$ die Variable x eliminiert, so wird die Gleichung
homogen. Aus dieser Tatsache folgt die Bedingung für a

$$a = \frac{n+p}{m+p-1}$$

und daraus auch x , sodass $F(t,z) = 0$ nur noch vom ersten Grad ist usw.

Nun legt Bernoulli (im gleichen Brief R 197) die Gleichung

$$x^2 d^2 y = q\, y\, dx^2$$

vor, die Euler "sofort und ohne seine übliche [Substitutions-]Methode löst" (R 198), und zwar auf folgende Weise: er addiert beidseitig den Term $a\, x\, dx\, dy$ und multipliziert mit x^n. Dann untersucht er, welche Zahlenwerte a und n in der so entstandenen Gleichung

$$a\, x^{n+1} dx\, dy + x^{n+2} d^2 y = q\, x^n y\, dx^2 + a\, x^{n+1} dx\, dy$$

annehmen müssen, sodass jedes Glied integriert werden kann. Es handelt sich dabei also um eine Art von Methode des integrierenden Faktors, die hier vonseiten Eulers erstmals auftaucht, die jedoch bereits von Johann Bernoulli anlässlich seiner Unterweisung des Marquis de l'Hôpital 1691/92 erfunden und angewandt wurde[19].

In einem etwas späteren Brief (5.Mai 1739, R 212) präsentiert Euler die Dgl.

$$a^3 d^3 y = y\, dx^3 \qquad [dx = \text{const.}]. \qquad (2)$$

Obwohl sie auf den ersten Blick - so schreibt er - schwierig zu integrieren zu sein scheint, lässt sie eine dreifache Integration zu und sich mittels der Quadraturen des Kreises und der Hyperbel auf eine endliche Gleichung zurückführen. Euler fand als Lösungsintegral

$$y = b \cdot e^{\frac{x}{a}} + c \cdot e^{-\frac{x}{2a}} \sin \frac{(f+x)\sqrt{3}}{2a} \, ,$$

wo das Sinusargument im Einheitskreis zu nehmen ist und b , c und f aus der Integration hervorgegangene willkürliche Konstanten sind.

Bei der Gleichung (2) handelt es sich allerdings bloss um einen Spezialfall von Eulers Methode, die viel allgemeinere Dgl.

$$\sum_{\nu=0}^{n} a_\nu f^{(\nu)}(x) = 0 \qquad [a_0 = 1] \qquad (3)$$

auf einen Schlag zu integrieren, wie Euler schon im nächsten Brief (R 213) mitteilt. Euler betrachtet die (wie wir heute sagen) charakteristische Gleichung (Indexgleichung) von (3)

$$\sum_{\nu=0}^{n} (-1)^{\nu} a_{\nu} p^{\nu} = 0 \qquad\qquad [a_0 = 1]$$

und zerlegt das Polynom in ein Produkt der (stets reellen) Faktoren von der Form $(1 - \alpha p)$ und $(1 - \alpha p + \beta p^2)$. Der lineare Faktor ergibt stets das partikuläre Integral

$$C \cdot e^{-\frac{x}{\alpha}} \, , \qquad\qquad\qquad (4)$$

der quadratische hingegen liefert einen Integralterm

$$\left[C \cdot \sin \frac{x\sqrt{4\beta - \alpha^2}}{2\beta} + D \cdot \cos \frac{x\sqrt{4\beta - \alpha^2}}{2\beta} \right] e^{-\frac{\alpha x}{2\beta}} \qquad (C, \ D \ \text{const.}).$$

Euler exemplifiziert das Verfahren anhand der Dgl.

$$y - k^4 \frac{d^4 y}{dx^4} = 0$$

und kommt so zur Lösung

$$y = C \cdot e^{-\frac{x}{k}} + D \cdot e^{\frac{x}{k}} + E \cdot \sin \frac{x}{k} + F \cdot \cos \frac{x}{k} \, .$$

Bernoullis Antwort ist sehr interessant und aufschlussreich. Er vermutet nämlich, dass Euler durch seine - Bernoullis - Arbeit über das Problem von Cotes [20] zur Behandlung der Dgl. (3) veranlasst worden sei. Dieses Problem, das seinerzeit von Brook Taylor "allen nichtenglischen Mathematikern" (der Prioritätsstreit lässt grüssen) gestellt wurde, verlangt spezielle Integrationen des Typus

$$\int \frac{x^r dx}{x^{2n} + ax^n + b} \, .$$

In der Tat fand Johann Bernoulli in diesem Zusammenhang mittels seines Exponentialkalküls das partikuläre Integral (4) der Dgl. (3), doch versagte seine Methode notwendigerweise schon bei der Behandlung der Gleichung

$$y + k^4 f^{(4)}(x) = 0 \, , \qquad\qquad\qquad (5)$$

da die "Lösungslogarithmica" imaginär wird, was Bernoulli auch zugab.

Daraufhin betonte Euler (9.Januar 1740, R 215) höflich, aber entschieden seine Unabhängigkeit hinsichtlich der Integration von (3) und belehrte seinen alten Meister über die Integration der Dgl. (5), indem er die entsprechende charakteristische Gleichung geschickt faktorisiert:

$$p^4 + k^4 = (p^2 + kp\sqrt{2} + k^2)(p^2 - kp\sqrt{2} + k^2) = 0$$

und dadurch zum vollständigen Integral

$$y = \sum_{\nu=1}^{4} K_\nu e^{\frac{\pm x}{k\sqrt{2}}} \cdot {\sin \atop \cos} \left[\frac{x}{k\sqrt{2}} \right]$$

gelangt.

"Auf ungefähr ähnliche Art", geht es im gleichen Brief Eulers weiter, "kann ich auch die vollständige und reelle Integralgleichung finden, die der folgenden Differentialgleichung von unbestimmter Ordnung

$$0 = y + ax\frac{dy}{dx} + bx^2\frac{d^2y}{dx^2} + cx^3\frac{d^3y}{dx^3} + dx^4\frac{d^4y}{dx^4} + etc.$$

genügt, wenn dx konstant gesetzt wird."

Hier tritt bei Euler erstmals diese Dgl. auf, die heute seinen Namen trägt - mit welchem Recht, kann im Hinblick auf die Reaktion Johann Bernoullis (16.April 1740, R 216) wohl nicht so leicht entschieden werden. Bernoullis Antwortschreiben enthält nämlich als Beilage ein Blatt, betitelt mit *Problema analyticum*, welches die Abschrift eines uns sonst unbekannten, wahrscheinlich früheren Textes von Johanns eigener, zittriger Hand darstellt. Darin wird die Reduktion der "Eulerschen Differentialgleichung"

$$\sum a_\nu x^\nu f^{(\nu)}(x) = 0$$

mittels der Methode des integrierenden Faktors für die Ordnung 4 durchgeführt und - nach recht langwierigen Rechnungen - das Integral

$$mx^n y \pm c = 0$$

gefunden, das je nach dem Vorzeichen von n eine Hyperbel- oder Parabelschar repräsentiert.

Euler attestierte (R 217) Bernoulli den Erfolg von dessen Methode,
wies jedoch auf den Vorteil der seinigen hin, dass diese stets eine
'reelle Gleichung' unter Ausschluss imaginärer Grössen liefert.
Die Frage Johanns, ob sich die Dgl.

$$\frac{d^2y}{dx^2} = \frac{1}{a} \cdot y\, x^2 \qquad\qquad [dx = \text{const.}]$$

auf die erste Ordnung reduzieren liesse und wie, beantwortete Euler
dahingehend, dass die vorliegende Gleichung zwar keine Integration
zulässt, jedoch sehr einfach mittels der Substitution $y = e^{\int z\, dx}$
auf die Gleichung

$$x^2 dx + a\, dz + a\, z^2 dx = 0$$

reduziert werden kann, und diese kann stets integriert oder konstru-
iert werden mit der Methode, die Euler früher zur Behandlung der
Riccatischen Dgl.

$$\frac{dy}{dx} = y^2 + a\, x^m$$

verwendet hat, von welcher sie bloss einen Spezialfall darstellt[21].

°

Epilog

Bevor wir unsere berühmten Kontrahenten - jeder für sich der bedeutendste Mathematiker seiner spezifischen Epoche - verlassen, sei ihr Verhältnis zueinander kurz geschildert.

Obwohl kein eigentliches Wunderkind etwa im Sinne Mozarts oder Albrecht von Hallers, entwickelte sich Leonhard Eulers Erfindungsgabe schon früh, und als er mit dreizehn Jahren die Universität bezog, war es ihm dank seinem hartnäckigen, mit einem phänomenalen Gedächtnis gepaarten Arbeitswillen ein leichtes, sich in der Arena der freien Künste und der Wissenschaften zurechtzufinden. Das Gymnasium, das sich damals in einem besonders kläglichen Zustand befand, bot dem Knaben *in mathematicis* soviel wie nichts, hingegen geriet er durch seinen Vater Paulus Euler[22] wie auch durch den Privatunterricht des jungen Theologen Johannes Burckhardt schon als Kind in den Bannkreis der Mathematik. Doch zur Flamme entfacht wurde die Glut erst durch den besten Lehrer, den die mathematische Welt Euler damals zu stellen vermochte: eben durch Johann Bernoulli. Dieser - nach dem Tod von Leibniz (1716) und seit Newtons altersbedingtem Rückzug aus der Domäne der Mathematik unumstrittener *Princeps mathematicorum* - entdeckte frühzeitig die ausserordentlichen Anlagen des jungen Euler und förderte diesen zunächst dadurch, dass er ihm die Werke der alten und der neuen Meister in die Hand gab, später jedoch direkt durch die berühmt gewordenen sonnabendlichen *Privatissima*, in deren Verlauf der Altmeister bald einmal den werdenden Grösseren entdecken sollte.

Eulers erste mathematische Abhandlungen (E.1,3/O.II,6, I,27) - er schrieb sie mit 18 bezw. 19 Jahren, und sie wurden gleich 1726 bezw. 1727 in den Leipziger *Acta Eruditorum* gedruckt - schliessen an die aktuellen Forschungen seines grossen Lehrers über die reziproken Trajektorien an und bieten diesem in einer seiner langjährigen

wissenschaftlichen Fehden mit den Engländern wertvolle Schützenhilfe.
Diese quittierte Bernoulli im Schluss-Scholium seiner letzten diesem
Gegenstand gewidmeten Abhandlung mit einer geradezu prophetisch anmu-
tenden Erwähnung des jungen Euler, "von dessen Scharfsinn wir uns das
Höchste versprechen, nachdem wir gesehen haben, mit welcher Leichtig-
keit und Erfindungsgabe er in das innerste Wesen der Mathematik unter
unseren Auspizien [!] eingedrungen ist[23]". Dieses öffentliche Urteil
des Sechzigjährigen über den zwanzigjährigen Euler ist im Hinblick
auf den Charakter und die gewohnten Verhaltensweisen Bernoullis gegenüber fast allen seinen Zeitgenossen - seine Söhne nicht ausgenommen -
überraschend, ja sensationell. Es scheint, dass Johann Bernoulli schon
damals begonnen hat, Euler als seine eigene Reinkarnation zu betrachten. Die Anreden in den Briefen Bernoullis sind kennzeichnend für den
- proportional zu Eulers wissenschaftlichen Leistungen - wachsenden
Respekt, ja für die grenzenlose Verehrung des alten Meisters für
seinen Schüler:

1728 (noch "väterlich wohlwollend"): *Dem hochgelehrten und ingeniosen
jungen Mann*[24];

1729: *Dem hochberühmten und gelehrten Mann*[25]

1737: *Dem hochberühmten und weitaus scharfsinnigsten Mathematiker*[26];

1745: *Dem unvergleichlichen Leonhard Euler, dem Fürsten unter den
Mathematikern*[27].

Mögen die "flandrische Rauflust" und der ausgeprägte Ehrgeiz des
oft bissigen, missgünstigen und neidischen Johann Bernoulli auch manch
hässliche Blüte getrieben haben, so muss ihm doch das hohe historische
und moralische Verdienst zugesprochen werden, Euler entdeckt und entscheidend gefördert, protegiert und - vor allem ! - über sich geduld-
et zu haben.

o   o   o

*Walter Habicht (Basel) danke ich herzlich für die Durchsicht
der ersten Fassung dieses Manuskriptes. Seine kritischen und
profunden Einwände haben zur Verbesserung dieser Arbeit wesentlich beigetragen. Für noch immer bestehende Mängel ist er in
keiner Weise verantwortlich.*

E.A.F.

Anmerkungen

1   Dies betrifft O.II,24, 26, 27, 31 und O.III,10 (cf. den Verlags-
    prospekt Birkhäuser 1982: *Leonhard Euler, Opera omnia*). - Eine
    kurze Geschichte der Euler-Ausgabe mit chronologischen Editions-
    tabellen findet sich in *Leonhard Euler 1707-1783, Beiträge zu
    Leben und Werk. Gedenkband des Kantons Basel-Stadt*, Birkhäuser,
    Basel 1983,K.-R.Biermann:1783-1907, J.J.Burckhardt:1907-1983.
    Dieser Band wird im folgenden kurz als *EGB 83* zitiert.

2   Der 1975 erschienene Band O.IV A,1 (Birkhäuser, Basel) gibt eine
    Uebersicht sowie Résumés aller ca. 3000 erhaltenen Briefe von
    Eulers Korrespondenz. Alle in der vorliegenden Abhandlung heran-
    gezogenen Briefe werden gemäss IV A,1 mit ihren Résumé-Nummern
    mit vorangestelltem R gekennzeichnet.

    Der erste erschienene eigentliche Korrespondenzband ist O.IV A,5.
    Er enthält Eulers Briefwechsel mit Clairaut, d'Alembert und
    Lagrange (ed. A.P.Juškevič und R.Taton). Erschienen 1980.

3   Im Interesse der Transparenz der genealogischen Verhältnisse sei
    ein Stammbaum der *Mathematiker* Bernoulli wiedergegeben (Aus *EGB 83*,
    p.80). Darin möge auch Leonhard Euler als *geistiger Sohn* Johann
    Bernoullis Platz finden.

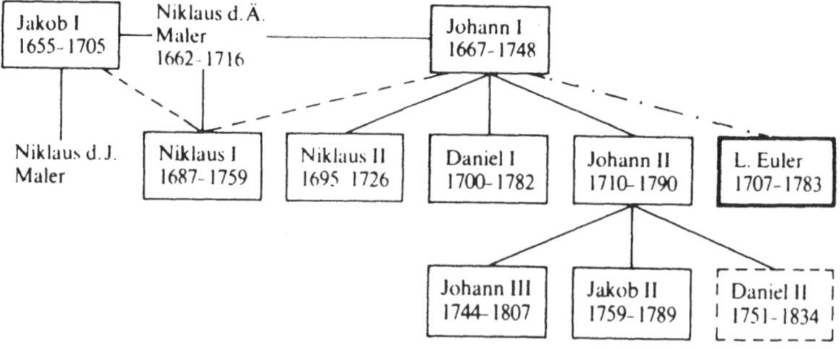

4   Cf. G.Eneström, *Der Briefwechsel zwischen Leonhard Euler und
    Johann I Bernoulli*, Bibliotheca Mathematica (*3*) 4, 1903; (*3*) 5,
    1904; (*3*) 6, 1905. - Zu Eulers Leistungen auf diesen Gebieten
    cf. *EGB 83 passim*.
    In der *Series quarta* werden alle lateinischen Briefe von einer
    Uebersetzung in eine moderne Sprache (die Editionssprache des
    betreffenden Bandes) begleitet (cf. Band O.IV A,5).

5 Johann Bernoulli starb am Neujahrstag 1748. Sein letzter erhalten
   gebliebener Brief an Euler ist vom 25.Mai 1746 datiert; von einer
   Antwort Euler ist nichts bekannt.
   Die Briefe tragen die Nummern R 190 - 227. Ueber den Archivort der
   einzelnen Dokumente gibt O.IV A,1 Aufschluss.

6 *Leonhard Euler und Christian Goldbach, Briefwechsel 1729-1764*,
   ed. A.P.Juškevič und E.Winter, Berlin 1965.

7 *Mém. Berlin 5* (1749) 1751; E.168/O.I,17.

8 Zu ihr gelangte Bernoulli mittels der Substitution $x \to iy$ über

$$i \int_0^i \frac{dy}{2\sqrt{y^2+1}} = \frac{1}{2} \lg(y+\sqrt{y^2+1}) \ .$$

9 Cf. P.-H.Fuss, *Correspondance mathématique et physique...*,
   St.-Pétersbourg 1843, T.II, p.448, sowie O.IV A,1 , R 120, 122.

10 Cf. P.-H.Fuss, *Correspondance mathématique et physique...*,
    St.-Pétersbourg 1843, T.II, p.273,(Goldbach an Daniel Bernoulli).

11 Cf. B.Rodewald, *Leonhard Eulers Entdeckung der Gamma-Funktion.
    Versuch einer heuristischen Rekonstruktion.* Diplomarbeit, TH
    Darmstadt 1981.

12 Cf. *Commercium philosophicum et mathematicum G.Leibnitii et Joh.
    Bernoullii,* ed. Bousquet, Genevae 1745, Vol.I, p.28.

13 O.Spiess, *Die Summe der reziproken Quadratzahlen,* Festschrift...
    Andreas Speiser, Zürich 1945, p.66-86.

14 Jakob Bernoulli, *Opera,* Genevae 1744, I, p.398.

15 Johann Bernoulli, *Opera,* Genevae 1742,IV, p.20-25.

16 Cf. die eindrückliche Längsschnittdarstellung in
    A.P.Juškevič (et al.), *Istorija Matematiki...,* *T.III,* Moskva 1972,
    p.373f.

17 Euler schrieb damals noch c für unser heutiges e.

18 *Opera* IV, p. 79f.

19 Cf. *Opera* III, p.416.

20 Cf. *Acta Eruditorum 6* 1719.

21   E.31/O.I,22.

22   Cf. EGB 83, Beitrag von M.Raith.

23   Johann Bernoulli, *Opera* II, p.616.

24   *Doctissimo atque ingeniosissimo Viro Juveni Leonhardo Eulero,*
      (R 191).

25   *Clarissimo atque doctissimo Viro Leonhardo Eulero,* (R 194).

26   *Viro Clarissimo ac Mathematico longe acutissimo Leonhardo Eulero,*
      (R 201).

27   *Viro incomparabili Leonhardo Eulero Mathematicorum Principi,*
      (R 226).

Die vorliegende Arbeit ist ein Teilprodukt der Editionsarbeit an der
Series quarta im Rahmen der Gesamtausgabe von L. Eulers *Opera omnia,*
besorgt von der *Eulerkommission der Schweizerischen Naturforschenden
Gesellschaft.* - Die Herausgabe der *Series quarta* wird wesentlich mit-
finanziert vom *Schweizerischen Nationalfonds zur Förderung der wissenschaftlichen Forschung.*

Schweizerische Naturforschende Gesellschaft
Eulerkommission
Arnold-Böcklin-Straße 37
CH-4051 Basel
Schweiz

EULERS ZAHLENTHEORETISCHE STUDIEN IM LICHTE
SEINES WISSENSCHAFTLICHEN BRIEFWECHSELS

Christoph J. Scriba

1. Einleitung

Leonhard EULER war nicht nur der führende Mathematiker
des 18. Jahrhunderts, er gehört auch zu den wissenschaft-
lich produktivsten Gelehrten aller Zeiten. Rund 70 Bände
umfaßt die Gesamtausgabe seiner Bücher und Druckschriften,
die vom Euler-Komitee der Schweizerischen Naturforschenden
Gesellschaft seit 1911 in drei Reihen herausgegeben wird.[1]
Gegliedert nach Sachgebieten, ermöglichen diese "Opera
Omnia" heute einen leichten Zugang zu fast allen von EULER
publizierten Arbeiten - die wenigen noch verbliebenen
Lücken dürften in den nächsten Jahren geschlossen werden.
EULERs zahlentheoretische Untersuchungen sind in den Bänden 1 - 5 der ersten Serie der "Opera Omnia" abgedruckt,
deren letzter 1944 erschien. Allerdings enthält Bd. 1
EULERs "Vollständige Anleitung zur Algebra", bei der allein
der Schlußabschnitt der Diophantischen Analysis gewidmet
ist. So umfassen die zahlentheoretischen Studien, rein
quantitativ betrachtet, rund 6% von EULERs Publikationen.
Viel schwieriger wäre es, wollte man quantitativ den
Anteil zahlentheoretischer Erörterungen im wissenschaftlichen Briefwechsel EULERs ermitteln. Denn wie wir gleich
sehen werden, hatte EULER in der Zahlentheorie kaum

verständnisvolle Briefpartner. Obendrein ist von seiner
Korrespondenz mindestens ein Drittel, wenn nicht gar die
knappe Hälfte heute verloren, so daß alle Überschlagsrech-
nungen auf sehr schwacher Grundlage stehen würden. Wir
müssen daher genauer auf den überlieferten Teil schauen.

EULERs Korrespondenz umfaßte etwa 4500 bis 5000 Briefe.
Rund 2850 Briefe davon sind (ganz oder teilweise) erhalten,
davon 1000 Briefe EULERs. Fast 300 Briefpartner EULERs sind
bekannt. Dazu gehören so bekannte Mathematiker wie Johann I
und Daniel BERNOULLI, CLAIRAUT, Gabriel CRAMER, d'ALEMBERT,
LAGRANGE, LAMBERT, zahlreiche Physiker und sonstige ver-
diente Gelehrte und nicht zuletzt Christian GOLDBACH, der
erste ständige Sekretär der Petersburger Akademie.[2]

Läßt man die vorwiegend Verwaltungsdinge betreffenden
Briefwechsel einmal unbeachtet, so waren die eifrigsten
Briefpartner EULERs GOLDBACH mit 196 Briefen (davon 102 von
EULER), J. A. von SEGNER (159/0), MAUPERTIUS (129/129),
Daniel BERNOULLI (100/19), M. KNUTZEN (74/2) und J. K.
WETTSTEIN (57/56). Der EULER-GOLDBACH-Briefwechsel steht
also mit fast 200 Briefen (davon die gute Hälfte von EULER)
dem Umfang nach weit an der Spitze. Der Briefwechsel mit
Daniel BERNOULLI - dieser ist bekanntlich eher als Physiker
denn als Mathematiker anzusehen, wenn man die heutige Unterscheidung machen wollte - enthält nur etwa halb so viele
Briefe; alle übrigen oben erwähnten Mathematiker haben
jeweils weniger als 40 Briefe mit EULER gewechselt, so weit
uns bekannt ist. So demonstrieren schon diese wenigen Zahlen, daß der Briefwechsel EULERs mit GOLDBACH unter allen
Korrespondenzen des großen Mathematikers eine ganz besondere Stellung einnimmt.

Doch nicht nur quantitativ kommt ihm ein besonderes
Gewicht zu. In keiner der übrigen Korrespondenzen EULERs
wird der Zahlentheorie eine ähnlich prominente Rolle zuge-
billigt - nicht einmal im Briefwechsel mit LAGRANGE,
obgleich dieser die Zahlentheorie durch eigene Untersuchungen ja bedeutend gefördert hat. So wird, dem Thema entsprechend, EULERs Gedankenaustausch mit Christian GOLDBACH

im Mittelpunkt dieses Vortrages stehen. Auf die zwischen
EULER und LAGRANGE gewechselten Briefe werde ich, soweit
sie hier hergehören, ebenfalls eingehen. Nur streifend erwähnen kann ich einige weitere Korrespondenzen mit Mathematikern. Dies ist jedoch berechtigt, weil - wie wir sehen
werden - EULER bei diesen Briefpartnern in der Regel wenig
Verständnis und daher auch keine Anregungen für seine zahlentheoretischen Forschungen fand.

2.   Der Briefwechsel mit Christian GOLDBACH

EULERs wichtigster Briefpartner hinsichtlich der Zahlentheorie war sicher Christian GOLDBACH (1690-1764).
Wichtigster Briefpartner nicht insofern, als ob er EULER
an Gedankenreichtum und mathematischer Tiefe nahegekommen
wäre, sondern weil er in einer sich über 35 Jahre erstrek-
kenden Korrespondenz immer wieder scharfsinnige zahlentheoretische Beobachtungen mitteilte, kleine Beweise -
manchmal auch mißglückte - vorlegte und so EULER stets von
neuem Gelegenheit gab, seine Erfindungsgabe unter Beweis
zu stellen oder neue Überlegungen in die Diskussion einzu-
bringen.[3]
GOLDBACH, ein vielseitig gebildeter und weitgereister
Mann, hatte noch wenige Jahre vor dessen Tod mit LEIBNIZ
eine Verbindung angeknüpft und mit ihm einige Briefe gewechselt. Seit Anfang der zwanziger Jahre korrespondierte
er mit Nikolaus I., Nikolaus II. und Daniel BERNOULLI über
mathematische Fragen. Im gleichen Jahr wie Nikolaus I. und
Daniel, 1725, geht GOLDBACH nach Petersburg und wirkt als
erster ständiger Sekretär bei der Organisation der neuge-
gründeten Akademie der Wissenschaften mit. Schon zwei
Jahre später wurde er als Erzieher des Thronfolgers und -
ab 7./18. Mai 1727 - Zaren Peter II. berufen und lebte von
da an bis 1732 meist am Hof in Moskau. Zuvor jedoch hatte
er noch die Ankunft des zwanzigjährigen EULER in Petersburg
erlebt, ja wahrscheinlich an dessen Berufung mitgewirkt.
Später wurde GOLDBACH Pate bei EULERs ältestem Sohn Johann

Albrecht - ein weiteres Zeichen dafür, wie gut sich der Baseler und der Königsberger Pfarrerssohn verstanden haben müssen.[4]

Die erhaltene Korrespondenz beginnt im Oktober 1729 mit einem Brief EULERs. Am Schluß seiner Antwort vom 1. Dezember des gleichen Jahres weist GOLDBACH EULER auf die FERMATschen Zahlen der Form $F_n = 2^{2^n} + 1$ hin: FERMAT habe sie alle für Primzahlen gehalten, ohne das beweisen zu können - und soweit ihm bekannt, sei auch seitdem kein Beweis für diese Vermutung erbracht worden.[5]

EULER antwortete am 8. Januar 1730, er bezweifle, FERMAT habe diese Beobachtung auch nur bis zur 6. Zahl überprüft.[6] Darauf entgegnete GOLDBACH am 22. Mai, es sei nicht schwierig zu bestimmen, welchen Rest eine FERMATzahl bei Division durch eine Zahl lasse. Denn z. B. habe $F_2 = 17$ bei Division durch 7 den Rest 3, also F_3 den Rest $(3 - 1)^2 + 1 = 5$, F_4 den Rest $(5 - 1)^2 + 1 = 17$ wieder den den Rest 3, usw. Auf diese Weise könne man leicht sehen, daß die FERMATzahlen keinen Teiler < 100 besitzen.[7]

Wenige Wochen später schrieb EULER, er halte das Theorem von den FERMATschen Primzahlen täglich für wahrscheinlicher, habe aber noch keinen Beweis dafür, sondern nur einige Eigenschaften dieser Zahlen, die vielleicht für einen Beweis nützlich sein könnten. Er könne nämlich zeigen, daß keine der FERMATzahlen durch irgendeine vorausgehende teilbar sei. Und gäbe es einen Teiler einer dieser Zahlen, so hat die folgende bei Division durch denselben Teiler den Rest 2. Daraus folge, daß alle F_n relativ prim zueinander seien.[8]

Etwa einen Monat danach, am 20./31. Juli 1730, teilte GOLDBACH in seinem Antwortbrief mit, die letztgenannte Beobachtung EULERs habe er auch längst gemacht, da $(2^{2^x} + 1)(2^{2^x} - 1) = 2^{2^{x+1}} - 1$ sich um 2 von F_{x+1} unterscheide. Doch wie weit sei dies entfernt von einem Beweis, daß alle FERMATzahlen Primzahlen seien![9]

Inzwischen hatte EULER seine Aufmerksamkeit der

allgemeineren Form $a^n + b^n$ zugewandt, in der für a = 2, b = 1 die FERMATzahlen enthalten sind, falls n eine Zweierpotenz ist. Er führte aus, in welchen Fällen hier Teiler offenkundig vorhanden sind - insbesondere immer dann, wenn der Exponent n ungerade oder ein Produkt von zwei Faktoren ist.[10]

Erst elf Jahre später, am 8./19. August 1741, findet sich wieder ein Hinweis. Unmittelbar, nachdem EULER nach Berlin übergesiedelt war, lenkte GOLDBACH dessen Aufmerksamkeit auf die Frage, ob die Form $(3m + 2)n^2 + 3$ wirklich niemals ein Quadrat darstellen könne, wie er vermute.[11] EULER bezeichnet dieses Theorem in seiner Antwort vom 19. Aug./9. Sept. 1741 als "sehr artig", liefert einen Beweis und dehnt die Fragestellung auf Formen wie $4mn - m - 1$ und $4mn - m - n$ (m, n natürliche Zahlen) aus.[12]

Nach einem halben Jahr, im Brief vom 23. Febr./6. März 1742, gesteht EULER, bisher habe er einen Beweis, daß auch diese beiden Formen keine Quadratzahl liefern können, nur unter der Annahme zustandegebracht, daß die FERMATsche Behauptung zutreffe, die Summe zweier Quadrate sei niemals durch eine Zahl der Form $4n - 1$ teilbar: $4n - 1 \nmid a^2 + b^2$ (falls nicht a und b je für sich durch $4n - 1$ teilbar seien). Für diese Behauptung habe er jedoch keinen Beweis besessen. Erst jetzt sei ihm ein solcher gelungen; er führt ihn dann vollständig vor. Als erstes zeigt EULER, daß für eine Primzahl p der Ausdruck $(a + b)^p - a^p - b^p$ stets durch p teilbar ist. Dann leitet er daraus für b = 1 mittels vollständiger Induktion den kleinen FERMATschen Satz her

$$p \mid a^{p-1} - 1 \qquad\qquad (a,p) = 1$$

Auf a und b angewandt, folgt

$$p \mid a^{p-1} - b^{p-1} \qquad\qquad (a,p) = 1, \ (b,p) = 1$$

und für $p = 4n - 1$

$$4n - 1 \mid a^{4n-2} - b^{4n-2}, \text{ also}$$
$$4n - 1 \nmid a^{4n-2} + b^{4n-2} = (a^2 + b^2) \cdot m.$$

Demnach kann in der Tat, wie von FERMAT behauptet, eine Primzahl p der Form $4n - 1$ nicht Teiler einer Summe von zwei Quadraten sein, falls nicht p jedes Quadrat teilt. Da folglich alle Teiler von der Form $4n + 1$ sind, schließt EULER sofort die Vermutung an, jede Primzahl $p = 4n + 1$ sei als Summe von zwei Quadratzahlen darstellbar.[13] Diese Vermutung findet sich schon 1625 bei Albert GIRARD und bei FERMAT.[14]

Bisher habe ich nur referiert, was wir über die Auseinandersetzungen EULERs mit den FERMATzahlen aus seinem Briefwechsel mit GOLDBACH erfahren. Ein Blick in seine Publikationen bringt eine Merkwürdigkeit zutage. Schon die Abhandlung mit der Nr. 26 des ENESTRÖM-Verzeichnisses, die EULER auf der Akademie-Sitzung vom 26. Sept./7. Okt. 1732 vorlegte und die in Bd. 6 der Petersburger Commentarii für 1732/33 (gedruckt 1738) erschien,[15] enthält die Mitteilung, daß F_5 durch 641 teilbar ist. Wie er diese Zerlegung fand, offenbarte EULER erst 15 Jahre später in der Abhandlung E 134 aus dem Jahre 1747.[16] Dafür, daß im Briefwechsel mit GOLDBACH über diese Entdeckung nichts mitgeteilt wird, gibt es eine einfache Erklärung: GOLDBACH lebte seit Februar 1732 wieder in Petersburg, so daß zwischen dem 31. Januar 1732 und dem 12. Oktober 1735 eine längere Lücke in der Korrespondenz zu verzeichnen ist, nur unterbrochen durch wenige schriftlich fixierte mathematische Probleme.

Man muß also auf die eben genannte Arbeit aus dem Jahre 1747 zurückgreifen, will man nachsehen, auf welche Weise EULER die Faktorzerlegung von F_5 gelang. Dabei findet man, wie EULERs Darstellung genau den im Briefwechsel eingeschlagenen, vorhin skizzierten Weg wiederholt, allerdings in breiter Ausführlichkeit, indem zwischen die Hauptsätze zahlreiche Korollarien und Scholien eingeschoben sind. Aus

der Erkenntnis, daß eine Summe zweier Quadrate nur Teiler
der Form $4n + 1$ besitzen kann, folgert er, daß eine Summe zweier Biquadrate nur Teiler der Form $8n + 1$ besitzt
(weil die Form $8n - 3$ nicht auftreten kann); dann weiter,
daß die Summe $a^8 + b^8$ nur von Zahlen der Form $16n + 1$
geteilt wird, usw. - allgemein:

$$2^{m+1} \cdot n + 1 \text{ ist einzige Teilerform von } a^{2^m} + b^{2^m}$$

(das sog. EULERsche Kriterium).

Also kommen als mögliche Teiler von F_5 nur die Zahlen
$64n + 1$ in Frage, und einige Versuche lieferten rasch:
$641 | F_5$.

Damit war die erste Widerlegung der Vermutung FERMATs
erbracht, alle Zahlen F_n seien Primzahlen - bekanntlich
hat man bisher nicht eine einzige weitere Primzahl über F_0
bis F_4 hinaus gefunden! So bestätigte sich an diesem Beispiel auf's Glänzendste, was GOLDBACH am 27. Mai/7. Juni
1742 an EULER geschrieben hatte:[17]

> Ich halte es nicht für undienlich, daß man auch die-
> jenigen propositiones anmerke, welche sehr probabiles
> sind, ohngeachtet es an einer würklichen Demonstration
> fehlet, denn wann sie auch nachmals falsch befunden
> werden, so können sie doch zur Entdeckung einer neuen
> Wahrheit Gelegenheit geben.

Und wie um einen weiteren Beleg hierfür zu geben, formuliert GOLDBACH eine Hypothese, mit der er sofort EULERs
Scharfsinn erneut provoziert: Wenngleich die FERMATzahlen
nicht alle Primzahlen seien, wie EULER gezeigt habe, so
wäre es doch "was Sonderliches", wenn sie sich nicht alle
auf nur eine Weise in zwei Quadrate zerlegen ließen.[18]

Hierauf wandte EULER am 19./30. Juni 1742 ein, wenn
GOLDBACH recht hätte, so müßten alle FERMATzahlen Primzahlen sein, was ja nicht zutreffe. Gelte doch für Zahlen
der Form $4m + 1$, wozu die FERMATzahlen gehören, daß sie
immer dann Primzahlen seien, wenn sie auf eine einzige
Weise als Summe von zwei Quadraten dargestellt werden

könnten; falls $4m + 1$ aber keine Primzahl sei, sei sie garnicht oder aber auf mehrere Weisen als Summe zweier Quadrate ausdrückbar.[19]

Anschließend führte EULER vor, wie er die Nichtprimzahl $F_5 = 2^{32} + 1$ in doppelter Weise in eine Quadratsumme zerlegt; das Ergebnis lautet:

$$F_5 = 65\ 536^2 + 1^2 = 62\ 264^2 + 20\ 449^2.$$

Auch erwähnte er in diesem Brief:[20]

> Daß aber ein jeder numerus par eine Summa duorum primorum sei, halte ich für ein ganz gewisses Theorema, ungeachtet ich dasselbe nicht demonstrieren kann.

Damit spielte EULER auf die sog. GOLDBACHsche Vermutung an - von seinem Partner im vorangegangenen Brief erstmals ausgesprochen.[21] (Man muß hier übrigens beachten, daß GOLDBACH wie EULER die Eins zu den Primzahlen rechnen).

Ganz unvermittelt und ohne den Spezialfall der FERMAT-zahlen zu erwähnen, teilte EULER dann am 4./15. Okt. 1743 mit: So wie alle Teiler der Summe zweier zueinander teilerfremder Quadrate von der Form $4n + 1$ sind, so könne er auch zeigen, daß alle Teiler von $a^4 + b^4$ in der Form $8n + 1$ enthalten seien; entsprechend für $a^8 + b^8$ in $16n + 1$ und allgemein: Die Zahlen der Form $a^{2^m} + b^{2^m}$ lassen keine anderen Teiler zu als solche der Form $2^{m+1}n + 1$. Das ist genau das oben aus EULERs Publikation aus dem Jahr 1747 (E 134) zitierte Resultat. Es hatte EULER ermöglicht, den Teiler 641 von F_5 zu finden - darauf wird hier jedoch mit keinem Wort angespielt![22] Auch später kommen die beiden Korrespondenten nicht mehr auf die FERMATschen Zahlen zurück.

Andere zahlentheoretische Probleme, die über kürzere oder längere Zeit in diesem Briefwechsel behandelt werden, sind die Theorie der Partitionen, wobei EULER die Methode der erzeugenden Funktionen einführt, das Studium der Zeta-Funktion und die Abschätzung der Anzahl der Primzahlen

unterhalb einer gegebenen Schranke. Über mehrere Jahre zu
Beginn der Berliner Zeit EULERs erstreckt sich die Diskussion über Zahlen der Form $4mn - m - 1$ und $4mn - m - n$
sowie komplizierterer Formen, die (für natürliche Zahlen
m, n) kein Quadrat sein können. Zur gleichen Zeit beginnt
EULER von seinen Beobachtungen über Teiler der Formen
$x^2 \pm py^2$ zu berichten, nachdem er offenbar empirisch für
kleine Nichtquadratzahlen p die zulässigen s-Werte in der
Teilerform $4pn \pm s$ bestimmt hatte. Der hier beschrittene
Weg führte ihn schließlich zur Entdeckung des quadra-
tischen Reziprozitätsgesetzes (publiziert zum ersten Mal in
der erst in EULERs Todesjahr 1783 erschienenen Arbeit
E 552). - Aus Zeitgründen wenden wir uns nun den übrigen
hier zu erwähnenden Briefpartnern EULERs zu.

3. Der Briefwechsel mit Alexis-Claude CLAIRAUT

Alexis-Claude CLAIRAUT, der um sechs Jahre jüngere
französische Mathematiker, wandte sich erstmals 1740 brieflich an EULER. CLAIRAUT hatte 1736/37 an der von seinem
Freund MAUPERTUIS geleiteten Expedition zur Vermessung
eines Meridians nach Lappland teilgenommen. Es ging dabei
um die Entscheidung der Frage, ob die Erde an den Polen
abgeplattet sei, wie es die NEWTONsche Gravitationstheorie
forderte. In den folgenden Jahren beschäftigte sich
CLAIRAUT intensiv mit der Mechanik der Flüssigkeiten und
den Gleichgewichtsfiguren; 1743 schließlich erschien seine
gefeierte "Théorie de la figure de la Terre". So wird verständlich, daß damit zusammenhängende Fragen während der
ersten Jahre des Briefwechsels mit EULER einen größeren
Raum einnehmen.

Im April 1742 - im vorangegangenen Jahr war er von
Petersburg nach Berlin gegangen - berichtete EULER, obgleich er sich schon über 14 Jahre (also etwa seit seinem
20. Lebensjahr) um Beweise der von FERMAT aufgestellten
Behauptungen über die Natur der Zahlen bemühe, sei er noch
nicht in allen Fällen erfolgreich gewesen. Es wäre gewiß

von großem Vorteil für alle, die solche Spekulationen lie-
ben, wie für die Wahrheit selbst, wenn man die Beweise
FERMATs veröffentlichen könnte, soweit sie sich in seinen
Papieren finden.[23]

Am meisten habe, fährt EULER fort, ihn die Behauptung
geplagt, jede Zahl lasse sich als Summe von vier Quadraten
darstellen:

$$n = x^2 + y^2 + z^2 + t^2.$$

DIOPHANT habe diesen Satz ohne Beweis benutzt, FERMAT solle
einen Beweis mit großer Mühe gefunden haben - aber EULERs
Beweisversuche blieben sämtlich erfolglos. (Erst 1770 gelang LAGRANGE ein Beweis.)

Eine andere Behauptung FERMATs sei, jede Primzahl der
Form $4n + 1$ sei als Summe zweier Quadrate darstellbar:

$$p = 4n + 1 = x^2 + y^2;$$

aber falls $4n + 1 \neq p$, dann gelte $4n + 1 \neq x^2 + y^2$.
Hierfür habe er, EULER, einen Beweis gefunden. Doch dieser
sei so weit hergeholt, daß er sehr gerne den von FERMAT
gegebenen Beweis sähe.

Nach Erwähnung des großen FERMATschen Satzes und einiger weiterer Behauptungen seines genialen Vorgängers führt
EULER aus:

> Diese Art von Sätzen zeigt, daß es viele Wahrheiten
> in der Mathematik gibt, die wir sehen und erkennen,
> ohne sie beweisen zu können. Aber manchmal kann man
> sich irren, so wie es selbst Fermat passierte, der
> glaubte, daß alle Zahlen der Form $2^{2^n} + 1$ Primzahlen
> seien, aber eingestand, keinen Beweis dafür zu haben.

Und dann nennt EULER das von ihm entdeckte Gegenbeispiel,
den Teiler 641 von F_5, um danach wörtlich fortzufahren:

> Ich bitte um Entschuldigung, daß ich Sie mit einer so
> trockenen Materie unterhalte, die Sie vielleicht ver-
> drießt; aber da dies Wahrheiten sind, die um ihrer

selbst willen einige Aufmerksamkeit verdienen, glaube
ich nicht, daß es schicklich ist, sie völlig zu ver-
nachlässigen - umso mehr, als sie schon gut erforscht
sind und zur Kenntnis der Zahlen beitragen.

EULER fand aber bei CLAIRAUT kein wirklich offenes Ohr,
erwiderte dieser doch, er habe sich mit dieser Materie
bisher nicht beschäftigt - wenn er auch höflich hinzufügte,
er werde stets alles mit Plaisier lesen, was EULER ihm
mitzuteilen beliebe.[24] Jener freilich hatte die Botschaft
verstanden: er versuchte in der noch bis 1764 andauernden
Korrespondenz mit CLAIRAUT kein zweites Mal, ein Gespräch
über zahlentheoretische Fragen anzuknüpfen. Hauptthema des
Gedankenaustausches blieben die Mechanik, insbesondere die
Mechanik der Flüssigkeiten, die Theorie der Mondbewegung
und die Theorie optischer Instrumente. Damit stellte sich
EULER ganz auf die Interessen des Partners ein. So sehr er
die Zahlentheorie liebte, für wie bedeutsam er diesen
Zweig mathematischer Forschung auch hielt - andere Mathematiker dazu bekehren zu wollen, lag ihm fern. Nicht einmal
den leise angedeuteten Hinweis, man möge doch dem Verbleib
des Nachlasses von FERMAT einmal nachgehen, wiederholte er.

4. Der Briefwechsel mit Jean Le Rond d'ALEMBERT

Ähnlich wie mit CLAIRAUT erging es EULER, als er versuchte, mit d'ALEMBERT über zahlentheoretische Fragen ins
Gespräch zu kommen. D'ALEMBERT hatte, noch nicht dreißig-
jährig, 1746 den Preis der Berliner Akademie für seine Arbeit über die Ursache der Winde erhalten und war zugleich
zum auswärtigen Mitglied gewählt worden. Zusammen mit seinem Dankschreiben sandte er EULER seine beiden Bücher über
Dynamik und Hydrodynamik.[25] Dabei bat er den zehn Jahre
älteren EULER um sein Urteil in verschiedenen Punkten, wo
er mit Daniel BERNOULLI nicht übereinstimmte. Aus diesem
Anlaß entwickelte sich eine rund 20 Jahre anhaltende
Korrespondenz, von der 39 Briefe erhalten sind.

Schon nach einem Jahr, am 30. Dezember 1747, versuchte

EULER, d'ALEMBERT für die Entwicklung des Produktes $\prod_{n=1}^{\infty} (1 - x^n)$ in eine Reihe zu interessieren:

$$(1 - x)(1 - x^2)(1 - x^3)\ldots =$$
$$1 - x - x^2 + x^5 + x^7 - x^{12} - x^{15} + x^{22} + x^{26} - x^{35}$$
$$- x^{40} + x^{51} \ldots$$

Er könne zwar durch Induktion das Bildungsgesetz ablesen, sehe aber nicht, wie er eine strenge Ableitung geben solle.[26]

Erst nachdem d'ALEMBERT darauf nicht einging, wies ihn EULER im folgenden Brief (vom 15. Februar 1748) auf die Bedeutung dieser Entwicklung hin. Es lasse sich daraus eine Aussage über die Summe der Teiler einer natürlichen Zahl gewinnen: Schreibe man für diese $\int n$, so gelte

$$\int n = \int(n - 1) + \int(n - 2) - \int(n - 5) - \int(n - 7)$$
$$+ \int(n - 12) + \int(n - 15) - \int(n - 22) + \ldots$$

Die auftretenden Zahlen erhalte man leicht aus dem Differenzenschema

$$
\begin{array}{ccccccccccc}
1 & & 2 & & 5 & & 7 & & 12 & & 15 & & 22 & & 26 & & 35 & & 40 \\
& 1 & & 3 & & 2 & & 5 & & 3 & & 7 & & 4 & & 9 & & 5 &
\end{array}
$$

EULER gab noch einige zusätzliche Erklärungen zu dieser merkwürdigen Rekursionsformel.[27] - Was aber war d'ALEMBERTs Reaktion auf diese aufregende Entdeckung? Nachdem er sich über andere mathematische Probleme ausgelassen hatte, schloß er seine Antwort am 30. März 1748 mit der Bemerkung:[28]

> Es bleibt mir kein Raum mehr, außer Ihnen zu sagen,
> daß mir Ihr Theorem über die Folgen sehr schön er-
> scheint.

Das war nicht mehr als eine Höflichkeitsfloskel, die keinerlei echtes Interesse an der Sache erkennen ließ. Das hat auch EULER so verstanden, denn er machte keinen weiteren Versuch mehr, im Briefwechsel mit d'ALEMBERT Probleme der Zahlentheorie zu erörtern.

5.   Der Briefwechsel mit Daniel BERNOULLI

Ebenfalls nur kurz sei der Briefwechsel EULERs mit dem sieben Jahre älteren Daniel BERNOULLI erwähnt, liegt er doch - wie auch die Korrespondenzen mit anderen Mitgliedern der BERNOULLI-Dynastie - bisher nur teilweise im Druck vor. Die Regesten im 1. Band der Serie IV A von EULERs "Opera" lassen erkennen, daß nur gelegentlich, und auch nur in den frühen Briefen, das Gespräch durch EULER auf Probleme der Zahlentheorie gelenkt wird.

Charakteristisch ist eine Bemerkung Daniel BERNOULLIs (im Brief vom 9. August 1738), die offenbar als Antwort auf einen verlorenen Hinweis EULERs auf Diophantische Aufgaben zu sehen ist:[29]

> Es ist schon lang, dass ich nicht mehr de problematis Diophanteis gedacht, ich erinnere mich dass ich die meisten problemata, von denen Ew. [Hochwohlgeboren] Meldung thun, vor diesem consideriert habe und dazumal die Solution nicht habe finden können. Unterdessen glaube ich, dass die meisten formulae, davon Sie Meldung thun, von einander dependiren. Von einem Andern würde mich das Fundament (dass, wenn $a^4 \pm b^4$ nicht in kleinen Zahlen ein Quadrat mache, es auch nicht in grossen Zahlen geschehen könne) suspect vorkommen, indem nicht leicht kann gesagt werden, was in natura kleine und grosse Zahlen seyen. Von Ihnen bin ich versichert, dass die Demonstration omnen rigorem geometricum haben werde.

Diese Passage macht deutlich, daß Daniel BERNOULLI den Grundgedanken der FERMATschen 'descente infinie', des unendlichen Abstiegs, nicht verstanden hatte, denn mit dieser Methode war EULER (wie vor ihm FERMAT) der Nachweis gelungen, daß $a^4 + b^4 = d^2$ - und damit $a^4 + b^4 = c^4$, der große FERMATsche Satz für n = 4 - nicht in ganzen Zahlen

erfüllbar ist. Vor allem aber zeigt sein Eingeständnis,
sich ehemals an den meisten Problemen umsonst versucht zu
haben, daß BERNOULLI an der Beschäftigung mit solchen Fragen das Interesse weitgehend verloren hatte.

Als EULER etwa zwei Jahre später einige Reihenentwick-
lungen mitgeteilt hatte, die sich aus mit Primzahlzerlegun-
gen zusammenhängenden Produkten ergaben, erhielt er aus
Basel zur Antwort:[30]

> Der übrigen serierum, quae numeros primos spectant,
> source sehe ich nicht. Solche zeigen neben einem fe-
> licissimo ingenio, auch ein tranquillum otium und
> pertinacis laboris patentiam, welche alle drey Stück
> mir fehlen.

Daniel BERNOULLI gestand also, weder den glücklichen Einfallsreichtum noch die ruhige Muße noch die Geduld zu
hartnäckigen Bemühungen zu besitzen, welche er alle drei
für erfolgreiches Arbeiten auf diesem Gebiet für notwendig
hielt. Soweit heute zu überblicken, hat darum EULER auch
in dieser Korrespondenz solche Fragen nicht mehr angesprochen.

6. Der Briefwechsel mit Joseph-Louis LAGRANGE

Erst einige Jahre, nachdem sein Gedankenaustausch mit
GOLDBACH durch dessen Tod Ende 1764 zum Erliegen gekommen
war, fand EULER auch für zahlentheoretische Fragen wieder
einen Briefpartner. Es war Joseph-Louis LAGRANGE, der fast
30 Jahre jüngere Mathematiker aus Turin, mit dem EULER ab
Januar 1770 auch über Probleme aus diesem ihm am Herzen
liegenden Zweig der Mathematik zu korrespondieren begann.
LAGRANGE hatte schon als Achtzehnjähriger einen Briefwechsel mit EULER anzuknüpfen versucht und rasch dessen Hoch-
achtung durch die Entwicklung seiner Ideen zur Variationsrechnung gewonnen.

Der Briefwechsel EULERs mit LAGRANGE ist nicht nur
wesentlich kleiner - knapp 40 Briefe tauschten die beiden
Partner im Verlauf von zwei Jahrzehnten -, er unterschei-
det sich auch inhaltlich grundlegend von demjenigen mit

GOLDBACH. Seinem Freund gegenüber öffnete EULER freigebig
den Blick in seine geistige Werkstatt, legte er nicht nur
Fertiges, sondern auch in Arbeit Befindliches, ja selbst
hypothetische Überlegungen und Gedankensplitter vor. Anders
in den Briefen an LAGRANGE. Wird die Zahlentheorie darin
ohnedies nur in den letzten 12 Briefen, die in den Jahren
1770 bis 1775 gewechselt wurden, angesprochen, so kann
naturgemäß auch die Anzahl der erwähnten Probleme nur klein
sein. Vor allem aber ist die Auswahl und die Art der Behandlung durch EULER eine andere.

Zunächst sei zur Charakterisierung der äußeren Situation noch erwähnt, daß EULER inzwischen 1766 nach Petersburg zurückgekehrt war. Gerne hätte er LAGRANGE ebenfalls
für die russische Akademie gewonnen, doch zog der Turiner
vor, als Nachfolger EULERs die Position des Direktors der
Mathematischen Klasse der Preußischen Akademie der Wissenschaften bei FRIEDRICH II. in Berlin zu übernehmen. Per-
sönlich begegnet sind sich die beiden Briefpartner übrigens
nie.

Anlaß für LAGRANGE, Ende 1769 den neuen Gegenstand zu
berühren,[31] war das fast gleichzeitig erfolgte Erscheinen
der ersten zahlentheoretischen Untersuchung LAGRANGEs über
unbestimmte Gleichungen 2. Grades in den Mémoiren der
Berliner Akademie [32] und das Eintreffen einer Abhandlung
EULERs (E 323) über einen neuen Algorithmus zur Lösung der
sog. PELLschen Gleichung in den Novi Commentarii der Akademie zu Petersburg, die Berlin sehr verspätet erreichten.[33]
LAGRANGE wollte somit seine Unabhängigkeit von EULERs Abhandlung klarstellen. Zugleich bat er um EULERs Urteil
über seine Lösungsmethode unbestimmter Gleichungen 2. Grades $x^2 - ay^2 = b$, wovon die sog. FERMAT-PELL-Gleichung
$x^2 - ay^2 = 1$ ein Sonderfall ist. Dies interessierte EULER
ungemein, da auch er sich damit intensiv beschäftigt hatte.
Seine eigene Methode zur Behandlung der FERMAT-PELL-Gleichung war jedoch LAGRANGE damals noch unbekannt.[34] EULER
testete LAGRANGEs Methoden, die er als sehr scharfsinnig
bezeichnete, unter anderem an dem schwierigen Beispiel

$101 = p^2 - 13q^2$. Er fand jedoch dafür zunächst keine Lösung, obgleich ihm von seinen Untersuchungen her das Zahlenpaar p = 123, q = 34 als Lösung bekannt war, und vermu-
tete daher, LAGRANGEs Verfahren sei noch unvollkommen.
Während er dies im Brief an LAGRANGE vom 16./27. Januar
1770 niederschrieb, bemerkte er ein Versehen, dessen Korrektur auf neue Formeln führte. Sie wiederum gestattete
EULER zu erkennen, daß sich sein Zahlenpaar daraus für bestimmte Werte zweier Parameter ergibt - doch was veranlaßt
uns, so fragte er LAGRANGE, gerade diese Parameterwerte
einzusetzen?[35]

Schon am 12. Februar 1770 antwortete LAGRANGE aus
Berlin, wobei er dieses Beispiel auf über drei Seiten ausführlich vorrechnet und an schwierigen Stellen sein Vorgehen begründet.[36] Dafür dankte EULER am 9./20. März 1770,
indem er erklärte, er sei nun von der Zuverlässigkeit der
von LAGRANGE entwickelten Methode völlig überzeugt. Da er
nicht mehr in der Lage sei, selbst zu lesen und zu schreiben, müsse er gestehen, daß es seiner Vorstellungskraft
schwer gefallen sei, die Grundlagen der vielen Deduktionen
zu erfassen, und noch schwerer, sich die Bedeutung der
vielen Buchstaben zu merken, welche LAGRANGE im Lauf der
Herleitung der Lösung eingeführt hatte.[37]

EULER war ja, nachdem er schon 1738 das rechte Auge
verloren hatte, bald nach der Rückkehr nach Petersburg
infolge einer Erkrankung auch auf dem linken Auge fast
erblindet. Eine 1771 vorgenommene Operation brachte dann
nur wenige Tage eine Besserung der Sicht, so daß er seit
seinem 60. Lebensjahr praktisch ständig auf Unterstützung
beim Lesen und Schreiben durch seine Söhne oder Schüler
angewiesen war.

Doch zurück zu LAGRANGE. Dieser hatte einige Monate
nach EULERs zuletzt genanntem Brief dessen "Vollständige
Anleitung zur Algebra" erhalten, die im gleichen Jahr in
zwei Bänden in St. Petersburg erschienen war. Darin fes-
selten ihn vor allem die Ausführungen über unbestimmte
Gleichungen. Als er sich am 30. Dez. 1770 bedankte, führte

er aus: Weil dieses Gebiet bisher nirgendwo zufriedenstellend dargestellt worden sei, habe er - LAGRANGE - eine französische Übersetzung veranlaßt, die im kommenden Jahr erscheinen werde. EULER werde wohl nicht mißbilligen, wenn er in einem Anhang einige eigene Zusätze über unbestimmte Gleichungen 2. Grades unterbringe, wo er auch gewisse Vereinfachungen der früher beschriebenen Methode geben wolle.[38]

Da diese, von Johann III BERNOULLI angefertigte Übersetzung aber erst 1773 herauskam, finden wir die nächste Erwähnung nicht vor EULERs Dankschreiben vom 24. Sept./ 5. Okt. 1773. Und der Dank fällt merkwürdig reserviert aus! EULER dankt mit einem einzigen Satz, der zugleich recht allgemein gehalten wie allumfassend ist:[39]

> Nachdem ich endlich die französische Übersetzung
> meiner Algebra empfangen habe, habe ich die Ehre,
> Ihnen meine sehr große Dankbarkeit zu bezeugen für
> die Mühe, die Sie sich damit gemacht haben, Ihre sehr
> tiefgehenden Untersuchungen über die unbestimmte Analysis hinzuzufügen, und ich bitte, sowohl Herrn Bernoulli wie dem Verleger meinen ganz demütigen Dank
> zu übermitteln.

War der große Mathematiker insgeheim verärgert darüber, daß LAGRANGE sich unterstanden hatte, dem bewußt als Einführung in die Algebra angelegten Werk eine so umfangreiche Spezialuntersuchung anzuhängen? Man könnte es fast vermuten, würde sich EULER nicht schon im nächsten Satz höchst lobend über eine andere Abhandlung LAGRANGEs aussprechen. Darin hatte dieser den WILSONschen Satz bewiesen, daß eine natürliche Zahl n genau dann Primzahl ist, wenn $n \mid (n - 1)! + 1$.

EULER fügte weitere Beobachtungen über Primzahlen hinzu, indem er unterschied zwischen den Formen $4n - 1$ und $4n + 1$. Dann gab er die allgemeine Auflösung eines Problems aus der "Algebra", das ihm damals große Mühe bereitet habe, so daß er nur eine spezielle Lösung habe nennen können. Es geht darum, vier Zahlen derart zu finden daß das Produkt von je zweien, um 1 vermehrt, eine

Quadratzahl ergibt. EULERs Lösung: Man bestimme zwei Zahlen m, n so, daß $m \cdot n + 1 = 1^2$; dann sind die gesuchten Zahlen

$$m, \quad n, \quad m + n + 2\,1, \quad 41 \cdot (1 + m)(1 + n),$$

wobei 1 positiv wie negativ gewählt werden könne.

Anschließend gibt er eine spezielle Lösung dieser Aufgabe, auf fünf Zahlen erweitert:

$$A = 1, \; B = 3, \; C = 8, \; D = 120, \; E = \frac{777\ 480}{2\ 879^2} \, .$$

Jetzt wird

$$AB + 1 = 2^2 \qquad AC + 1 = 3^2 \qquad AD + 1 = 11^2$$
$$BC + 1 = 5^2 \qquad BD + 1 = 19^2 \qquad CD + 1 = 31^2$$
$$AE + 1 = \left(\frac{3\ 011}{2\ 879}\right)^2 \qquad BE + 1 = \left(\frac{3\ 259}{2\ 879}\right)^2$$
$$CE + 1 = \left(\frac{3\ 809}{2\ 879}\right)^2 \qquad DE + 1 = \left(\frac{10\ 079}{2\ 879}\right)^2$$

EULER gesteht, eine allgemeine Lösung noch nicht angeben zu können.[40]

Im letzten erhaltenen Brief EULERs an LAGRANGE (vom 23. März/3. April 1775), auf den eine Antwort nicht bekannt ist, erwähnt EULER erneut ein Problem der Zahlentheorie.[41] Nachdem er den Partner wissen ließ, FERMATs Beweise wären wohl für alle Zeit verloren, falls es LAGRANGE nicht gelänge, sie wiederzuentdecken, gestand er die Vergeblichkeit seiner eigenen Anstrengungen in dieser Richtung ein. Er schloß dabei ausdrücklich den großen FERMATschen Satz in der Form $x^n \pm y^n = z^n$ ein und fügte hinzu, bisher habe er geglaubt, die Unmöglichkeit desselben erstrecke sich auch auf die Formeln

$$a^4 \pm b^4 \pm c^4 = z^4 \; , \quad a^5 \pm b^5 \pm c^5 \pm d^5 = z^5 \quad \text{usw.};$$

vor nicht allzu langer Zeit habe er sich aber hinsichtlich
der ersten Formel von seinem Irrtum überzeugen müssen, denn
er habe vier Zahlen mit der Eigenschaft $a^4 + b^4 = c^4 + d^4$
entdeckt. Die Zahlen selbst nannte er allerdings nicht. -

Aus seinen Publikationen geht hervor, wie EULER
schrittweise methodische Fortschritte gelangen bei der Behandlung dieses Problems der vier Biquadrate. Dies sei hier
- unter Verzicht auf die Wiedergabe der recht langen allgemeinen Formeln - demonstriert durch die Folge der immer
kleiner werdenden konkreten Lösungsquadrupel, die dort auf-
geführt werden:[42]

a	b	c	d	Publ. Nr.
2 219 449	555 617	1 584 749	2 061 283	E 428
12 231	2 903	10 381	10 203	E 428, E 776
542	359	514	103	E 776
158	59	133	134	E 716

7. Schlußbemerkungen

Zieht man Bilanz, so kommt man nicht um die Feststel-
lung herum, daß EULER in der Zahlentheorie nur _einen_ eben-
bürtigen Partner als Korrespondenten hatte, nämlich
LAGRANGE, der bereits der nächsten Mathematikergeneration
angehörte. Bedenkt man, daß EULER 47 Jahre alt war, als
LAGRANGE den Briefwechsel aufnahm, und 62 Jahre, als erstmals das Thema Zahlentheorie angesprochen wurde, so ist
offenkundig, daß diese Korrespondenz EULERs Forschungen
nicht wesentlich beeinflussen konnte, ja nicht einmal An-
stoß gab, bereits begonnene Untersuchungen voranzutreiben,
um mit dem Partner im Gespräch zu bleiben. EULER stellte
einige Fragen zum Verständnis der LAGRANGEschen Methode
der Auflösung unbestimmter Gleichungen 2. Grades, und er
teilte einige seiner Ergebnisse mit, aber ein intensives
Wechselgespräch setzte nie ein. Im Gegenteil, der Briefwechsel schlief dann bald ein und endete, soweit wir

wissen, im Jahre 1775.

Da aber alle übrigen Briefpartner mit einer Ausnahme am Themenkreis der Zahlentheorie kein tiefergehendes Interesse bekundeten, blieb EULER auf diesen einen angewiesen - falls 'angewiesen' hier der rechte Ausdruck ist. Zweifellos gehörte EULER zu jenen Mathematikern, die gerne die Kommunikation pflegen, ihre Ergebnisse weitergeben und Anregungen aufnehmen, durchdenken und verarbeiten. Doch bedeutet diese Bereitschaft zum wissenschaftlichen Gespräch ja nicht, daß nun für jedes der vielseitigen Arbeitsgebiete ständig ein Gesprächspartner bereitstehen müßte. EULER hatte viele Partner, konkurierte bei zahlreichen Preisausschreiben der führenden Akademien mit den bekanntesten Mathematikern und Physikern aller Länder, stand mit seinen Publikationen auf vielen Gebieten in einem immerwährenden Geben und Nehmen, war eingebettet in das wissenschaftliche Leben seiner Zeit. So wäre er wohl nicht unbedingt 'angewiesen' gewesen auf ein Gegenüber, das insbesondere der Zahlentheorie aufgeschlossen war, um auch auf diesem Sektor der Mathematik Ungewöhnliches zu leisten. Denn Erfindungskraft und Liebe zu jener Art von Spekulationen - um ein altmodisches Wort zu gebrauchen - war ihm offensichtlich in die Wiege gelegt worden. Überdies hatte FERMAT mit einer Fülle offener Behauptungen mehr als genug an Problemen hinterlassen, deren Bewältigung einen Mathematiker ein Leben lang fordern konnte. So hätte EULER sicher auch ohne den einzigen Freund, der ihm jahrzehntelang Rede und Antwort stand, so gut er es vermochte, die meisten seiner zahlentheoretischen Untersuchungen durchgeführt.

Wenn EULER diesen einzigen (neben LAGRANGE) an der Zahlentheorie wirklich interessierten Briefpartner, Christian GOLDBACH, so überaus schätzte, so mag sich persönliche Sympathie - GOLDBACH war, wie wir hörten, auch Pate des ältesten Sohnes EULERs, Johann Albrechts - mit der Freude über einen ebenfalls von diesem Gegenstand faszinierten Mitmenschen verbunden haben. Einen Menschen übrigens, der auch bereit war, berechtigte Kritik zu

akzeptieren. Denn als GOLDBACH einmal einen etwas vor-
schnell gefaßten Gedanken als Idee für einen Beweis mitteilte,[43] trug ihm das die leicht ironisch formulierte Kritik EULERs ein:[44]

> Das von Ew. Hochwohlgeb. angeführte Argument, daß,
> wann $1 + 4efg = P^2 + eQ^2$, auch sein müsse $1 + 4efg =
> M^2 + fN^2 = R^2 + gS^2$, weil kein Grund vorhanden wäre,
> warum eine solche Auflösung bei einem der Faktoren
> e, f, g mehr Platz haben sollte, als bei den andern,
> würde in der Metaphysik für eine herrliche Demonstra-
> tion passieren können, wo man sich mit Beweistümern
> zu begnügen pflegt, welche bei weitem nicht so bündig
> sind. Allein, in der Mathematik kommen mir dergleichen
> Schlüsse immer verdächtig vor.

Und dann präsentierte er das Gegenbeispiel für $e = 3$,
$f = 5$, $g = 11$:

$$1 + 4 \cdot 3 \cdot 5 \cdot 11 = 661 = 19^2 + 3 \cdot 10^2 = 16^2 + 5 \cdot 9^2,$$

aber 661 ist nicht darstellbar als $R^2 + 11\, S^2$!

Offensichtlich schätzten sich die beiden Korrespondenten so sehr, daß keiner aus Angst vor Empfindlichkeiten
bei der Berichtigung von Irrtümern des anderen besondere
Vorsicht walten lassen mußte. Ja es hat den Anschein, als
ob EULERs Urteil über GOLDBACH als Wissenschaftler infolge
dieser Freude über einen Ansprechpartner und der persönlichen Sympathie nicht ganz objektiv ausgefallen ist.
Daniel BERNOULLI jedenfalls bemerkte einmal, nicht ohne
Anflug von Bissigkeit und Spott, in einem Brief an EULER:[45]

> Dass Hr. G o l d b a c h eines der vornehmsten Glie-
> der der Petersburger Akademie sey, in Ansehung unter-
> schiedener Circumstanzen, habe ich wohl gewusst; dass
> aber derselbe so gar ausnehmende mérites haben sollte,
> war mir unbewusst, obschon ich gar viel mehr Gelegen-
> heit gehabt denselben recht kennen zu lernen, als Ew.;
> muss also dieses meiner Incapacität zuschreiben, wenn
> es je wahr ist, daß in Ihren öffentlichen judiciis

und Manier die Gelehrten zu citieren gar keine Passion
mit unterlaufe.

Leider wissen wir nicht, was EULER zuvor an Daniel
BERNOULLI über GOLDBACH geschrieben hatte, da dieser Brief
nicht erhalten ist. Sonst ließe sich aus heutiger Sicht
besser beurteilen, in welchem Ausmaß sich EULER wirklich
des ihm vorgeworfenen Vergehens schuldig gemacht hatte,
ein öffentliches Urteil über den Freund abgegeben zu haben, das infolge der Passion, d. h. der für ihn empfunde-
nen Sympathie nicht objektiv ausgefallen war.

Zweifellos genoß EULER, dessen schlichte, unpräten-
tiöse Art in vielen seiner Briefe immer wieder zum Ausdruck kommt, das Eingehen des Freundes auf seine Argumente.
Ebenso wird er die ihm dadurch gebotene Möglichkeit be-
grüßt haben, noch unfertige, im Werden begriffene Überlegungen einem aufmerksamen Leser vorzutragen. Gerade einen
so zum Dialog bereiten Wissenschaftler mußte es bedrük-
ken, daß die meisten Fachgenossen kein Verständnis für die
Schönheiten der Zahlentheorie hatten. EULER mußte ahnen,
wenn nicht wissen, daß sie alle ähnlicher Meinung waren
wie Daniel BERNOULLI, der am 18. März 1778 in einem Brief
an den mit einer Enkelin EULERs verheirateten Nikolaus
FUSS, zu EULERs Forschungen auf dem Gebiet der Primzahl-
theorie geschrieben hatte:[46]

> Sie machten sich die Mühe, mir über diese Sache eini-
> ges mitzuteilen. Es erscheint mir sehr subtil und
> unseres großen Meisters würdig. Aber finden Sie nicht
> auch, daß es den Primzahlen fast zu viel Ehre antut,
> darüber solche Reichtümer auszuschütten, und sollte
> man nicht dem raffinierten Geschmack unseres Jahr-
> hunderts mehr Aufmerksamkeit zollen?

Sollte man nicht, so wird man die Frage verstehen
müssen, sich weniger mit so primitiven Dingen wie den
Primzahlen beschäftigen, als vielmehr mit den verfeinerten,
raffinierteren Theorien der mathematischen Analysis und
ihren Anwendungen? Dies war in der Tat die verbreitete
Auffassung.

Schon 1742 hatte EULER in einem Brief an GOLDBACH festgestellt:[47]

> Es scheinen also in dergleichen Spekulationen noch große Geheimnisse verborgen zu liegen, wovon dem FERMATIO einige wichtige bekannt gewesen sein mögen, deren Verlust um so viel mehr zu bedauern ist. Ich habe an Mr Clairaut geschrieben, ob die Manuskripte von Fermat noch zu finden wären, da aber der Gout für dergleichen Sachen bei den meisten erloschen ist, so ist auch die Hoffnung verschwunden.

Wenn EULER hier meint, der Geschmack für dergleichen Sachen sei bei den meisten erloschen, so ist man geneigt, ihn etwas zu korrigieren: die meisten waren nie auf den Geschmack gekommen. Das hatte ja im Grunde schon FERMAT selbst erlebt, daß die Zeitgenossen wenig Verständnis zeigten; es wiederholte sich bei EULER und setzte sich fort bis zu GAUSS, der gleichfalls darüber klagte, die Mehrzahl der Mathematiker sehe in der Beschäftigung mit der Zahlentheorie etwas Überflüssiges und Nutzloses, eine Vergeudung von Arbeitskraft und Zeit. Erst seit GAUSS, so will mir scheinen, ist ein langsamer Wandel zu beobachten, hat sich die Zahlentheorie ein gesichertes Bürgerrecht neben den anderen Zweigen der Mathematik erworben. - Doch kehren wir zu GOLDBACH zurück.

Er war, so hatte ich gesagt, sicher nicht der unentbehrliche Katalysator für EULERs Ideen, der dem Basler Genie ebenbürtige Partner, ohne dessen Mitwirkung das zahlentheoretische Werk des Meisters nicht entstanden wäre. Doch - vielleicht darf man seine Rolle in diesem Bilde beschreiben - er war nicht nur der Pate von EULERs ältestem Sohn, sondern auch der Pate des liebsten geistigen Kindes des Mathematikers. Er begleitete es während langer Jahre des Wachsens und Gedeihens, ließ sich berichten von seinen Fortschritten, gab dem Vater hie und da Ratschläge und förderte es durch seine Anteilnahme und Fürsorge - eben so, wie sich ein verantwortlicher Pate seines Patenkindes annimmt. Auch an gelegentlichen Geschenken ließ er es nicht

fehlen, wie Beispiele zeigten. Ein letztes Zeugnis EULERs
dazu, geschrieben, nachdem GOLDBACH bewiesen hatte, daß
$(4n - 1)m - 1$ kein Quadrat werden kann, möge das belegen.
Da dankte EULER mit den Worten:[48]

> Ich muß gestehen, daß ich nicht geglaubt hatte, daß
> dieses theorema auf eine so schöne und leichte Art be-
> wiesen werden könnte, und bin dahero versichert, daß
> die meisten theoremata Fermatii auf eine gleiche Art
> bewiesen werden können, weswegen ich Ew. Wohlgeb. um
> so viel mehr für die Kommunikation dieser herrlichen
> Demonstration verbunden bin.

Heute, zweihundert Jahre nach EULERs Tod und ein Vier-
teljahrtausend nach dem Beginn seines Gedankenaustausches
mit GOLDBACH, hat dieser Briefwechsel noch eine andere
Funktion. Denn abgesehen von dem hohen Reiz, den die Lek-
türe an sich bietet - die eingestreuten Zitate in diesem
Vortrag konnten hoffentlich einen kleinen Eindruck davon
vermitteln -, abgesehen davon also, stellt dieser Briefwechsel gegenwärtig die umfangreichste veröffentlichte
Quelle dar, die es gestattet, den Wachstumsprozeß der
EULERschen Gedanken beim Eindringen in das Gebiet der Zahlentheorie zu verfolgen. Die Neuausgabe desselben, die die
Kollegen Juschkewitsch und Winter zusammen mit einigen
Helfern 1965 herausbrachten, gibt dank der ausgezeichneten
Kommentare die Möglichkeit zu rascher Orientierung auch
über bestimmte Problemkreise.
Darüber hinaus haben wir seit wenigen Jahren die Bände
1 und 5 der Serie IV A der "Opera Omnia" EULERs zur Verfü-
gung: den Regestenband über die gesamte erhaltene Korrespondenz EULERs, der über jeden Brief eine kurze Inhalts-
angabe enthält, und den 5. Band mit dem Briefwechsel EULERs
mit CLAIRAUT, d'ALEMBERT und LAGRANGE. Ohne diese, von den
Herren Taton, Juschkewitsch, Smirnov und Habicht besorgten
Bände, die wiederum hervorragend eingeleitet und kommentiert sind, hätte ich meinen Bericht niemals geben können.
Dafür habe ich allen, die daran mitgewirkt haben, zu

danken.

Eine letzte Bemerkung aber ist noch hinzuzufügen. In der Series Quarta der "Opera Omnia" sollen in der Unterabteilung B (als Ergänzung zu den in der Unterabteilung A zu veröffentlichenden Briefwechseln) die wissenschaftlichen Tagebücher EULERs publiziert werden. Zusammen mit den aus den Briefen zu entnehmenden Aufschlüssen wird dann eine Dokumentation über den wissenschaftlichen Entwicklungs- und Reifeprozeß EULERs vorliegen, wie es sie in solcher Reichhaltigkeit nicht oft gibt.

Wir sollten heute beim Gedenken an den großen Schweizer Mathematiker, der sein Leben hier in Berlin und in Petersburg verbrachte, nicht vergessen, daß ein solches Kolloquium keine Selbstverständlichkeit ist. Wer hätte vor vier Jahrzehnten zu prophezeien gewagt, die Weiterführung der von der Schweizerischen Naturforschenden Gesellschaft am Anfang dieses Jahrhunderts begonnenen monumentalen EULER-Ausgabe und die wissenschaftshistorische Erforschung des Nachlasses EULERs werde in enger Zusammenarbeit der Fachleute verschiedenster Nationen aus Ost und West mit so großem Erfolg möglich sein? Hoffen wir, daß diese freundschaftliche Kooperation auch in den kommenden Jahrzehnten ungestört fortgesetzt werden kann zur weiteren Erschließung des unerschöpflich reichen Lebenswerkes Leonhard EULERs.

Zusatz bei der Drucklegung: Inzwischen erschien der Gedenkband [6] des Kantons Basel-Stadt, dessen 30 Beiträge wiederum das internationale Zusammenwirken auf dem Gebiet der EULER-Forschung dokumentieren. Auf die darin enthaltenen Artikel zur Zahlentheorie bei EULER sei ausdrücklich hingewiesen.

Endnoten

1) Leonhardi Euleri Opera Omnia [1]. Die Series Prima enthält in 29 Bänden (30 Teilen) die Opera Mathematica, die

Series Secunda in 31 Bänden (32 Teilen) die Opera Mechanica et Astronomica, die Series Tertia in 12 Bänden die Opera Physica und Miscellanea. Serie I ist abgeschlossen, von Serie II stehen die Bände 24, 26, 27 und 31 aus, von Serie III fehlt noch Band 10.

2) Eulers Briefwechsel wird in der Abteilung A der Series Quarta herausgegeben, seine Manuskripte sollen in der Abteilung B ediert werden. Bd. IV A, 1 enthält eine Zusammenfassung aller erhaltenen Briefe sowie Verzeichnisse.

3) Der Briefwechsel mit Goldbach wurde erstmals von P. H. Fuss ediert [3]. Heute maßgeblich ist die hervorragend kommentierte Ausgabe [2], nach der hier zitiert wird.

4) Zu Goldbach vgl. die neue russische Biographie [4].

5) [2], Brief Nr. 2, S. 24 (bei Fußnote 4).

6) [2], Nr. 3, S. 28 (bei F. 9).

7) [2], Nr. 4, S. 29/30.

8) [2], Nr. 7, S. 34.

9) [2], Nr. 8, S. 37 (bei F. 1).

10) [2], Nr. 5, S. 30/31.

11) [2], Nr. 39, S. 85.

12) [2], Nr. 40, S. 86 (bei F. 11).

13) [2], Nr. 47, S. 95/96.

14) Vgl. [2], S. 87, F. 12.

15) [1], I, 2, S. 1 - 5.

16) [1], I, 2, S. 62 - 85.

17) [2], Nr. 51, S. 103.

18) [2], Nr. 51, S. 103/104.

19) [2], Nr. 52, S. 110.

20) [2], Nr. 52, S. 111 (bei F. 21).

21) [2], Nr. 51, S. 104 (bei F. 9).

22) [2], Nr. 74, S. 185/186 (bei F. 10).

23) [1], IV A, 5, S. 124.

24) [1], IV A, 5, S. 129.

25) [1], IV A, 5, S. 249.

26) [1], IV A, 5, S. 275.

27) [1], IV A, 5, S. 281/282.

28) [1], IV A, 5, S. 286.

93

29) [3], Bd. 2, S. 451.
30) [3], Bd. 2, S. 468.
31) [1], IV A, 5, S. 464/465.
32) [5].
33) [1], I, 3, S. 73 - 111.
34) Vgl. [1], IV A, 5, S. 55/56 (Einleitung der Herausgeber)
35) [1], IV A, 5, S. 466/467 (bei F. 7).
36) [1], IV A, 5, S. 473 - 476.
37) [1], IV A, 5, S. 477.
38) [1], IV A, 5, S. 483.
39) [1], IV A, 5, S. 496.
40) [1], IV A, 5, S. 498/499.
41) [1], IV A, 5, S. 507.
42) Es handelt sich um die Arbeiten E 428, E 776 und E 716,
abgedruckt in [1], I, 3, S. 211 - 217; [1], I, 5, S. 135 -
145 und [1], I, 4, S. 329 - 351, resp.
43) [2], Nr. 180, S. 390.
44) [2], Nr. 181, S. 391.
45) [3], Bd. 2, S. 479/480.
46) [3], Bd. 2, S. 676/677.
47) [2], Nr. 56, S. 129.
48) [2], Nr. 74, S. 182.

Literatur

[1]   Euler, Leonhard: Opera Omnia. Series I - IV. Series
      I - III anfangs (ab 1911) Leipzig und Berlin, später
      Zürich; Series IV Basel.

[2]   Leonhard Euler und Christian Goldbach: Briefwechsel
      1729 - 1764. Hg. und eingeleitet von A. P. Juškevič
      und E. Winter. Berlin 1965 (= Abh. der Deutschen Aka-
      demie der Wissenschaften zu Berlin, Klasse für Philo-
      sophie, Geschichte, Staats-, Rechts- und Wirtschafts-
      wissenschaften, Jg. 1965, Nr. 1).

[3]   Fuss, P. H. (Hg.): Correspondance Mathématique et
      Physique de Quelques Célèbres Géomètres du XVIIIème
      Siècle. 2 Bde. St. Petersburg 1843. Nachdruck NY 1968.

[4]   Juškevič, A. P. und Ju. Ch. Kopelevič: Christian Gold-
      bach 1690 - 1764. (russisch). Moskau 1983.

[5]   Lagrange, Joseph-Louis: Sur la Solution des Problêmes
      Indéterminés du Second Degré. Mém. Berlin (1767) 1769,
      S. 165 - 310.

      Nachtrag bei der Drucklegung:
[6]   Leonhard Euler 1707 - 1783. Beiträge zu Leben und
      Werk. Gedenkband des Kantons Basel-Stadt. Basel 1983.

Universität Hamburg
Institut für Geschichte der
Naturwissenschaften, Mathematik und Technik
Bundesstraße 55
D 2000 Hamburg 13
Bundesrepublik Deutschland

EULER ET D'ALEMBERT

René Taton

La publication en 1980 du Tome V de la série IV A des *Opera Omnia*
d'Euler consacré à la *Correspondance de Leonhard Euler avec A. C.
Clairaut, J. D'Alembert et J.L. Lagrange*[1] a révélé d'importants
documents inédits et apporté de précieuses informations nouvelles sur
la vie scientifique et l'histoire des sciences physico-mathématiques
dans la période moyenne du XVIIIe siècle. Elle permet en particulier de
suivre d'une façon plus exacte l'évolution des relations scientifiques
qui se sont nouées en 1746 entre Euler et d'Alembert et, après divers
épisodes, se sont ralenties et progressivement éteintes à partir de
1766. Tel est l'objet de cette communication, fondée à la fois sur
l'introduction, les textes et les annotations de ce tome des *Opera Omnia*
d'Euler et sur divers autres documents concernant la vie, la carrière
et l'oeuvre de ces deux savants.

Bien qu'étant à cette époque en relations épistolaires régulières
avec deux membres éminents de l'Académie royale des Sciences de Paris,
Maupertuis et Clairaut[2], c'est, semble-t-il, par l'intermédiaire de son
compatriote et ami Daniel Bernoulli qu'Euler, à la fin de 1743, entendit

pour la première fois parler de d'Alembert. Ce dernier qui, depuis 1739, avait présenté devant l'Académie de Paris plusieurs mémoires consacrés à des problèmes de calcul intégral, de dynamique et d'hydrodynamique, avait été élu le 13 mai 1741, à l'âge de 24 ans, comme adjoint-astronome par cette assemblée devant laquelle il avait continué à présenter régulièrement les résultats de ses recherches dans ces trois domaines[3]. La publication, en juillet 1743, de son célèbre *Traité de dynamique*[4], qui était fondé sur un principe général auquel son nom fut rapidement associé et qui présentait dans sa préface les fondements de sa philosophie scientifique, lui valut une brillante et rapide notoriété. Aussi est-ce en termes chaleureux que le 25 décembre 1743 D. Bernoulli informa Euler de l'activité de ce jeune savant : "Man macht mir aus Paris überaus viel Rühmens von einem ganz jungen vortrefflichen Mathematico, absonderlich in mechanicis, ich glaube, dass er Dalamber heisse"[5].

Mais la publication dès avril 1744 du *Traité de l'équilibre et du mouvement des fluides*[6], conçu comme suite logique de son premier ouvrage, devait valoir à d'Alembert un jugement beaucoup moins bienveillant de la part de D. Bernoulli. Le 7 Juillet 1745, ce dernier, indigné de voir contestés par d'Alembert certains passages de sa célèbre *Hydrodynamica*, mit en garde son ami Euler contre l'impertinence et la suffisance de ce jeune auteur, dénonçant la confusion de ses idées et la puérilité de certaines de ses réflexions d'ordre physique ou métaphysique[7].

Au même moment, d'Alembert venait de trouver une nouvelle source d'inspiration dans le sujet du concours de prix de l'Académie de Berlin pour 1746, sujet rendu public au début de 1745 [8]. Il s'agissait de "déterminer l'ordre et la loi que le Vent devrait suivre si la Terre était environnée de tous côtés par l'Océan, de sorte qu'on pût en tout temps trouver la direction et la vitesse du Vent pour chaque endroit"[9]. Bien que le délai de réception des pièces ait été fixé au début d'avril 1746, d'Alembert, pressé par d'autres obligations, envoya son mémoire dès novembre 1745. La devise qu'il avait choisie "Haec ego de Ventis, dum Ventorum ocyor alis Palantes pellit populos Fridericus, et orbi Insignis lauro, ramum praetendit olivae" n'était pas pour déplaire au protecteur de l'Académie, le roi de Prusse Frédéric II. Onze concurrents, dont d'Alembert et D. Bernoulli, participèrent à ce

concours dont le prix fut décerné solennellement à la pièce envoyée
par d'Alembert le 2 Juin 1746 au cours de la première Assemblée
générale de la nouvelle Académie royale des sciences et des belles
lettres de Berlin, réorganisée sous la présidence de Maupertuis[10].
Peut-être pourrait-on craindre que ce dernier, ami de d'Alembert, eut
influencé le choix de l'Académie, ainsi que l'écrivit D. Bernoulli,
indigné de son échec. Mais il est plus probable qu'Euler, dont D.
Bernoulli pensait de son côté infléchir la décision en lui révélant à
l'avance sa devise[11], avait tenu à marquer son indépendance en
reconnaissant les mérites incontestables du mémoire de d'Alembert.
Toujours est-il qu'élu comme membre étranger de l'Académie de Berlin
au cours de cette même assemblée, d'Alembert allait bientôt profiter
de ce succès pour entrer en correspondance avec Euler, publier une
partie de ses travaux dans les Mémoires de l'Académie de Berlin et
s'efforcer d'obtenir l'appui du roi Frédéric II.

C'est ainsi que le 3 août 1746, il écrit à Euler pour le remercier
de son intervention, lui annoncer l'envoi de ses deux ouvrages et lui
demander son avis sur certains points de ses désaccords avec D.
Bernoulli[12]. En même temps, il fait transmettre par Maupertuis un
premier mémoire à l'Académie de Berlin[13] et sollicite de Frédéric II
la permission de lui dédier son ouvrage[14].

Si les faveurs de Frédéric II à l'égard de d'Alembert ne
commencèrent à se manifester qu'en octobre 1752, par contre Euler
répondit rapidement au jeune mathématicien[15] et engagea avec lui une
correspondance assidue qui se poursuivit, pratiquement sans
interruption, jusqu'au 10 septembre 1751. Les 29 lettres qui sont
conservées de cette période de cinq années d'actifs échanges
intellectuels entre deux des plus grands mathématiciens et physico-
mathématiciens de cette époque abordent la plupart des questions alors
en développement ou en discussion. Mais, commencé dans un climat de
sérénité et d'estime réciproque, cet échange épistolaire fut bientôt
entaché par d'interminables discussions sur des questions de doctrine,
avant d'être assombri puis interrompu par des querelles de priorité
entre les deux savants et des accusations de duplicité formulées par
d'Alembert à l'égard d'Euler.

Dans sa première lettre à d'Alembert qui nous soit parvenue, celle du 29 décembre 1746, Euler, après avoir donné un avis très mesuré sur certaines des divergences apparues entre d'Alembert et D. Bernoulli au sujet de l'hydrodynamique, évoque le contenu d'un important mémoire récemment adressé par d'Alembert à l'Académie de Berlin, ses célèbres "Recherches sur le calcul intégral"[16]. S'il porte un jugement d'ensemble très favorable sur les deux premières parties de cette étude, l'une portant sur l'intégration des fractions rationnelles et contenant la première démonstration du théorème fondamental de l'algèbre, l'autre concernant certaines catégories d'intégrales elliptiques, il manifeste son net désaccord sur la troisième partie de ces "Recherches" où d'Alembert croyait démontrer, à partir de l'équation différentielle de la courbe logarithmique, le caractère réel des logarithmes des nombres négatifs.

Ayant consacré auparavant plusieurs études à l'intégration des fractions rationnelles, Euler venait alors, tout récemment, à l'instar de d'Alembert, d'énoncer de façon claire et de démontrer le théorème fondamental de l'algèbre, connu en fait depuis Albert Girard en 1629, mais sous une forme plus imprécise, théorème affirmant que toute équation algébrique de degré n admet n racines, distinctes ou confondues, réelles ou imaginaires, les quantités imaginaires considérées étant des nombres de la forme $a + b\sqrt{-1}$, où a et b sont réels. Si les deux démonstrations, de natures tout à fait différentes, de ce même théorème découvertes presque simultanément par ces deux mathématiciens ont été considérées ultérieurement comme insuffisantes, des recherches plus récentes ont permis, tout en conservant leur principe, de les compléter d'une manière parfaitement rigoureuse, mais en recourant à des moyens inaccessibles en 1746. Toujours est-il qu'elles ont, l'une et l'autre, ouvert la voie à d'importants progrès dans divers domaines de l'algèbre et de l'analyse[17].

Dans la seconde partie de son mémoire, intitulée "Des différentielles qui se rapportent à la rectification de l'ellipse et de l'hyperbole", d'Alembert abordait, à la suite de Maclaurin, une série de recherches sur les intégrales elliptiques qu'il poursuivra tout au long de sa carrière, dans une série de mémoires échelonnés entre 1750 et 1780. Quant à Euler qui avait déjà consacré antérieurement trois

mémoires au problème des intégrales elliptiques, son intérêt pour cette
question ne se ranimera véritablement qu'à la fin de 1751 lorsqu'il
prendra connaissance de l'oeuvre déjà ancienne de G.F. Fagnano, réunie
dans ses *Produzioni matematiche* (2 vol., Pesaro, 1750). Il publiera
alors une série de mémoires où, développant et généralisant les
résultats de Fagnano, il amorcera ainsi l'un des chapitres essentiels
de son oeuvre tout en ouvrant à la recherche des voies nouvelles qui se
révéleront extrêment fécondes[18]. L'étude de ces intégrales sera
ensuite poursuivie par Lagrange, J. Landen et Legendre, avant d'être
entièrement renouvelée, peu avant 1830, par Abel et Jacobi qui créeront
la théorie des fonctions elliptiques.

Le troisième sujet abordé dans ces "Recherches sur le calcul
intégral" de d'Alembert et dans la lettre d'Euler du 29 décembre 1746
concerne la nature des logarithmes des nombres négatifs ou imaginaires,
question déjà abordée au début du XVIIe siècle dans une discussion
épistolaire entre Johann I Bernoulli et Leibniz et remis au premier
plan de l'actualité par la publication, en 1745, de l'ensemble de la
correspondance échangée entre ces deux savants. Euler en avait déjà
lui-même discuté avec Jean I Bernoulli dès 1727-1729 et s'était à
nouveau intéressé à cette question en 1743-1744 au cours de la mise
au point du manuscrit de son premier traité d'analyse, la célèbre
Introductio in analysin infinitorum qui sera publiée à Genève en 1748.
Et il venait tout récemment de réaliser des progrès décisifs dans cette
voie en démontrant la formule

$$\ell \,(\cos \varphi + i \sin \varphi) = i \,(\varphi \pm 2\,n\,\pi)$$

qui, pensait-il, en prouvant la "pluralité infinie des logarithmes de
chaque nombre", permettait d'éliminer toutes les difficultés et
d'expliquer tous les paradoxes qui se présentent dans cette question[19].

Tel n'était pas le point de vue de d'Alembert qui ignorait alors
que cette question avait déjà été discutée au début du siècle par
Johann I Bernoulli et Leibniz, et, définissant lui-même les logarithmes
par une progression arithmétique *quelconque* répondant à une suite de
nombres en progression géométrique *quelconque*[20], écartait de ce fait
la définition de la fonction logarithmique comme inverse de la fonction
exponentielle, progressivement clarifiée par Euler.

On peut s'étonner que cette divergence fondamentale de définitions n'apparaisse jamais clairement dans l'interminable discussion épistolaire qui, de décembre 1746 à l'automne 1748, opposa d'Alembert qui croyait que les logarithmes des quantités négatives étaient réels, ou du moins pouvaient être supposés tels, à Euler dont les idées étaient proches de la théorie moderne des fonctions analytiques. Toujours est-il que si d'Alembert proposa dès l'abord d'écarter de la publication la 3e partie de ses "Recherches"concernant cette question[21], il ne renonça pas pour autant à présenter sans cesse de nouveaux arguments en faveur de sa thèse, témoignant ainsi de sa difficulté à assimiler la nouvelle théorie des fonctions élémentaires en cours d'élaboration, théorie qui faisait apparaître des différences importantes entre les propriétés de ces fonctions dans les domaines complexe et réel. Si du fait de la lassitude d'Euler la discussion épistolaire s'interrompit fin 1748, en juin 1752 d'Alembert tenta de la ranimer en adressant à l'Académie de Berlin un mémoire "Sur les logarithmes des quantités négatives" qui, nous le verrons, resta sans réponse, Euler, conscient de la solidité de sa position, ne voulant plus répliquer sur ce sujet.

Il est à noter, trait caractéristique des rapports tendus qui vont bientôt s'établir entre d'Alembert et Euler, qu'en 1752 ces mêmes "Recherches sur le calcul intégral" du premier de ces savants furent à l'origine de deux autres polémiques concernant cette fois des questions de priorité. La première de celles-ci porte sur la réduction de toute quantité imaginaire d'une forme quelconque à une expression du type $A + B\sqrt{-1}$, où A et B sont des quantités réelles ; la seconde sur la possibilité pour les courbes algébriques de posséder des points de rebroussement de seconde espèce[22]. Sans entrer dans le détail, indiquons seulement qu'une étude attentive des différents documents qui s'y rapportent montre que si d'Alembert fut bien le premier à publier des résultats précis sur ces deux points, Euler y était également parvenu au même moment et ceci de façon indépendante bien que,en apparence du moins, il ait pu profiter de la lecture du mémoire de d'Alembert près de deux ans avant sa publication.

Un second écrit adressé par d'Alembert à l'Académie de Berlin en 1746 devait contribuer ultérieurement à assombrir le climat des

relations entre Euler et d'Alembert. Il s'agit de sa célèbre étude en
deux parties sur la théorie mathématique des cordes vibrantes : les
"Recherches sur la courbe que forme une corde tendue mise en vibration"
et leur "Suite". Ces deux mémoires, adressés à Berlin à la fin de
1746 et publiés en 1749 dans les Mémoires de l'Académie de Berlin[23],
furent à l'origine du développement de la théorie des équations aux
dérivées partielles et de nombreux domaines de la physique mathématique.
Inspiré sans nul doute par la lecture des manuscrits de d'Alembert
encore inédits, et poursuivant quelque peu au-delà par des méthodes en
partie nouvelles, Euler avait le 16 mai 1748 présenté devant l'Académie
de Berlin un mémoire "De vibratione Chordarum" qu'il publia en 1749 et,
en version française, en 1750[24]. Réagissant de façon modérée à cette
publication, d'Alembert fit publier une "Addition" à ses premiers
mémoires sans insister ni sur ses mérites personnels ni sur les
différences considérables d'interprétation entre les deux solutions
proposées[25]. D'Alembert imposait en effet à la forme initiale de la
courbe, et partant aux solutions du problème, de sévères restrictions ;
il demandait en particulier que la courbe initiale corresponde à une
équation ou expression analytique unique, c'est-à-dire qu'elle soit,
selon la terminologie de l'époque, une courbe "continue". Par contre,
Euler, en s'appuyant sur diverses raisons, physiques ou mathématiques,
admettait au contraire des courbes initiales et des solutions
"discontinues", c'est-à-dire déterminées par plusieurs lois analytiques
différentes, comme par exemple une ligne brisée. Cependant, nous y
reviendrons, ce n'est qu'en 1755, que le début s'engagera véritablement
sur cette question.

Mais revenons à une époque antérieure et à d'autres aspects
importants des rapports scientifiques entre Euler et d'Alembert. Il
s'agit tout d'abord de l'approfondissement de diverses questions
d'actualité liées au système du monde newtonien, et plus spécialement
à la théorie des perturbations et au célèbre problème des trois corps.
La décision prise par l'Académie des Sciences de Paris, en mars 1746,
de choisir, comme sujet de son concours de prix pour 1748, un cas
particulier de ce dernier problème, l'explication des irrégularités
constatées dans les mouvements de Saturne et de Jupiter, devait
avoir une influence considérable sur le développement de la mécanique
céleste au XVIIIe siècle. Elle amena en effet les meilleurs théoriciens

de l'époque, Euler, Clairaut et d'Alembert, bientôt suivis de Lagrange
et de Laplace, à s'intéresser activement à l'étude théorique du
problème des trois corps et à élaborer des méthodes d'approximation de
plus en plus précises pour le calcul de ses principaux cas
particuliers[26]. Tandis qu'Euler, dans les premiers mois de 1747,
consacrait au sujet proposé par l'Académie de Paris un important
mémoire qui devait remporter, en mars 1748, le prix correspondant[27],
Clairaut et d'Alembert, qui ne pouvaient participer à ce concours,
rivalisaient d'efforts pour résoudre les problèmes analogues posés
par la théorie de la Lune. Il s'agissait, grâce à une analyse plus fine
et à des méthodes de calcul améliorées, de réduire certaines
divergences apparues, en particulier pour le mouvement des apsides,
entre les observations du mouvement réel de la Lune et son orbite
théorique calculée sur la base de l'attraction universelle de Newton
et de permettre ainsi l'établissement de tables lunaires plus
satisfaisantes. Tout au long de l'année 1747, d'Alembert et Clairaut
se lancèrent avec passion dans cette voie, présentant devant l'Académie
de Paris une suite quasi-ininterrompue de mémoires, de notes et de
plis cachetés, tout en évitant de révéler leurs méthodes d'approche
et les résultats exacts auxquels ils étaient parvenus. Correspondant
tous deux avec Euler qui s'intéressait activement à ce même problème,
ils l'informèrent également de certains aspects de leurs travaux ; par
ailleurs comme membres du jury du concours de Saturne, ils étudièrent
attentivement son mémoire et apprécièrent l'un et l'autre la façon
dont il avait su, anticipant sur Daniel Bernoulli de quelques années,
introduire un développement en série trigonométrique, celui de
$(1 - g\cos\omega)^{-\mu}$ [28]. Entre décembre 1746 et août 1747, d'Alembert
avait d'ailleurs envoyé à l'Académie de Berlin plusieurs mémoires de
mécanique céleste dont il reprit ultérieurement les manuscrits pour les
incorporer à une grande étude de synthèse qu'il publia dans les
Mémoires de Paris en 1749. Si Euler y reconnaît la virtuosité de
d'Alembert dans le domaine de l'analyse ("votre pièce ... est sans
doute de la dernière profondeur et votre supériorité dans les calculs
les plus difficiles y éclate partout"), par contre il conteste que sa
méthode puisse être appliquée valablement à la construction de tables
astronomiques. La divergence essentielle porte ainsi sur l'orientation
générale des travaux : plus théorique chez d'Alembert qui recherche
une "solution analytique" et s'intéresse volontiers à des "méthodes

d'intégration assez singulières", plus pragmatique chez Euler qui pense
à l'application de cette "analyse à l'usage des tables astronomiques"
et note que, pour cela, il s'agit avant tout de disposer
"d'approximations faites pour le calcul"[29].

Mais, quant à la théorie même de la Lune, c'est par rapport à
Clairaut et à ses interventions successives, parfois spectaculaires,
que se situent les travaux et les réflexions d'Euler et de d'Alembert.
C'est ainsi qu'en novembre 1747 Euler approuve la récente déclaration
publique de Clairaut, suivant laquelle l'attraction newtonienne ne
suffisait pas pour expliquer les phénomènes et qu'il fallait ajouter à
la formule classique de la gravitation universelle un terme
complémentaire "assez sensible à de petites distances comme celles
de la Lune et presque nul dans les grands éloignements"[30]. Pour sa
part d'Alembert, très hésitant, préférait expliquer les divergences
apparentes qui demeuraient entre les prévisions théoriques et les
observations, soit par l'irrégularité de la forme et de la structure
de la Lune, soit par une sorte d'attraction magnétique de celle-ci. La
discussion épistolaire qu'il engagea avec Euler sur cette question se
poursuivit, vivante et cordiale, tout au long de l'année 1748,
amenant un rapprochement assez sensible des positions, au demeurant
relativement prudentes, des deux correspondants qui, parallèlement à
Clairaut, continuaient à tenter d'élaborer leur propre théorie de la
Lune[31]. Mais le 17 mai 1749, tous deux se trouvèrent à nouveau surpris
et embarrassés devant la sensationnelle rétractation publique de
Clairaut qui annonçait "avoir trouvé le moyen de concilier la théorie
de l'attraction newtonienne avec les phénomènes par rapport au
mouvement de l'apogée de la Lune". Devant cette subite volte-face que
rien apparemment n'annonçait et que Clairaut ne justifiait pas, Euler
et d'Alembert, tout en maintenant leurs positions antérieures,
reprirent leurs recherches afin de tenter d'aboutir au même résultat
que Clairaut[32]. Par ailleurs, pour amener ce dernier à dévoiler le
détail de sa nouvelle méthode de calcul, Euler suggéra à l'Académie de
Pétersbourg de mettre la théorie de la Lune au programme de son
concours scientifique de 1751, organisé fin 1749[33]. Effectivement,
dans le courant de 1750, Clairaut, reprenant et précisant ses calculs,
rédigea sa *Théorie de la Lune déduite du seul principe de l'attraction
réciproquement proportionnelle aux quarrés des distances*, qui fut

couronnée par l'Académie de Pétersbourg en septembre 1751 et publiée
en 1752[34]. De son côté d'Alembert, après avoir envisagé également de
participer à ce concours y renonça au dernier moment ; afin de prendre
date, le 10 Janvier 1751, il fit parapher par le secrétaire perpétuel
de l'Académie de Paris le manuscrit de son étude qu'il inséra
ultérieurement dans le premier tome de ses *Recherches sur différents
points importants du système du monde*, publié au début de 1754[35]. Bien
qu'il n'ait pu lui-même participer à un concours dont il était le juge
principal, Euler ne pouvait rester indifférent à ce débat. Aussi, dès
qu'il eut quelques détails sur la méthode de Clairaut, reprit-il la
mise au point de sa propre étude qu'il publia en latin à Berlin au
début de 1753[36], précédant ainsi d'une année son rival d'Alembert avec
qui, entre temps, ses relations s'étaient considérablement envenimées.

Cette aggravation des rapports entre d'Alembert et Euler, restés
jusqu'alors courtois et relativement confiants, s'était manifestée de
plus en plus nettement au cours de l'année 1750. D'Alembert, tout
d'abord, avait assez mal accueilli certaines critiques qu'Euler avait
formulées contre ses *Recherches sur la précession des équinoxes et sur
la nutation de l'axe de la Terre dans le système newtonien* qu'il avait
publiées en juin 1749, à la suite de la découverte récente du phénomène
de nutation par l'astronome anglais Bradley[37]. D'Alembert reprochera
d'ailleurs plus tard à Euler de ne pas avoir mentionné l'existence de
cet ouvrage dans le mémoire sur le même sujet qu'il présenta en mars
1750 et publia en 1751 dans les Mémoires de l'Académie de Berlin et
Euler lui rendra justice dans un "Avertissement" inséré dans le volume
suivant de ces Mémoires[38].

Mais la rapide détérioration des relations entre ces deux savants
est due pour l'essentiel à l'échec inattendu subi par d'Alembert à
l'occasion de sa participation à un concours de prix organisé par
l'Académie de Berlin sur la résistance des fluides. Le programme de ce
concours, annoncé dans le courant de 1748, demandait de déterminer
"la théorie de la résistance que souffrent les corps solides dans
leur mouvement, en passant par un fluide, tant par rapport à la figure
et aux divers degrés de vitesse des corps, qu'à la densité et aux divers
degrés de compression du fluide". D'Alembert qui avait, nous l'avons
vu, publié en 1744 son *Traité de l'équilibre et du mouvement des fluides*

et remporté en 1746 le prix de l'Académie de Berlin sur "la cause
générale des vents", fut passionné par ce sujet et, dès qu'il eut
achevé son ouvrage sur la théorie de la précession et de la nutation,
rédigea un mémoire qu'il adressa à Berlin en décembre 1749. Mais le
31 mai 1750, les trois commissaires du prix, Euler lui-même et les
deux astronomes de l'Académie de Berlin, J. Kies et A.N. Grischow,
déclarèrent que, n'ayant pas trouvé de pièces satisfaisantes, ils
reportaient le prix à 1752, en autorisant les auteurs des pièces déjà
reçues à adresser des suppléments permettant d'accorder leur théorie
avec l'expérience. D'Alembert fut scandalisé de cette insistance des
commissaires sur une condition qui n'était pas mentionnée dans le
programme et il rendit Euler personnellement responsable de ce qu'il
considérait comme un déni de justice[39]. De fait, si le mémoire qui fut
finalement couronné en 1752, celui d'un obscur mathématicien amateur
de Frise orientale, Jacob Adami, n'a laissé aucun souvenir, par contre
celui de d'Alembert, que son auteur publia en traduction française au
début de 1752, marque une date importante dans l'histoire de
l'hydrodynamique théorique. Au témoignage d'un spécialiste
particulièrement compétent et peu suspect de partialité en faveur de
d'Alembert, le Pr C.A. Truesdell, l'*Essai d'une nouvelle théorie de la
résistance des fluides* "... despite its many defects,... is a turning
point in mathematical physics. For the first time, a theory is put
(however obscurely) in terms of a field satisfying partial differential
equations ... In addition there are certain definite new results :
the continuity equation in the special cases (22), (27), and (30) ;
the acceleration components (23) and a partial generalization ; the
conditions (24) and (25) [for circulation-preserving motion] and their
generalization (31) ; and the solution (28) in terms of complex
variables..." (O. II, 12, p. LVII). C'est également dans cet *Essai*
que l'on rencontre pour la première fois les célèbres équations dites
"de Cauchy-Riemann" et la résolution du système :

$$\frac{\partial q}{\partial x} = - \frac{\partial p}{\partial z} \,, \qquad \frac{\partial p}{\partial x} = \frac{\partial q}{\partial z}$$

à l'aide des fonctions de variables complexes, méthode développée,
peu après d'Alembert, par Euler.

On ne peut semble-t-il qu'admirer qu'au cours de la même année 1749, d'Alembert, tout en continuant ses recherches sur la théorie de la Lune et participant activement à la préparation du premier volume de l'*Encyclopédie*, ait pu mettre au point deux ouvrages aussi difficiles et différents que ses *Recherches sur la précession des équinoxes* et cet *Essai*[40]. Et l'on ne peut que regretter qu'Euler, en semblant condamner une étude dont il ne pouvait méconnaître la richesse et l'intérêt, ait suscité une brutale détérioration de ses rapports avec d'Alembert.

Nous avons vu qu'à la publication, en 1750 dans le 4e volume des *Mémoires de Berlin*, du mémoire d'Euler "Sur la vibration des cordes", d'Alembert n'avait réagi qu'en adressant une brève "Addition" à sa propre étude sur ce problème. Mais en 1751 apparaissent des facteurs décisifs de rupture, car, à la nouvelle du rejet de son mémoire sur la théorie des fluides, s'ajoutera quelques mois plus tard pour d'Alembert la découverte dans le 5e volume des Mémoires de l'Académie de Berlin d'une série de mémoires d'Euler : "De la controverse entre Mrs Leibnitz et Bernoulli sur les logarithmes des nombres négatifs et imaginaires" (E.168) ; "Sur le point de rebroussement de la seconde espèce de M. le Marquis de l'Hôpital" (E. 169) ; "Recherches sur les racines imaginaires des équations" (E.170) ; "Recherches sur la précession des équinoxes, et sur la nutation de l'axe de la terre" (E.171) ; qui touchaient tous les quatre à des points sensibles de leurs discussions antérieures, ce qui renforça considérablement son ressentiment.

Les premières réactions de d'Alembert découlent de son échec au concours sur la résistance des fluides. Le 4 janvier 1751, sous une forme allusive, puis à nouveau, et de façon brutale, le 10 septembre 1751, il accusa Euler d'être responsable de son échec à ce concours et de son renoncement ultérieur à participer à celui de l'Académie de Pétersbourg sur la théorie de la Lune[41]. Il protesta également auprès de l'Académie de Berlin, à laquelle il réclamera plus tard son manuscrit avant de lui adresser un exemplaire de la version imprimée de son *Essai*[42]. Puis, dans les premiers mois de 1752, ayant pris connaissance de la série de mémoires d'Euler déjà mentionnés, il leur prépara une riposte sous forme de trois textes polémiques qu'il adressa à Berlin le 21 Juin 1752.

Le premier de ceux-ci, daté du 15 juin 1752 et intitulé
"Observations sur quelques mémoires imprimés dans le volume de
l'Académie - 1749", est une suite de réclamations brutales au sujet
de priorités supposées sur divers sujets déjà évoqués : théorie de la
précession, points de rebroussement de seconde espèce, théorème
fondamental de l'algèbre et diverses questions annexes. Si ce texte
ne fut publié que tout récemment dans le volume V de la *Correspondance*
d'Euler, du moins Euler en tint-il compte en reconnaissant la priorité
de d'Alembert sur deux de ces questions dans un bref "Avertissement au
sujet des recherches sur la précession des équinoxes" inséré dans le
volume 6 des Mémoires de Berlin[43].

Le second de ces manuscrits, daté du 16 juin 1752 et intitulé
"Sur les logarithmes des quantités négatives", a déjà été mentionné.
Publié avec quelques variantes en 1761 dans le premier volume des
Opuscules mathématiques de d'Alembert, son texte confirma le caractère
erroné de sa position sur ce sujet[44].

Enfin le troisième texte, une "Addition" à son mémoire sur le
calcul intégral qui mêle certaines corrections à des compléments
d'ordre mathématique, fut inséré dans le volume des Mémoires de Berlin
alors en cours d'impression[45].

Tout en mettant au point ses divers travaux de mécanique céleste
qu'il réunira dans les trois volumes de ses *Recherches sur différents
points importants du système du monde* publiés en 1754 et 1756,
d'Alembert consacre alors la plus grande partie de son temps à la
littérature, à la philosophie, à la musique et à l'édition de
l'*Encyclopédie* dont le premier tome, paru fin juin 1751, venait de
connaître un large succès, tout en suscitant des débats passionnés.
C'est probablement ce succès de prestige qui lui valut de recevoir de
la part de Frédéric II, en septembre 1752, l'offre de présider
l'Académie de Berlin en suppléance de Maupertuis. Bien que d'Alembert
ait rejeté la proposition très avantageuse qui lui était faite, il
entra alors en relations épistolaires avec Frédéric II qui, en 1754,
lui accorda une pension, puis l'invita à deux reprises, en juillet
1755 à Wesel et en juillet-août 1763 à Potsdam. D'Alembert fut bientôt
considéré comme le principal conseiller officieux pour les affaires de

l'Académie de Berlin, sans que, pour autant, il conteste l'autorité
d'Euler à la tête de la classe de mathématique de cette académie.

Et cependant la publication en 1755 de trois mémoires présentés
devant l'Académie de Berlin en février-avril 1754 : les deux
importantes études où Daniel Bernoulli reprenait l'étude du problème
des cordes vibrantes à l'aide de séries trigonométriques et les
"Remarques" correspondantes d'Euler, devait réanimer le débat engagé
quelques années plus tôt sur la théorie des cordes vibrantes[47]. Jugeant
en effet que ses travaux antérieurs sur cette question s'y trouvaient
mésestimés et injustement critiqués, d'Alembert adressa à l'Académie
de Berlin le 4 novembre 1755 des "Observations sur deux mémoires de
Mrs Euler et Daniel Bernoulli insérés dans les Mémoires de 1753".
Malgré un assez vif échange de correspondances entre d'Alembert, Euler
et Samuel Formey, secrétaire de l'Académie, celle-ci se refusa à
publier ce texte polémique et ne consentit qu'à insérer dans ses
Mémoires un extrait d'une lettre de d'Alembert à Formey sur ce sujet[48].
Et lorsque le texte quelque peu modifié de ces "Réflexions" parut
en 1761 dans le premier volume des *Opuscules mathématiques* de
d'Alembert[49], Euler ne jugea pas utile d'y répondre.

Il est vrai qu'entre temps un nouveau venu était intervenu sur
la scène mathématique, le jeune Lagrange qui en 1759, à l'âge de
23 ans, avait dans ses "Recherches sur la nature et la propagation
du son",[50] introduit des conceptions originales et des méthodes
mathématiques nouvelles dans l'étude du problème des cordes vibrantes,
n'hésitant pas à décerner approbations ou critiques aux illustres ainés
qui l'avaient précédé dans cette voie. Les correspondances qu'Euler
et d'Alembert entretenaient avec Lagrange montrent que chacun d'eux,
tout en appréciant les talents du jeune mathématicien et l'originalité
de son effort, s'efforça de le rallier à ses thèses et l'amener à
épouser son parti dans la querelle méthodologique et personnelle qui
les opposait depuis de longues années.

Mais en 1763 la fin de la guerre de Sept-ans permit à d'Alembert
de se rendre en Prusse à l'invitation de Frédéric II dont il fut l'hôte
à Potsdam du 20 juin au 27 août. Euler négociait alors en vue de son
retour éventuel à l'Académie de Petersbourg et envisageait un départ

rapide au cas où la présidence de l'Académie de Berlin serait confiée
à d'Alembert. Mais il n'en fut rien. Tout au contraire, d'Alembert qui
avait fait la connaissance personnelle d'Euler au cours d'une visite
à l'Académie de Berlin reprit avec lui des discussions cordiales sur
divers sujets d'ordre mathématique et intervintauprès de Frédéric II
pour améliorer sa situation et celle de sa famille[52]. Reprises au cours
de ce séjour de d'Alembert à Potsdam, ses relations épistolaires avec
Euler se poursuivirent encore quelques années, révélant en particulier
la persistance d'importantes divergences sur la théorie des cordes
vibrantes[53]. En 1766, lorsque Euler, en désaccord avec Frédéric II,
prépara son départ pour Pétersbourg, d'Alembert lui proposa ses
services pour le réconcilier avec le roi puis, devant l'insuccès de sa
démarche, négocia son remplacement par Lagrange à la tête de la classe
de mathématique de l'Académie de Berlin[54]. Avec le retour d'Euler à
Pétersbourg, sa correspondance avec d'Alembert cessa ; bien que
réconciliés, les deux hommes n'avaient plus grand chose à se dire.
Leurs rapports se limitèrent dès lors, le plus souvent par
l'intermédiaire du fils aîné d'Euler, Johann Albrecht, à des échanges
d'ouvrages accompagnés de formules de politesse[55].

Ainsi s'éteignit dans le calme et un certain détachement une
passionnante correspondance scientifique qui, après avoir réuni puis
opposé pendant près de cinq ans, de 1746 à 1751, les deux représentants
les plus brillants de la physique mathématique alors en cours
d'élaboration, s'était muée en une série d'épuisantes et déplaisantes
querelles de priorité ou de méthode avant d'aboutir à une
réconciliation, apparemment sincère mais qui n'eut toutefois que peu
d'incidences sur le plan scientifique.

Quel jugement porter sur les acteurs de cette aventure
scientifique et humaine ? Certes Euler, par l'importance et la diversité
de son oeuvre mathématique et physico-mathématique, domine nettement
d'Alembert. Mais, si l'on se limite à la période 1745-1750, cadre de
la partie la plus essentielle de cette correspondance, au cours de
laquelle la production scientifique de d'Alembert n'est pas encore
trop contrariée par la diversité de ses autres activités, le talent
mathématique, la puissance créatrice et l'originalité de pensée des
deux savants apparaissent beaucoup plus équilibrés. Sur le plan humain,

il faut constater que les nombreuses et ardentes polémiques qui ont
opposé d'Alembert à ses principaux rivaux confirment son caractère
revendicatif et impulsif qu'attestent diverses pièces de sa
correspondance avec Euler. Mais par l'exploitation un peu trop rapide
de certaines découvertes de son rival, dont il oublie parfois de signaler
la priorité, et par certains jugements discutables, ce dernier apparaît
aussi partiellement responsable de la détérioration rapide de leurs
rapports.

Quoiqu'il en soit, et malgré son caractère parfois déplaisant,
la compétition de fait qui s'est établie pendant quelques années entre
ces deux grands savants a marqué une étape importante dans la voie
de l'élaboration des méthodes de la physique mathématique.

NOTES

Nous emploierons dans la suite de ces notes les abréviations
suivantes, déjà utilisées dans les volumes publiés de la *Correspondance*
d'Euler (*Opera Omnia*, série IV A).

A. XX : n° XX de la bibliographie des oeuvres d'Alembert, in Maheu ,
    II, p. 35-89.

E. XX : n° XX de la bibliographie des oeuvres d'Euler, in Eneström
    (voir ci-dessous).

Eneström : G. ENESTRÖM, Verzeichnis der Schriften Leonhard Eulers,
    Jahresbericht der deutschen Mathematiker-Vereinigung,
    Ergänzungsbände IV, 1. und 2. Lieferung, 1910-1913.

Fuss : P.H. FUSS ed., *Correspondance mathématique et physique de
    quelques célèbres géomètres du XVIIIe siècle*, 2. t.,
    St Pétersbourg, 1843.

Hankins : Th. L. HANKINS, *Jean d'Alembert, Science and the
    enlightenment*, Oxford, 1970.

Maheu : G. MAHEU, *La vie et l'oeuvre de Jean d'Alembert - Etude
    biobibliographique*, Thèse de 3è cycle, Paris, EPHE, 1967, t. I-III

Mém. Berlin ou Mémoires de Berlin : *Histoire de l'Académie royale des
    sciences et des belles lettres, avec des Mémoires, tirés des
    Registres de cette Academie, 1745 à 1769*, Berlin, 1747-1771.

O. : *Leonhardi Euleri Opera Omnia*, Séries I-IV, depuis 1912.

Oeuvres de Frédéric II : *Oeuvres de Frédéric le Grand*, 33 t. en 31 vol., Berlin, 1846-1857.

R. xx : n° xx dans l'Inventaire général de la Correspondance d'Euler, in O. IV A, 1.

Winter, Registres : *Die Registres der Berliner Akademie der Wissenschaften 1746-1766*, hg. in Verbindung mit Maria WINTER und eingeleitet von Eduard WINTER, Berlin, 1957.

[1] Nous nous référons ici au volume O.IV A, 5 publié à Bâle en 1980 (A.P. JUŠKEVIČ et R. TATON éd.) : p. 12-34 (partie de l'introduction concernant la correspondance Euler-d'Alembert) et p. 245-358 (édition annotée de leur correspondance).

[2] C'est le 20 mai 1738 que Maupertuis était entré en correspondance avec Euler (R. 1495 ; O.IV A, 6, sous presse) et le 17 septembre 1740 que Clairaut lui avait écrit pour première fois (R. 386 ; O. IV A, 5, p. 68-71).

[3] Cf. Maheu, I, p. 10-18 et III, p. 10-20.

[4] *Traité de Dynamique dans lequel les lois de l'Equilibre et du mouvement des Corps sont réduites au plus petit nombre possible, et démontrées d'une manière nouvelle, et où l'on donne un Principe général pour trouver le Mouvement de plusieurs Corps qui agissent les uns sur les autres, d'une manière quelconque.* Paris, 1743, XXVI-186 p. , IV planches.

[5] Lettre de D. Bernoulli à Euler du 25 décembre 1743 (R. 152 ; Fuss, II, p. 541).

[6] *Traité de l'équilibre et du mouvement des fluides pour servir de suite au Traité de dynamique.* Paris, 1744, XXXII-457 p., X pl.

[7] Lettres de D. Bernoulli à Euler des 5 juillet 1745, 7 septembre 1745 et 4 janvier 1746. (R. 160, 161 et 164 ; Fuss, II, p. 577, 584 et 594).

[8] Dans sa lettre à Euler du 19 janvier 1745 (R. 411 ; O IV A, 5,

p. 159), Clairaut annonce en effet avoir reçu et distribué "les
programmes de prix" qu'il lui avait adressés.

[9] *Nouvelle bibliothèque germanique*, janv. mars 1746, p. 208-211 ;
A. HARNACK, *Geschichte der Königl.- Preuss. Akademie der Wissenschaften*,
II, Berlin, 1900, p. 305 ; Maheu, II, p. 20-21 (note 59).

[10] Winter, Registres, p. 95-99 (séance du 2 juin 1746).

[11] Lettres de D. Bernoulli à Euler des 19 mars, 29 juin et 9 juillet
1746 (R. 165, 166 et 167 ; Fuss, II, p. 597-611).

[12] Lettre de d'Alembert à Euler du 3 août 1746 (R. 14 ; O IV A, 5,
p. 249-50). Les principales de ces divergences concernaient
l'interprétation des phénomènes qui ont lieu lorsque la formule
exprimant la pression de l'eau contre les parois d'un tuyau en donne
une valeur négative *(Hydrodynamica*, section 12, § 11).

[13] Il s'agit des "Recherches sur la courbe que forme une corde tendue
mise en vibrations" qui furent publiées en 1749 (A. 8, Mém. Berlin,III
(1747), 1749, p. 214-219), complétées par une "Suite" rédigée peu après
(A. 9 ; *Ibid*, p. 220-249).

[14] Lettre de d'Alembert à Frédéric, s.d. (octobre ? 1746) *(Oeuvres de
Frédéric II*, t. 24, p. 368), et lettre dédicatoire "A sa Majesté
Prussienne" *(Id.*, p. 368-369).

[15] En dehors d'une réponse d'Euler du 2 octobre 1746 dont l'existence
n'est attestée que de façon indirecte, sa première lettre à d'Alembert
qui soit conservée est celle du 29 décembre 1746 (R. 15 ; O. IV A, 5,
p. 251-254) évoquée à la suite.

[16] Ce mémoire (A. 6A), fondé en partie sur des travaux présentés par
d'Alembert devant l'Académie de Paris entre 1741 et 1745, fut publié en
1748, du moins pour ses deux premières parties (Mém. Berlin, *1746*,
p. 182-224, 1748). D'Alembert le compléta ultérieurement par une "Suite"
(A. 12 ; id., *1748*, p. 249-291, 1750) et une "Addition" assez longue

(A. 22 ; id. ; *1750*, p. 311-378, 1752).

[17] Voir en particulier S.S. PETROVA, "Sur l'histoire des démonstrations du théorème fondamental de l'algèbre", *Historia Mathematica*, t. 1, 1974, p. 255-261 et O.IV A, 5, p. 253-254 (note 4) et l'article cité de I.G. Bašmakova. Le mémoire d'Euler "Recherches sur les racines imaginaires des équations" (E. 170) a été présenté devant l'Académie de Berlin le 10 novembre 1746 et publié en 1751 dans les "Mémoires" de cette Académie.

[18] Cf. O.IV A, 5, p. 254 (note 7) et les études citées de A. ENNEPER et M. CANTOR, ainsi que l'introduction de A. KRAZER aux volumes O.I, 20 et 21. L'intérêt porté par Euler à l'ouvrage cité de G.F. Fagnano est attesté par la lettre à Clairaut du 4 avril 1752 (O.IV A, 5, p. 220 et 221, en particulier note 3).

[19] Pour plus de détails sur cette controverse, voir l'introduction de O. IV A, 5, p. 15-19.

[20] J. d'Alembert, *Opuscules mathématiques*, t. I, 1761, p. 181.

[21] Répondant le 29 Janvier 1747 à la lettre d'Euler du 29 décembre 1746, d'Alembert écrit en effet : "A l'égard du Log-x, tout ce que vous me dites m'ébranle fort sur cet article ; je n'avais pas fait toutes les reflexions que vous me faites faire là-dessus ; et comme je veux, si c'est possible, ne rien avancer que de bien certain, je vous prie de vouloir bien rayer de mon mémoire l'endroit où j'en parle, supposé que ce mémoire ne soit pas encore imprimé" (O. IV A, 5, p. 257). Mais il poursuit en présentant de nouveaux arguments en faveur de sa thèse.

[22] Ainsi qu'on le verra plus loin, d'Alembert engagea ces deux polémiques en 1752 lorsqu'il eut pris connaissance des deux mémoires E. 169 et E. 170 où Euler traitait ces deux questions sans mentionner ses écrits. (Cf. O. IV A, 5, p. 343-345 et p. 348-350).

[23] Cf. ci-dessus, note 13.

[24] Cf. Winter, Registres, p. 126. Il s'agit des mémoires E. 119 et E. 140 republiés dans O. II, 10. Ainsi qu'on le verra, Euler ne reviendra sur ce sujet qu'en 1754 à la suite de l'intervention de Daniel Bernoulli.

[25] A. 21 : "Addition au mémoire sur la courbe que forme une corde tendue, mise en vibration", Mém. Berlin, *1750*, p. 355-360, 1752).

[26] Cf. O.IV A, 5, p. 7-9 et 20-26.

[27] Ce mémoire E. 120 (O. II, 25) : "Recherches sur la question des inégalités du mouvement de Saturne et de Jupiter", fut publié en 1749, les résultats du concours ayant été proclamés dans la séance publique du 24 avril 1748.

[28] Voir la lettre de Clairaut à Euler du 11 septembre 1747 (O. IV A, 5, p. 173) et celle de d'Alembert à Euler du 17 juin 1748 (*Id.*, p. 287).

[29] Cf. la lettre de d'Alembert à Euler du 15 avril 1747 (O. IV A, 5, p. 266).

[30] Lettre de Clairaut à Euler du 11 septembre 1747 (O. IV A, 5, p. 173-174). Clairaut note d'ailleurs les analogies et les différences de leurs positions respectives : "j'ai été charmé de voir que vous pensiez comme moi sur l'attraction newtonienne. Il me paraît démontré qu'elle ne suffit pas pour expliquer les phénomènes, mais le caractère distinctif que vous en donnez pour la Lune ne me paraît pas aussi frappant que celui que j'ai remarqué".

[31] Voir en particulier les lettres de d'Alembert des 20 janvier, 30 mars, 17 juin, 7 septembre et 27 octobre 1748 et celles d'Euler des 15 février et 28 septembre 1748 (O.IV A, 5, p. 276-296).

[32] Voir les lettres de Clairaut à Euler des 19 juin et 21 juillet 1749 (O.IV A, 5, p. 186-190), la lettre de d'Alembert à Euler du 20 juillet 1749 (*id.*, p. 301-302) et les notes correspondantes.

[33] Cette question faisait partie d'une série de quatre propositions adressées par Euler à l'Académie de Pétersbourg avec sa lettre à J.D. Schumacher du 15 juillet 1749 (R. 2191). Le programme de prix fut annoncé dans la séance publique de l'Académie de Pétersbourg du (7 décembre) 26 novembre 1749.

[34] La correspondance échangée par Clairaut avec Euler et avec divers responsables de l'Académie de Pétersbourg permet de suivre le déroulement de ce concours et la mise au point de la pièce primée de Clairaut (O.IV A, 5, p. 192-221 et 227-237).

[35] Cf. O.IV A, 5, p. 23-25. Le texte de ce volume est en effet conforme au manuscrit en question, conservé aux Archives de l'Académie des Sciences de Paris, à part quelques additions, signalées par des crochets.

[36] Il s'agit de la *Theoria motus Lunae exhibens omnes eius inaequalitates* ... d'Euler (E. 187 ; O. 11, 23). Cet ouvrage fut publié à Berlin en février 1753 pour le compte de l'Académie des Sciences de Pétersbourg.

[37] D'Alembert qui avait préparé son ouvrage (A. 10) dans un secret presque total l'adressa à Euler en Juillet 1749 et ce dernier le présenta devant l'Académie de Berlin le 18 décembre 1749 (Winter, Registres, p. 145). Quelques fragments de lettres d'Euler du 3 janvier et du 7 mars 1750 et les lettres de d'Alembert du 22 février et du 30 mars 1750 permettent d'apprécier la nature des différends survenus entre les deux savants sur la meilleure méthode permettant d'aborder l'étude théorique du phénomène de précession (O. IV A, 5, p. 303-307).

[38] En effet la publication en 1751 de ce mémoire d'Euler (E. 180) portant sur le même sujet suscita de très vives réclamations de priorité de la part de d'Alembert (cf. la première partie de son mémoire inédit du 15 juin 1752 publié dans O.IV A, 5, p. 337-342 et

346-348). Euler réussit à insérer dans le volume 6 des "Mémoires" de
Berlin, qui était alors sous presse, le bref "Avertissement" (E.180)
reconnaissant la priorité de son rival.

[39] Pour plus de détails sur ce sujet, voir la lettre de d'Alembert
à Euler du 17 septembre 1751 et ses deux premières notes (O.IV A, 5,
p. 311-314).

[40] Cf. Maheu, I, p. 29-33 et III, p. 33-37.

[41] Cf. O.IV A, 5, p. 310-316.

[42] Cf.Winter, Registres, p. 175 et 178.

[43] Cf. O.IV A, 5, p. 337-350.

[44] Il s'agit du mémoire A. 80 inséré dans le t. I des *Opuscules
mathématiques*, Paris, 1761, p. 180-209 et complété par un "Supplément"
(*Id.*, p. 210-230).

[45] A. 22, in Mém. Berlin, *1750*, p. 361-378, 1752.

[46] Cf. R. GRIMSLEY, *Jean d'Alembert (1717-83)*, Oxford, 1963.

[47] D. BERNOULLI, "Réflexions et éclaircissements sur les nouvelles
vibrations des cordes ..." (Mém. Berlin, *1753*, p. 147-152, 1755) ;
"Sur le mélange de plusieurs espèces de vibrations simples isochrones,
qui peuvent coexister dans un même système de corps" (*Id.*, p. 173-195) ;
L. EULER (E. 213) "Remarques sur les mémoires précédents de
M. Bernoulli" (*Id.*, p. 196-222). Ces divers mémoires avaient été
présentés devant l'Académie de Berlin les 23 février, 14 mars et
25 avril 1754 (Winter, Registres, p. 200-201).

[48] Cf. O,IV A, 5, p. 350-356.

[49] A. 74, "Recherches sur les vibrations des cordes sonores", in
Opuscules mathématiques, t. I, Paris, 1761, p. 1-64.

50 J.L. LAGRANGE, "Recherches sur la nature et la propagation du son", *Miscellanea Taurinensia*, t. I, 1759, 3e pagination, p. I-X et 1-112. *Id.* in *Oeuvres de Lagrange*, t. I, Paris, 1867, p. 39-148.

51 Voir en particulier la lettre d'Euler à Lagrange du 2 octobre 1759 (O.IV A, 5, p. 420), celle de Lagrange du 24 novembre 1759 (*Id.*, p. 429), la lettre d'Euler à Lagrange du 9 novembre 1762 (*Id.*, p. 449); ainsi que les lettres de d'Alembert à Lagrange : du 1er septembre 1764 (*Oeuvres de Lagrange*, t. XIII, Paris, 1882, p. 14), 16 octobre 1764 (*Id.*, p. 15), etc.

52 Cf. O.IV A, 5, 316-324.

53 *Id.*, p. 324-332.

54 *Id.*, p. 332-336 et *Oeuvres de Lagrange*, t. XIII, Paris, 1882, p. 58-77.

55 O.IV A, 5, p. 336, 356-358.

École des Hautes Études en Sciences Sociales
Histoire des Sciences Exactes
Centre de Recherches Alexandre Koyré
12, Rue Colbert
F-75002 Paris
France

ÜBERBLICKE ZUM JETZIGEN STAND
ANALYTISCHER FORSCHUNGSGEBIETE
EULERS

RECENT PROGRESS IN NEVANLINNA'S THEORY

OF MEROMORPHIC FUNCTIONS

Albert Baernstein II

1. <u>Nevanlinna Theory</u>

We shall consider meromorphic functions f defined in
the whole complex plane $\mathbb{C}$. If f is a rational function
of degree n then f takes on every value $a \in \mathbb{C}^* = \mathbb{C} \cup \{\infty\}$
exactly n times when account is taken of multiplicities
and the behavior of f at ∞ . When f is transcendental
Picard's theorem (1879) asserts that f takes on every
value $a \in \mathbb{C}^*$ infinitely often, with at most two possible
exceptions. The exponential function $f(z) = e^z$ omits
a = 0 and $a = \infty$, thus showing that two exceptional
values are possible. Since Euler played an important role
in the development of e^z , we may regard him as one of the
important contributions to our subject.

Picard's theorem and the behavior of rational functions
show that the value distribution of meromorphic functions
exhibits an "equidistribution" phenomenon. In the 1920's
R. Nevanlinna [23] developed a theory for the closer study
of the value distribution , one aim of which was to cast
this equidistribution phenomenon in quantitative form. With
f non-constant one associates certain auxiliary functions
$n(r,a)$, $N(r,a)$, $m(r,a)$ and $T(r)$. See, e.g. [16]. Here

122

$a \in \mathbb{C}^*$ and $0 < r < \infty$. The functions n and N measure how often f takes on the value a in $|z| \leq r$, while m measures how close f comes to a on $|z| = r$. The <u>characteristic</u> $T(r)$ may be defined as $m(r,\infty) + N(r,\infty)$. It turns out to be an increasing unbounded function of r which may be used to tell how fast the meromorphic function is "growing". For instance, if $f(z) = \exp(z^k)$ then $T(r) \approx r^k$.

Nevanlinna's <u>first main theorem</u> asserts that, for any $a \in \mathbb{C}^*$, $m(r,a) + N(r,a) = T(r) + O(1)$, as $r \to \infty$. The left hand side may be regarded as the "total affinity" of f for the value a. The first M.T. is an equidistribution theorem: it implies that the total affinity of f for any two values a and b is essentially the same.

Suppose now that $a_1, \ldots a_q$ are distinct points of $\mathbb{C}^*$. The <u>second main theorem</u> asserts that, no matter how large q is, we have

$$\sum_{i=1}^{q} m(r,a_i) \leq 2T(r) + S(r)$$

where $S(r) = o(T(r))$ as $r \to \infty$, except perhaps for an r-set of finite measure. The first M.T. is proved by cleverly rearranging Jensen's formula, but the second M.T. has no easy proof.

The <u>defect</u> $\delta(a) = \delta(a,f)$ of the value a is defined by

$$\delta(a) = \liminf_{r \to \infty} \frac{m(r,a)}{T(r)} = 1 - \limsup_{r \to \infty} \frac{N(r,a)}{T(r)} \ .$$

The first main theorem shows equality of the last two terms and also $0 \leq \delta(a) \leq 1$.

The second main theorem implies the

<u>Defect Relation</u> $\sum_{a \in \mathbb{C}^*} \delta(a) \leq 2$.

In particular, $\delta(a) = 0$ except for an at most countable set of a. If f omits the value a then $\delta(a) = 1$. Thus, the defect relation provides a deep quantitative generalization of Picard's theorem.

Actually, Nevanlinna proved a more precise form of
the second main theorem in which a term $N_1(r)$ involving
multiplicities also appears. This leads to an equality

$$\Sigma[\delta(a) + \theta(a)] \leqslant 2$$

where $\theta(a)$ is the "index of multiplicity" of a. To keep
things as simple as possible we will usually omit conside-
rations involving multiplicities.

Accounts of the basic Nevanlinna theory can be found in
[16], [20], and, of course, [25]. Some open problems are indicated in [17]. Progress reports and some additional problems appear in [7], [2], and [6].

2. Extensions

Nevanlinna's original investigations concerned functions
$f : \mathbb{C} \to \mathbb{C}^*$. Ahlfors [1] and the Weyls [33] introduced a
value distribution theory for "holomorphic curves"
$f : \mathbb{C} \to P_n(\mathbb{C})$, where P_n denotes projective space. A
modern differential geometric account of this theory can be
found in [35]. For mappings $f : M \to N$ where M and N
are complex manifolds of arbitrary dimension value distribution theories have been developed by Griffiths, Stoll and
numerous collaborators. Good starting points for this work
are the survey articles [28] and [29]. In a different higher
dimensional direction, S. Rickman [26] has recently proved
some very interesting results about "quasi-regular" functions
$f : R^n \to R^n$. He showed that Picard's theorem holds in a
weak but not strong form, and that a form of the defect relation also holds.

Work continues as well on various aspects of the classical setting. As just a sample, we mention the work of
Miles [21] on the behavior of the defect under change of
origin, of Hellerstein, Li Shen, Williamson, and Rossi
[19], [27], on value distribution of derivatives, of Wittich
and collaborators [34] on value distribution and differential
equations, of Drasin, Hayman, and Yang Lo [11], [18] about

value distribution of functions defined in an angle, and of Toppila and collaborations on problems involving the spherical derivative [30].

3. <u>Developments Directly Related to the Defect Relation</u>

I want to discuss in a little bit of detail four recent results about $f : \mathbb{C} \to \mathbb{C}^*$ which take off directly from the classical $\Sigma\delta(a) \leq 2$. These are Drasin's solution of the inverse problem, Weitsman's one-third theorem, Edrei's improvement of the defect relation for functions of small lower order, and Drasin's solution of F. Nevanlinna's conjecture about functions with $\Sigma\delta(a) = 2$. Fuchs's survey article [15] also discusses these topics, along with some others. The same journal contains some other interesting articles on Nevanlinna theory.

<u>Inverse Problem</u>. We know that for f meromorphic

$$0 \leq \delta(a,f) \leq 1 , \qquad \Sigma\delta(a,f) \leq 2 .$$

Can anything else be asserted about the defects $\delta(a,f)$? It turns out that in general the answer is no. <u>Drasin's Theorem</u> [8]. Given $\delta : \mathbb{C}^* \to [0,1]$ satisfying $\Sigma\delta(a) \leq 2$, there exists a meromorphic $f : \mathbb{C} \to \mathbb{C}^*$ such that $\delta(a,f) = \delta(a)$, for every $a \in \mathbb{C}^*$.

Before Drasin's complete solution there had been many partial results on the inverse problem, starting with the paper [24] by Nevanlinna in which he constructed an f with finitely many prescribed defects $\delta(a_i)$, i = 1,...,n , satisfying $\Sigma\delta(a_i) = 2$.

Drasin's construction proceeds in two steps. First, by a very delicate pasting together of Lindelöf functions he builds a "quasi-meromorphic" function g such that $\delta(a,g) \equiv \delta(a)$ and such that the maximal dilatation $\mu = g_{\bar{z}}/g_z$ of g satisfies

$$\lim_{r \to \infty} \int_{-\pi}^{\pi} |\mu(re^{i\theta})| \, d\theta = 0 .$$

The second and less difficult step is to show that there
exists a quasiconformal homeomorphism $h : \mathbb{C} \to \mathbb{C}$ such that
$f = g \circ h$ is meromorphic and such that $h(z)$ is close enough
to the identity for large z so that $\delta(a,f) \equiv \delta(a,g)$.
Theorems of this kind about q.c. maps go back to Teichmüller's work of 1938.

The order ϱ and lower order λ of a meromorphic
function f are defined by

$$\varrho = \lim_{r \to \infty} \sup \frac{\log T(r)}{\log r} \ , \quad \lambda = \lim_{r \to \infty} \inf \frac{\log T(r)}{\log r} \ .$$

For instance, $f(z) = \exp(z^k)$ has $\varrho = \lambda = k$ while
$f(z) = \exp(e^z)$ has $\varrho = \lambda = \infty$. In general, Drasin's f
with assigned deficiencies has infinite lower order. In case
$\lambda < \infty$ the function $\delta(a,f)$ is subjected to more constraints
than just $\Sigma \delta(a,f) \leqslant 2$. One striking result in this direction is a sharp theorem due to Weitsman.
<u>Weitsman's Theorem</u> [32]. If f has finite lower order then

$$\sum_a \delta(a,f)^{1/3} < \infty \ .$$

Fuchs had proved convergence when $1/3$ is replaced by
$1/2$, thereby confirming in stronger form a conjecture of
Teichmüller. Hayman had proved convergence with any exponent
$\alpha > 1/3$ and for given $\alpha < 1/3$ had found examples for which
divergence occurs. Weitsman's proof combines in very clever
fashions estimates from Nevanlinna theory together with some
involving length-area, harmonic measure, and Green's functions.

In case f is <u>entire</u> it is known that convergence
occurs with any positive exponent. Arakelyan [Ar] conjec-
tures the following result which, if true, would be essentially best possible.
<u>Arakelyan's conjecture</u>. If f is an entire function of
finite order, then

$$\sum \left[\log \frac{e}{\delta(a,f)} \right]^{-1} < \infty \ .$$

<u>Functions of small lower order</u>. For functions of lower order

$\lambda < 1$ Edrei has shown that the "2" in the defect relation can be reduced.

<u>Edrei's Theorem</u> [13]. $\Sigma\delta(a,f) \leqslant 1$, if $0 \leqslant \lambda \leqslant 1/2$,

$$\Sigma\delta(a,f) \leqslant 2-\sin \pi\lambda, \text{ if } 1/2 \leqslant \lambda \leqslant 1 .$$

If f is any entire function then $\delta(\infty,f) = 1$, while the Lindelöf function $f(z) = \prod_{n=1}^{\infty} (1-z/n^{1/\lambda})$,

$1/2 \leqslant \lambda < 1$, has $\delta(\infty,f) = 1$, $\delta(0,f) = 1-\sin \pi\lambda$. Thus, Edrei's bounds are sharp.

Edrei proved the result involving $\lambda \leqslant 1/2$ in 1965 and conjectured there the result about $1/2 \leqslant \lambda < 1$. His proof for the case $1/2 \leqslant \lambda < 1$ is based on the "spread relation". If $\delta(a,f) > 0$ then, by the definitions, f must often be close to a on circles $|z| = r$. How often? The spread relation provides a quantitative answer to this question. Fix a positive function $\Lambda(r)$ satisfying $\Lambda(r) \uparrow \infty$ and $\Lambda(r) = o(T(r))$. Define

$$E(r,a) = \{\theta : \log|f(re^{i\theta})-a| < -\Lambda(r)\} , \quad a \in \mathbb{C} ,$$

$$E(r,\infty) = \{\theta: \log|f(re^{i\theta})| > \Lambda(r)\} .$$

<u>Spread Relation</u>. There exists a sequence $r_n \uparrow \infty$, depending only on f , such that for every $a \in \mathbb{C}^*$,

$$\liminf_{r \to \infty} \text{ meas } E(r_n,a) \geqslant \min\{2\pi, \frac{4}{\lambda}\sin^{-1}(\frac{\delta(a)}{2})^{1/2}\} .$$

Examples exist showing that the bounds are sharp. The sequence $\{r_n\}$ can be taken to be a sequence of "Pólya peaks" for f .

The spread relation had been conjectured in weaker form by Teichmüller in 1939 and, independently and in its present form, by Edrei in 1965. It was proved by the author in 1973 [4].

If $a \neq b$ then $E(r,a)$ and $E(r,b)$ are disjoint for large r . For $1/2 \leqslant \lambda < 1$ the spread relation thus implies $\Sigma \sin^{-1}(\frac{\delta(a)}{2})^{1/2} \leqslant (2\pi) \frac{\lambda}{4}$. An elementary maximization argument leads from here to Edrei's theorem.

In order to prove the spread relation the author introduced a new auxiliary function $T^*(z)$, defined for $\mathrm{Im}\ z \geqslant o$, as follows,

$$T^*(re^{i\theta}) = \sup_E \int_E \log|f(re^{i\theta})|\,d\varphi + N(r,\infty) \ ,$$

where the supremum is taken over all sets $E \subset [0,2\pi]$ with measure exactly 2θ . This function includes some of the Nevanlinna functionals as special cases:

$$T^*(r) = N(r,\infty) \ , \ T^*(re^{i\pi}) = N(r,o) \ , \ \text{when} \quad f(o) = 1,$$

$$\max_\theta T^*(re^{i\theta}) = T(r) \quad .$$

A key property of T^* is that T^* <u>is subharmonic in the upper half plane</u>. To prove the spread relation, one compares $T^*(z,f)$ with $T^*(z,g)$, where g is a certain meromorphic function for which the spread relation holds with equality and for which $T^*(z,g)$ is <u>harmonic</u> in a certain angle.

Subharmonicity of the $*$-function turns out to be useful in other branches of function theory as well. A survey of these results is in [5].

Returning now to Edrei's theorem, one can ask what happens when $1 \leqslant \lambda < \infty$. If λ is a positive integer then $f(z) = \exp(z^\lambda)$ shows that $\Sigma\delta(a) = 2$. If $\lambda = n + 1/2$, where n is a positive integer, then somewhat more exotic examples mentioned below show that $\Sigma\delta(a) = 2$ is possible again. Very recently, Drasin [10] has shown that integers and half-integers are the only possibilities, at least for functions of finite <u>order</u> ϱ : if $\Sigma\delta(a) = 2$ and $\varrho < \infty$, then $\varrho \in \{1,3/2,2,5/2,\dots\}$. However, no upper bound $B(\varrho) < 2$ is known for $\Sigma\delta(a)$ when $\varrho > 1$ and $\varrho \notin \{1,3/2,2,\dots\}$. To find the best $B(\varrho)$, or any good $B(\varrho)$, is one of the most interesting open problems of the theory. Drasin and Weitsman [12] construct examples g_ϱ , of order ϱ , which they conjecture are extremal.

<u>Drasin-Weitsman Conjecture</u>. If f has order ϱ , then

$$\Sigma\delta(a,f) \leqslant \Sigma\delta(a,g_\varrho) \ .$$

<u>Functions for which</u> $\Sigma\delta(a) = 2$. A longstanding open problem, proposed by F. Nevanlinna in 1929, was to determine the nature of the functions of finite order for which the defect relation holds with equality. In [22], see [14], F. Nevanlinna studied functions f which are <u>locally univalent in</u> $\mathbb{C}$. In this case the Schwarzian derivative $S(z)$ of f is entire. R. Nevanlinna's lemma on the logarithmic derivative implies that S is a <u>polynomial</u> when f has finite order. Moreover , f has the form w_1/w_2 , where w_1, w_2 are linearly independent solutions of

$$w'' + S(z)w = 0 .$$

Making use of earlier work of Hille, F. Nevanlinna was able to describe the asymptotic behavior of f . He found that

- (a) The order of f is an integer on half-integer ≥ 1.
- (b) Each defect is rational.
- (c) The number of defects is $\leq 2\varrho$.
- (d) $\Sigma\delta(a) = 2$.

Now functions which satisfy (d) have comparatively few multiple values, so it seems plausible that such functions should behave asymptotically like the locally univalent ones. This led Nevanlinna to conjecture that functions of finite order which satisfy (d) should also satisfy (a),(b), and (c).

Weitsman [31] proved in 1969 that (d) → (c). Then Drasin [9] proved in 1981 that (d) → (b). Finally, Drasin [10] has just recently completely settled F. Nevanlinna's conjecture by showing that (d) → (a). This is a tour-de-force of both technique and imagination, involving, among other things, Pólya peaks, Ahlfors's theory of covering surfaces, quasiconformal modifications and approximations of the Schwarzian in a certain $L^{1/2}$ norm. It is a rich new contribution to a rich classic subject.

References

[1] Ahlfors, L.V.: The theory of meromorphic curves. -
     Acta Soc. Sci. Fennicae. Nova Ser. A 3:4,
     1941, 1-31.

[2] Anderson, J.M., Barth, K.F., and Brannan, D.A.:
     Research Problems in Complex Analysis, Bull.
     London Math. Soc. 9(1977), 129-162.

[3] Arakeljan, N.U.: Entire functions of finite order with
     an infinite set of deficient values. - Dokl.
     Akad. Nauk SSSR 170 (1966),999-1002 (Russian).

[4] Baernstein, A., II: Proof of Edrei's spread conjecture.
     Proc. London Math. Soc. (3) 26(1973), 418-434.

[5] Baernstein, A., II: How the $*$-function solves extremal
     problems, Proceedings of the International
     Congress of Mathematicians, Helsinki 1978,
     639-644.

[6] Brannan, D.A., and Clunie, J.G., eds.: Aspects of
     Contemporary Complex Analysis, Academic Press
     London, 1980.

[7] Clunie,J.G. and Hayman, W.K., eds.: Symposium on
     Complex Analysis, Canterbury, 1973, University
     Press, Cambridge, 1974.

[8] Drasin, D.: The inverse problem of the Nevanlinna
     theory. Acta. Math. 138 (1977), 83-151.

[9] Drasin, D.: Quasi-conformal modifications of functions
     having deficiency sum two. Annals of Math. 114
     (1981), 493-518.

[10] Drasin, D.: Proof of a conjecture of F. Nevanlinna
     concerning functions which have deficiency sum
     two, preprint.

[11] Drasin, D. and Hayman, W.K., preprint.

[12] Drasin, D. and Weitsman, A.: Meromorphic functions
     with large sums of deficiencies. Adv. in Math. 15
     (1975), 93-126.

[13] Edrei, A.: Solution of the deficiency problem for func-
     tions of small lower order. Proc. London Math.
     Soc. (3)26 (1973), 435-445.

[14] Fuchs, W.H.J.: Topics in Nevanlinna Theory, in Procee-
     dings of the NRL Conference on Classical Func-
     tion Theory, F. Gross, Ed., NRL, Washington, D.C.,
     1970 .

[15] Fuchs, W.H.J.: The development of the theory of de-
     ficient values since Nevanlinna, Ann. Acad. Sci.
     Fenn. Ser. AI Math. 7 (1982), 33-48.

[16] Hayman, W.K.: Meromorphic functions. Clarendon Press, Oxford, 1964.

[17] Hayman, W.K.: Research Problems in Function Theory, Athlone Press, London, 1967.

[18] Hayman, W.K. and Yang Lo: Growth and values of functions regular in an angle, Proc. London Math. Soc. 44(1982), 193-214.

[19] Hellerstein, S., Shen, L.C., and Williamson, J.: to appear in Trans. Amer. Math. Soc.

[20] Hille, E.: Analytic Function Theory, Vol. II, Ginn, Boston, 1962.

[21] Miles, J., preprint.

[22] Nevanlinna, F.: Ueber eine Klasse meromorpher Funktionen. C.R. Septième Congrès Math. Scand., Oslo, 1930, 81-83.

[23] Nevanlinna, R.: Zur Theorie der meromorphen Funktionen, Acta Math. 46(1925), 1-99.

[24] Nevanlinna, R.: Ueber Riemannschen Flächen mit endlich vielen Windungspunkten, Acta Math. 58(1932), 295-373.

[25] Nevanlinna, R.: Eindeutige analytische Funktionen, 2nd edition. Springer-Verlag, Berlin-Göttingen-Heidelberg, 1953.

[26] Rickman, S.: Value distribution of quasiregular mappings, in Value Distribution Theory, Springer Lecture Notes 981, Springer-Verlag, 1983.

[27] Rossi, J.: The reciprocal of an entire function of finite order and the distribution of the zeros of its second derivative, Trans. Amer. Math. Soc. 270(1982), 667-683.

[28] Shiffman, B.: Introduction to the Carlson-Griffiths equidistribution theory, in Value Distribution Theory, Springer Lecture Notes 981, Springer-Verlag, 1983.

[29] Stoll, W.: The Ahlfors-Weyl theory of meromorphic maps on parabolic manifolds, in Value Distribution Theory, Springer Lecture Notes 981, Springer-Verlag, 1983.

[30] Toppila, S.: Lecture at Oberwolfach, February 1983.

[31] Weitsman, A.: Meromorphic functions with maximal deficiency sum and a conjecture of F. Nevanlinna. Acta Math. 123 (1969), 115-139.

[32] Weitsman, A.: A theorem on Nevanlinna deficiencies. Acta Math. 128 (1972), 41-52.

[33] Weyl, H. and J.: Meromorphic Functions and Analytic Curves, Princeton Univ. Press, Princeton, 1943.

[34] Wittich, H.: Anwendungen der Wertverteilungslehre
      auf gewöhnliche Differentialgleichungen, Ann.
      Acad. Sci. Fenn. Ser. AI Math. 7(1982), 89-97.

[35] Wu, H.: <u>The Equidistribution Theory of Holomorphic
      Curves</u>, Princeton University Press, Princeton,
      1970.

Acknowlegements

The author heartily thanks the organizers of the Euler
colloquium for planning and conducting such a fine meeting.
He thanks also the Mittag-Leffler Institut, Djursholm, and
the Forschungsinstitut für Mathematik, Zürich, for their
hospitality and assistance during the preparation of this
work. This work was supported by a grant from the National
Science Foundation.

Correction

Right before the statement of Arakelyan's conjecture I asserted
that for entire functions of finite order it is known that
$\Sigma\delta(a,f)^{\alpha} < \infty$ for every $\alpha > 0$. In fact, it is apparently still an
open question whether convergence must hold for some $\alpha < 1/3$. I
thank David Drasin for calling this slip to my attention.

Washington University
Department of Mathematics
St. Louis, Missouri 63130
U.S.A.

SOME RECENT APPLICATIONS OF FUNCTIONAL ANALYSIS
TO APPROXIMATION THEORY

P. L. Butzer

1.   Introduction

A major portion of approximation theory is concerned with the
approximation of functions by polynomials or by sequences $\{T_n\}$ of linear
operators, more specifically with the connections between the structural
properties of the function f being approximated and the _convergence_ per
se and/or _rate_ of convergence of $\|T_n(f) - f\|$ to zero for $n \to \infty$. In partic-
ular, the wide area of approximation theory and its applications is de-
voted to the convergence per se and the rate of vonvergence of, for
example, (a) the best trigonometric approximation of a given function,
(b) the partial sums of the Fourier series of a function to the function
itself, (c) the solution of Dirichlet's problem for the unit disk to the
given boundary value, (d) the Whittaker - Shannon sampling series expansion of a duration-limited function to the function in question, (e) the
sums occuring in the weak law of large numbers in probability theory.
Regarding the convergence per se aspect of these quite different
problems of many branches of analysis, there exists a single fundamental
theorem underlying all such results. It is one of the six cornerstone

theorems of functional analysis, namely the Banach-Steinhaus theorem on necessary and sufficient conditions guaranteeing that a sequence of bounded (sub)linear operators $\{T_n\}$ mapping a Banach space X into another Y is convergent to some limit operator T on X, i.e., $\lim_{n\to\infty} \| T_n(f) - T(f) \|_Y = 0$ for each $f \in X$.

Regarding rates of convergence, the Banach-Steinhaus theorem was equipped with rates in 1973 by Butzer, Scherer and Westphal [16] in the sense that $T_n f$ converges to Tf with a specific rate, the necessary and sufficient conditions being upon the operator norms of T_n (they may be unbounded) and a Jackson-type inequality for T_n. From the point of view of the applications this theorem turns out to be a _direct_ approximation theorem, a derivation of estimates for the rate of convergence in terms of structural (smoothness) properties of the function being approximated. Then in 1981 R.J. Nessel together with his collaborator W. Dickmeis [21, 22] produced an extremely powerful theorem concerning the sharpness of error bounds, to the effect that if the rate of approximation given by a direct theorem is of order $O(n^{-\alpha})$ for some $\alpha > 0$ say, then it cannot be improved to $o(n^{-\alpha})$ for the same class of functions. As a matter of fact, their general theorem is a deep generalization of the uniform boundedness principle of functional analysis to a form equipped with rates, the classical version of which states that if the operator norms $\| T_n \|$ diverge, then there exists an element $f_0 \in X$ such that $\| T_n f_0 \|$ is unbounded. Since an immediate application of this classical principle yields the Paul du Bois-Reymond theorem of 1876 on the existence of a continuous function such that its Fourier series does not converge, the Dickmeis-Nessel theorem may be regarded as an extension of the du Bois-Reymond result to a version with rates for operators acting on a Banach space.

The aim of this paper is to give a short report on the foregoing general theorems on linear operators and their applications to the various topics mentioned so far. One could equally well apply them to (i) alge - braic best approximation, (ii) approximation by Bernstein polynomials or related operators as those of Szasz-Mirakjan, (iii) Lagrange interpolation (iv) orthogonal expansions according to Jacobi polynomials, (v) the mean ergodic theoem for Cesàro or Abel averages, (vi) the solution of partial differential equations other than the potential equation, (vii) Lax equi - valence theorem of numerical analysis, (viii) error estimates of inte - grals by quadrature formulae. So our purpose is not to try to be ency - clopedic or survey the subject as our paper [6] of 1978, due to restrictions on space, but to emphasize the simplicity, generality, and sharpness of the heterogeneous applications that are deducible from basically two general theorems. Parts of the applications treated in Sections 5 and 6 are new. Most of the further applications not dealt with here can be found in recent papers by Dickmeis and Nessel [23 , 24 , 25]; their papers [23, 24] are survey reports.

A modern trend in approximation theory is said to be multivariate approximation. Since the general theorems are even valid in a general Banach space frame, the applications could have been given in an n-dimensional setting; in order not to spoil the beauty of the results and simplicity of presentation with cumbersome notations this is not done so. Applications are probably also possible to spline approximation; hope - fully the former Aachen students and experts in splines, Wolfgang Dahmen (Bielefeld) and Karl Scherer (Bonn), will tackle the matter.

Since this paper is being presented at an Euler conference, it gives one an opportunity to pick out some distinctive applications which can ultimately be traced backed to him. However, since the author is no expert on the mathematics of Euler, the few historical remarks may just recall well-known facts.

2. General Approximation Theorems in a Banach Space Setting

Throughout let X be a Banach space, Y a normed linear space, and $S = S[X,Y]$ the space of all bounded, sublinear operators T mapping X into Y, sublinear in the sense that

$$\| T(f+g)\|_Y \leq \| Tf\|_Y + \| Tg\|_Y \,, \| T(\alpha f)\|_Y = \alpha\| Tf\|_Y$$

for all $f,g \in X$, $\alpha \geq 0$, bounded in the sense that the operator norm

$$\|T\|_S := \sup_{f \neq 0} \| T f\|_Y / \| f\|_X$$

is finite. If the operators are linear, then $S[X,Y]$ is denoted by $[X,Y]$. Let U be a dense linear subset of X with seminorm $|\cdot|_U$. Finally, $\mathbb{N} = \{1,2,\ldots\}$, and c will be a constant which may be different at each occurrence.

2.1   The Banach-Steinhaus Theorem with Rates

The classical Banach-Steinhaus theorem (= BST) on the convergence of the sequence $\{T_n\}_{n \in \mathbb{N}} \subset S[X,Y]$ to some limiting operator $T \in S[X,Y]$, formulated in terms of the remainders $R_n := T_n - T \in S[X,Y]$, states

Theorem 1 (BST). *The sequence* $\{R_n\}_{n \in \mathbb{N}} \subset S[X,Y]$ *is (strongly) convergent to zero, i.e.,*

$$(A) \qquad \| R_n f \|_Y = o_f(1) \qquad (f \in X),$$

if and only if for $n \to \infty$

$$(B) \qquad \begin{array}{ll} (i) & \| R_n \|_S = O(1), \\[2mm] (ii) & \| R_n g \|_Y = o_g(1) \qquad (g \in U). \end{array}$$

The implication $(B) \Rightarrow (A)$, the proof of which follows readily via closure, will serve as a test   for convergence in the applications, while the difficult direction $(A) \Rightarrow (B)$, which is based upon the uniform boundedness principle (= UBP), will serve as a test of non-convergence. The UBP states

UBP^1. *Let* $\{R_n\}_{n \in \mathbb{N}} \subset S[X,Y]$. *Then*

$$\| R_n f \|_Y = O_f(1) \; \forall f \in X \Rightarrow \| R_n \|_S = O(1).$$

Thus the strong boundedness of the operator sequence $\{R_n\}_{n \in \mathbb{N}}$ for each $f \in X$ implies the boundedness of this sequence, uniformly with respect to the unit ball of X. Suitable for our purposes is the following equivalent, second version. It is nothing but the negation of UBP^1, showing that the UBP can actually be regarded as a test of non-convergence.

UBP^2. *Let* $R_n \in S[X,Y]$. *If*

$$\limsup_{n \to \infty} \| R_n \|_S = \infty, \tag{2.1}$$

then there exists a function $f_0 \in X$ *for which*

$$\lim_{n \to \infty} \sup \| R_n f_0 \|_Y = \infty . \qquad (2.2)$$

There also exists a third equivalent version. It will help to motivate our UBP in the form equipped with rates.

<u>Theorem 2</u> (UBP[3]). <u>Suppose there exist elements</u> $h_n \in X$ <u>such that</u>

$$(i) \quad \| h_n \|_X \leqslant c_1 \qquad\qquad (n \in \mathbb{N})$$

$$(2.3)$$

$$(ii) \quad \lim_{n \to \infty} \sup \| R_n h_n \|_Y = \infty .$$

<u>Then</u> <u>there</u> <u>exists</u> $f_0 \in X$ <u>such</u> <u>that</u> (2.2) <u>holds</u> <u>true</u>.

There are essentially two methods of proof of the UBP: the elegant Baire category argument (of Banach and Steinhaus of 1927), the less-common "gliding hump" method (developed in classical terms by Riemann, Hankel, Cantor, Weierstrass, P. du Bois-Reymond, H.A. Schwarz, and in the abstract setting by Helly, Banach and Hahn).

Now in order to study the <u>rate</u> with which $T_n f$ tends to $T f$ in the Y-norm for $n \to \infty$, the concept of a measure of smoothness in Banach spaces well be needed. In the case of the space $C_{2\pi}$ of 2π-periodic continuous functions defined on the axis $\mathbb{R}$, endowed with the norm $\| f \|_{C_{2\pi}} :=$ $\sup_{x \in \mathbb{R}} | f(x) |$, a standard measure is given by the r th modulus of continuity of $f \in C_{2\pi}$, defined by

$$\omega_r(t,f;C_{2\pi}) := \sup_{0 \leqslant h \leqslant t} \| \sum_{k=0}^{r} (-1)^{r-k} \binom{r}{k} f(x+kh) \|_{C_{2\pi}} \qquad (t \geqslant 0) . \qquad (2.4)$$

Its counterpart for an arbitrary B-space with $U \subset X$ is given by the K-functional of $f \in X$, defined for all $t \geqslant 0$ by

$$K(t,f) := K(t,f;X,U) := \inf_{g \in U} \{ \| f-g \|_X + t |g|_U \} .$$

It is known that $K(t,f)$ is a continuous monotone increasing and subadditive function of t for each $f \in X$ with $\lim_{t \to 0+} K(t,f) = 0$, $f \in X$, having the further basic properties

$$K(t,f) \leqslant \| f \|_X \quad (f \in X) , \quad K(t,g) \leqslant t |g| \quad (g \in U) , \qquad (2.5)$$

just like $\omega_r(t,f;C_{2\pi})$. This functional is even equivalent to the modulus of continuity in the case of many concrete B - spaces. Indeed, for $X = Y = C_{2\pi}$ one may take $U = C_{2\pi}^{(r)}$, the subset of r-times continuously differentiable functions with seminorm $|g|_U := \| g^{(r)} \|_{C_{2\pi}}$. Then there are constants a_r, a_r', independent of $f \in C_{2\pi}$ and $t \geqslant 0$, such that

$$a_r\, \omega_r(t,f;C_{2\pi}) \leqslant K(t^r,f;C_{2\pi},C_{2\pi}^{(r)}) \leqslant a_r'\, \omega_r(t,f;C_{2\pi}) . \qquad (2.6)$$

Associated with the modulus of continuity is the generalized Lipschitz class, defined for $0 < \alpha \leqslant 1$, $r \in \mathbb{N}$ by

$$\mathrm{Lip}(\alpha r,r;C_{2\pi}) := \{ f \in C_{2\pi} ; \omega_r(t,f;C_{2\pi}) = O(t^{\alpha r}) , t \to 0 + \} ,$$

its counterpart in the abstract setting being

$$X_\alpha := \{ f \in X ; K(t,f;X,U) = O(t^\alpha) , t \to 0 + \} .$$

Note that the familiy $\{K(t,f;X,U)\}_{t>0}$ is saturated on X with order $O(t)$, meaning that this order is best possible in sense that if $K(t,f) = o(t)$, $t \to 0 +$, then f is a trivial element ($|f|_U = 0$ here). So the class X_α is meaningful only for $0 < \alpha \leqslant 1$. This corresponds to the fact that $\omega_r(t,f;C_{2\pi})$ is saturated on $C_{2\pi}$ with oder $O(t^r)$.

The BST with rates that we aimed for is the following one. It is a normed linear space version of a form first given for locally convex spaces in Butzer - Scherer - Westphal [16]. See also [20] for a refinement .

Theorem 3 (BST with Rates). __Let__ $\{R_n\}_{n \in \mathbb{N}} \subset S[X,Y]$, __and let__ $\{\varphi_n\}_{n \in \mathbb{N}}$, $\{\psi_n\}_{n \in \mathbb{N}}$ __be two sequences of reals with__ $0 < \varphi \searrow 0$, $0 < \psi_n \nearrow$ __for__ $n \to \infty$. __Then__

(a) $\qquad\qquad \| R_n f \|_Y \leqslant A_1\, \psi_n\, K(\varphi_n,f;X,U) \qquad\qquad (f \in X)$

__if and only if__

(b) $\quad$ (i) $\quad \| R_n \|_S \leqslant A_2\, \psi_n \qquad\qquad\qquad\qquad (n \in \mathbb{N})$,

$\qquad\quad$ (ii) $\quad \| R_n g \|_Y \leqslant A_3\, \psi_n\, \varphi_n |g|_U \qquad\qquad\quad (g \in U)$,

the constants A_i being independent of f and n.

In comparison with Thm.1, the stability condition (B)(i) is here replaced by (the weaker) (b)(i), thus stability of order ψ_n, and (B)(ii) by the (sharper) Jackson-type inequality (b)(ii),whereas the assertion concerning the simple convergence (A) on X is replaced by the (sharper) rate of convergence (a). So Thm. 3 can be interpreted as a BST with rates as follows: Set $\psi_n = 1$, $n \in \mathbb{N}$, $\varphi_n \to 0$ as $n \to \infty$. Then statements (a) and (b) take on the forms (a) $\| R_n f \|_Y \leq A_1 K(\varphi_n, f; X, U)$, $f \in X$, (b)(i) $\| R_n \|_S \leq A_2$, (ii) $\| R_n g \|_Y \leq A_3 \varphi_n |g|_U$, $g \in U$. Since the right-hand sides of (a) and (b)(ii) tend to zero for $n \to \infty$, statements (a) and (b) "contain" those of (A) and (B).

The direction (b) $\Rightarrow$ (a) of Thm. 3 is a <u>direct</u> approximation theorem, namely one that infers rates of convergence from a given smoothness property upon the function. This direction, which corresponds to the situation when the BST will serve as a convergence test and is the only one of practical interest, is easy to prove. Indeed, for any $f \in X$, $g \in U$

$$\| R_n f \|_Y \leq \| R_n (f-g) \|_Y + \| R_n g \|_Y \leq A_2 \psi_n \| f-g \|_X + A_3 \psi_n \varphi_n |g|_U$$

$$\leq \max\{A_2, A_3\} \psi_n K\{\varphi_n, f; X, U\} .$$

So if $f \in X_\alpha$, $0 < \alpha \leq 1$, the direction (b) $\Rightarrow$ (a) implies that $\| R_n f \|_Y = O(\psi_n \varphi_n^\alpha)$.

2.2   The Uniform Boundedness Principle with Rates

The deep direction of the BST, namely (A) $\Rightarrow$ (B), the proof of which is based on the UBP, suggests to try to equip the UBP itself with rates. The result to follow in this respect is a somewhat specialized version of a deep, general, but still very practical theorem due to W. Dickmeis and R.J. Nessel [21, 22], and applied by them to a variety of applications in various branches of analysis in the past three years [23, 24, 25]. It reads

<u>Theorem 4</u> (UBP with o - Rates). <u>Let</u> $\{R_n\}_{n \in \mathbb{N}} \subset S[X,Y]$ <u>and</u> $\{\varphi_n\}_{n \in \mathbb{N}} \in \mathbb{R}$ <u>with</u> $0 < \varphi_n \searrow 0$. <u>Suppose there exists a sequence of elements</u> $\{h_n\}_{n \in \mathbb{N}} \subset U \subset X$ <u>such that for all</u> $n \in \mathbb{N}$

$$
\left.
\begin{array}{lll}
\text{(i)} & \| h_n \|_X \leq c_1 & (n \in \mathbb{N}) \\[2ex]
\text{(ii)} & \displaystyle\limsup_{n \to \infty} \| R_n h_n \|_Y > 0 & \\[2ex]
\text{(iii)} & |h_n|_U \leq c_2/\varphi_n & (n \in \mathbb{N}).
\end{array}
\right\} \qquad (2.7)
$$

Then for each $0 < \alpha < 1$ <u>there exists</u> $f_\alpha \in X_\alpha$ <u>such that</u>

$$\limsup_{n \to \infty} \varphi_n^{-\alpha} \, \| R_n f_\alpha \|_Y > 0 \, ,$$

i.e., $\| R_n f_\alpha \|_Y \neq o(\varphi_n^\alpha) \, , \, n \to \infty \, .$

The hypotheses of Thm. 4 should be compared with those of Thm. 2. Here the elements h_n are assumed to belong to the "smooth" subspace U of X, hypothesis (2.3)(ii) is replaced by (the weaker) (2.7)(ii)', and there is an additional hypothesis, namely (2.7)(iii); it is a (weak) Bernstein-type inequality (of order φ_n^{-1}). Obviously (2.7)(i) together with the (strong) Bernstein-type inequality $|h_n|_U \leqslant \varphi_n^{-1} \| h_n \|_X$ imply (2.7) (iii). It is important that a sequence $\{h_n\}$ be found which satisfies the three hypotheses (i),(ii)',(iii) simultaneously.

Note that the two limiting cases $\alpha = 0$ and $\alpha = 1$ are excluded by counterexamples.

The role of Thm. 4 is as follows: Given a direct approximation assertion in the form that $\| R_n f \|$ tends to zero with rate $\mathit{O}_f(\psi_n \varphi_n^\alpha)$ for any $f \in X_\alpha$, like Thm. 3 (b) $\Rightarrow$ (a), then Thm. 4 yields that this rate cannot in general be improved to $o_f(\psi_n \varphi_n^\alpha)$. Thus Thm. 4 is basically a negative assertion concerned with the sharpness of error bounds for classes of functions. It is a test for non-convergence, however equipped with rates.

There is also a UBP with large O rates which is an even more direct extension of Thm. 2 to one with rates: the same two hypotheses (2.3)(i),(ii) are assumed except that the h_n should belong to U and satisfy in addition the Bernstein-type inequality (2.7)(iii). It states

<u>Theorem 5</u> (UBP with O - Rates). <u>Assume that the assumptions of Thm. 4 are</u> <u>satisfied except for fact that</u> (2.3)(ii) <u>is not replaced by</u> (2.7)(ii)' <u>but satiesfied for</u> $h_n \in U$. <u>Then for each</u> $0 \leqslant \alpha \leqslant 1$ <u>there exists</u> $f_\alpha \in X_\alpha$ <u>such that</u>

$$\limsup_{n \to \infty} \varphi_n^{-\alpha} \| R_n f_\alpha \|_Y = \infty \, , \quad \text{i.e.,} \quad \| R_n f_\alpha \|_Y \neq \mathit{O}(\varphi_n^\alpha) \, .$$

Note that the case $\alpha = 0$, $U = X$ with $|\cdot|_U = \| \cdot \|_X$, corresponds exactly to the classical UBP in form of Thm. 2. In fact, then $X_\alpha = X$, and condition (2.7)(iii) is satisfied automatically for any sequence $0 < \varphi_n \searrow 0$, since $|h_n|_U = \| h_n \|_X \leqslant c_1$ by (2.7)(i). So the hypotheses and conclusions of both theorems become identical. However, Thm. 5 will not be applied in this paper.

Concerning proofs of Thms. 4 and 5, let me just mention that Baire category arguments do not seem to suffice but that the more intricate yet more constructive gliding hump methods have to be employed, however in a form equipped with rates; for details the reader may see [21, 25].

Let us finallly emphasize that it is not only the parallel appearance of the hypotheses and conclusions of Thms. 3 - 5 which justifies-calling theorems of this type as BST and UBP with rates but it is also their possible applications. This will be seen in the next sections.

3. Trigonometric Approximation

3.1 Partial Sums of Fourier Series

The applicability of the general theorems presented can easily be judged by considering one of the most typical examples, namely the n th partial sum of the trigonometric Fourier series of $f \in C_{2\pi}$,

$$f(x) \sim \sum_{k=-\infty}^{\infty} f^{\wedge}(k)e^{ikx} \; , \; f^{\wedge}(k) := \frac{1}{2\pi} \int_{-\pi}^{\pi} f(u)e^{-iku} \, du \; , \qquad (3.1)$$

denoted by $(S_n f)(x) := \sum_{k=n}^{n} f^{\wedge}(k)e^{ikx}$, $n \in \mathbb{N}$.

The first mathematicians to consider Fourier series were d'Alembert, Nicholas and Daniel Bernoulli, Clairaut, and Euler; but Euler had priority rights. Indeed, in his letter to d'Alembert of 1747, in trying to solve the wave equation $\partial^2 y/\partial x^2 = \partial^2 y/\partial t^2$ with the boundary conditions $y(o,t) = y(L,t) = 0$ for all t and initial condition $y(x,0) = 0$ for all x, studied by d'Alembert early 1747, Euler (cf. [27 , p. 8], [38, p.250], [29, p. 507]) considered the (sine) series $\sum \alpha_n \sin(n\pi x/L)$; whether the series is finite or infinite is not clear. As early as 1729 (extended in 1747, published in 1753), Euler had already obtained trigonometric series representations of functions in studying the interpolation of functions [29, p. 456]. Euler obtained the so-called Fourier coefficients $f^{\wedge}(k)$ by using the orthogonality of the trigonometric functions in 1777 (cf. [5; p. 923].[29 , p. 459]). See also [30],[31].

The linear operators $S_n \in [C_{2\pi}] := [C_{2\pi}, C_{2\pi}]$ satisfy the inequalities

$$\| S_n \|_{[C_{2\pi}]} \cong \log n^{*)} \; ; \; \| S_n f - f \|_{C_{2\pi}} \le c_1 \frac{\log n}{n^r} \| f^{(r)} \|_{C_{2\pi}} \tag{3.2}$$

for $f \in C_{2\pi}^{(r)}$. The second inequality follows by (cf. [12, p. 105])

$$\| S_n f - f \|_{C_{2\pi}} \le (1 + \| S_n \|_{[C_{2\pi}]}) \, E_n(f; C_{2\pi}) \, ,$$

$E_n(f; C_{2\pi})$ being the best approximation of $f \in C_{2\pi}$ by $t_n(x) \in \Pi_n$, the set of all trigonometric polynomials of degree $\le n$, i.e.,

$$E_n(f; C_{2\pi}) = \inf_{t_n \in \Pi_n} \| f - t_n \|_{C_{2\pi}} \tag{3.3}$$

as well as by the Jackson inequality (cf. [12, p. 97], [11, p. 88])

$$E_n(f; C_{2\pi}) \le \frac{c_2}{n^r} \| f^{(r)} \|_{C_{2\pi}} \qquad (f \in C_{2\pi}^{(r)}) \, . \tag{3.4}$$

To begin with, choose $X = Y = C_{2\pi}$ with $T_n = S_n$, $T = I (= $ identity$)$. Then the UBP^2 with $R_n = T_n - T$ immediately recovers the famous result of Paul du Bois-Reymond (1876): <u>There exists a function f_0 belonging to $C_{2\pi}$ for which the Fourier series dies not converge.</u>

Theorem 3 and 4 will furnish the following results on the rate of convergence of $S_n f$ to f.

<u>Proposition</u> 1. a) <u>If</u> $f \in C_{2\pi}$, <u>then</u>

$$\Delta(S_n, f) := \| S_n f - f \|_{C_{2\pi}} \le c \log n \, \omega_r(n^{-1}, f; C_{2\pi}) \, .$$

<u>In particular, if</u> $f \in \text{Lip}(\alpha r, r, C_{2\pi})$, $0 < \alpha \le 1$, <u>then</u> $\Delta(S_n, f) = 0_f(n^{-\alpha r} \log n)$.
b) <u>The assertion of part</u> a) <u>is sharp for</u> $0 < \alpha < 1$ <u>in the sense that there</u> <u>exists a function</u> $f_\alpha \in \text{Lip}(\alpha r, r; C_{2\pi})$ <u>such that</u>

$$\limsup_{n \to \infty} \frac{n^{\alpha r}}{\log n} \, \Delta(S_n, f_\alpha) > 0 \, , \tag{3.5}$$

<u>in other words, such that</u> $\Delta(S_n, f_\alpha) \ne o(n^{-\alpha r} \log n)$, $n \to \infty$.

---

*) This means there exist constants $a_1, a_2 > 0$ such that
$a_1 \log n \le \| S_n \| \le a_2 \log n$.

Indeed, taking $\psi_n = \log n$, $\varphi_n = n^{-r}$, $U = C_{2\pi}^{(r)}$ and $|f|_U = \| f^{(r)} \|_{C_{2\pi}}$, then part a) follows from Thm. 3 (b) $\Rightarrow$ (a) in view of the inequalities (3.2), noting that $K(n^{-r}, f; C_{2\pi}, C_{2\pi}^{(r)})$ can be estimated from above by $\omega_r(n^{-1}, f; C_{2\pi})$ (recall (2.6)). Concerning b), apply Thm. 4 now to $R_n = (S_n - I)/\log n \in [C_{2\pi}]$. Since $\| S_n \|_{[C_{2\pi}]} \geq a_1 \log n$, there exist $f_n \in C_{2\pi}$ such that $\| f_n \|_{C_{2\pi}} = 1$ and $\| S_n f_n \|_{C_{2\pi}} \geq c' \log n$. Then choose $h_n = V_n f_n$, where $V_n := (1/n) \sum_{k=n+1}^{2n} S_k$ are the standard delayed means of de La Valleé Poussin. Now $\| h_n \|_{C_{2\pi}} \leq \| V_n \|_{[C_{2\pi}]} \| f_n \|_{C_{2\pi}} \leq 3$, $h_n \in \Pi_{2n}$, so that $|h_n|_U \leq (2n)^r \| h_n \|_{C_{2\pi}} \leq 3 \cdot 2^r n^r$ by Bernstein's inequality. Therefore conditions (2.7)(i),(iii) are indeed satisfied. Concerning (ii)', note that $S_n V_n f_n = V_n S_n f_n = S_n f_n$, so that

$$\| R_n h_n \|_{C_{2\pi}} = \| S_n V_n f_n - V_n f_n \|_{C_{2\pi}} / \log n$$

$$\geq [\| S_n f_n \|_{C_{2\pi}} - \| V_n f_n \|_{C_{2\pi}}] / \log n \geq c'' > 0$$

(for n sufficiently large). This implies (2.7)(ii)'. Hence there exists $f_\alpha \in X_\alpha$ such that (3.5) holds. But $f_\alpha \in X_\alpha$ iff $\omega_r(t, f; C_{2\pi}) = O(t^{r\alpha})$, which completes the proof.

Prop. 1 is due to H. Lebesgue (1910) who used a specific gliding hump method (which also delivers that part b) is sharp for $\alpha = 1$). The present approach, which follows [21], [23], also works for the space $L_{2\pi}^1$.

3.2 Best Trigonometric Approximation in $C_{2\pi}$.

It is obvious that $E_n(f; C_{2\pi})$, as given by (3.3), defines a sublinear, bounded functional on $C_{2\pi}$ for which $E_n(f; C_{2\pi}) \leq \| f \|_{C_{2\pi}}$ as well as the classical Jackson - inequality (3.4) holds. So we may apply the general theorems with $X = C_{2\pi}$, $Y = \mathbb{R}$, $U = C_{2\pi}^{(r)}$, $R_n f := E_n(f; C_{2\pi})$, $\varphi_n = n^{-r}$ for which $R_n \in S[C_{2\pi}, \mathbb{R}]$ and $\| R_n \|_S \leq 1$. Concerning the rate of approximation of $E_n(f; C_{2\pi})$, we have

<u>Proposition 2.</u> a) <u>If</u> $f \in C_{2\pi}$, <u>then</u>

$$E_n(f; C_{2\pi}) \leq c\, \omega_r(\tfrac{1}{n}, f; C_{2\pi}) .$$

In particular, if $f \in Lip(\alpha r, r); C_{2\pi})$, $0 < \alpha \leq 1$, $r \in \mathbb{N}$ then $E_n(f; C_{2\pi}) = O_f(n^{-\alpha r})$.

b) For each $0 < \alpha < 1$ there exists a function $f_\alpha \in Lip(\alpha r, r; C_{2\pi})$ such that $E_n(f_\alpha, C_{2\pi}) \neq o(n^{-\alpha r})$ for $n \to \infty$.

Part a) follows by Thm 3 (b) $\Rightarrow$ (a) since $E_n(f, C_{2\pi}) \leq c K(n^{-r}, f; C_{2\pi}, C_{2\pi}^{(r)})$. Regarding b), choose $h_n(x) = \cos(n+1)x$. Then (2.7), (i) (iii) are satisfied (again) with $\varphi_n = n^{-r}$. Now let $g \in C_{2\pi}$, $t_n \in \Pi_n$ be arbitrary. Then

$$|g^{\wedge}(n+1)| = \left| \frac{1}{2\pi} \int_{-\pi}^{\pi} [g(u) - t_n(u)] e^{-i(n+1)u} du \right|$$

$$\leq \| g - t_n \|_{C_{2\pi}} \leq E_n(g, C_{2\pi}) .$$

Hence $|R_n h_n| \geq h_n^{\wedge}(n+1) = 1/2$. This implies (2.7),(ii)', and the proof ends as in Prop. 1.

Part b) of Prop. 2 is also given in [26, p. 55] with a proof that can, however, not be extended to the space $L_{2\pi}^p$, $1 \leq p < \infty$ as does that of Prop. 2; see [21] .

Prop. 2a) is also best possible in the sense of an inverse theorem, stating that $E_n(f, C_{2\pi}) = O(n^{-\alpha r})$, $r \in \mathbb{N}$, $0 < \alpha < 1$ ensures that $f \in Lip(\alpha r, r, C_{2\pi})$ (cf. [37, p. 331]). For most of the applications dealt with in this paper there does indeed exist an _inverse_ or Bernstein-type theorem, one which infers smoothness properties of the function f from the rate of convergence of $(T_n - T) f$ for $n \to \infty$. For abstract approaches to such inverse theorem see [13,14 , 15],[19,p. 238 - 76], [4] and [3]. Concerning a counterpart of Prop. 2 for algebraic best approximation for C[-1,1]-space in terms of weighted Lipschitz spaces see [7] , [36], the literature cited there, as well as [23].

4.   Dirichlet's Problem for the Unit Disk

Let us apply Abel's method of summation to the Fourier series (3.1) of $f \in C_{2\pi}$. This leads to the series

$$\sum_{k=-\infty}^{\infty} r^{|k|} \, f^{\wedge}(k) e^{ikx} \qquad\qquad (x \in \mathbb{R} \; ; \; r \in (0,1))$$

for $r \to 1-$. It may be rewritten in the form

$$U(x,r) := \frac{1}{2\pi} \int_{-\pi}^{\pi} f(x-u) p_r(u) \, du \, , \quad p_r(x) := \frac{1-r^2}{1-2r\cos x + r^2} \, ,$$

the so-called convolution (singular) integral of Abel-Poisson. Although
the foregoing method of summation is named after Poisson and Abel, who
examined it in 1820 and 1826, respectively, implied in Euler's principle
of 1755, namely that a power series expansion of a function has as its
sum the value of the function from which the series is derived, is
(according to [29, pp. 462, 1110],[5 , p. 832]) already the idea that
$\sum_{k=0}^{\infty} a_k = \lim_{r \to 1-} \sum_{k=0}^{\infty} r^k a_k$. On the other hand, Euler had shown in
1745/55 and 1773 ([5 , p. 826],[29, p. 457],[27, p. 88]) that

$$1 + 2 \sum_{k=1}^{\infty} r^k \cos k \, x = p_r(x) \qquad (|r| < 1) \, ,$$

an identity needed to determine $U(x,r)$.

Now $U(x,r)$ is the solution of Dirichlet's problem for the interior
of the unit disk in polar coordinate form,

$$\frac{\partial^2}{\partial r^2} U(x,r) + \frac{1}{r} \frac{\partial}{\partial r} U(x,r) + \frac{1}{r^2} \frac{\partial^2}{\partial x^2} U(x,r) = 0 \quad (-\pi \leqslant x \leqslant \pi \; ; \; 0 < r < 1),$$

with given distribution $f(x)$ on the boundary,

$$\lim_{r \to 1-} \| U(\cdot,r) - f(\cdot) \|_{C_{2\pi}} = 0$$

(see eg. [12, p. 284 ff.] for more precise hpyotheses).

The problem to solve here is the rate of approach of $U(x,r)$ towards
$f(x)$ on the boundary. If one replaces the parameter r by $e^{-t}, 0 \leqslant t < \infty$,
then $(U_t f)(x) := U(x, e^{-t})$ defines a semigroup $\{U_t \; ; \; t \geqslant 0\}$ of operators of
class (C_0) for which one has generally

$$\| U_t f - f \|_{C_{2\pi}} \leqslant t \| A f \|_{C_{2\pi}} \qquad (f \in \mathcal{D}(A) \; ; \; t > 0) \, , \qquad\qquad (4.1)$$

A being the infinitesimal generator of $\{U_t\}$, $\mathcal{D}(A)$ its domain (cf. [9 ,
pp. 117 ff.]). In this case A is given by $A f := = - f^{\{1\}} := - (f^{\sim})'$ (the

first Riesz derivative of f) with domain

$$C_{2\pi}^{\{1\}} := \{f \in C_{2\pi}; \ \tilde{f} \in AC_{2\pi}, (\tilde{f})' \in C_{2\pi}\},$$

where $\tilde{f}$ denotes the conjugate function of f, defined via $\tilde{f}(x) \sim \sum_{k=-\infty}^{\infty}(-i\,\text{sgn}\,k)\hat{f}(k)e^{ikx}$, and $AC_{2\pi}$ is the set of absolutely continuous periodic functions.

So by (4.1) the Jackson-type inequality reads

$$\Delta(U_t,f) := \|U_t f - f\|_{C_{2\pi}} \leq t|f|_{C_{2\pi}^{\{1\}}} \qquad (f \in C_{2\pi}^{\{1\}}) .$$

Since condition (b),(i) is satisfied in view of $\|U_t f\|_{C_{2\pi}} \leq \|f\|_{C_{2\pi}}$,Thm. 3 (b) $\Rightarrow$ (a) may be applied with $X = Y = C_{2\pi}$, $U = C_{2\pi}^{\{1\}}$ (in a version that is adapted to the continuous parameter t with $t \to 0+$) to $R_t := U_t - I$ with $\varphi_t = t$, $\psi_t = 1$. This yields

$$\Delta(U_t,f) \leq c \ K(t,f;C_{2\pi} , C_{2\pi}^{\{1\}}) .$$

Now by (2.6) one has for $0 < \alpha \leq 1$, $t \to 0+$

$$K(t,f;C_{2\pi} , C_{2\pi}^{\{1\}}) = O(t^{\alpha}) \iff \omega_1(t,\tilde{f};C_{2\pi}) = O(t^{\alpha}) , \qquad (4.2)$$

which in turn is valid iff $\omega_1(t,f;C_{2\pi}) = O(t^{\alpha})$ for $0 < \alpha < 1$,by Privalov's theorem. This establishes part (a) of

<u>Proposition</u> 3 a). <u>If $f \in \text{Lip}(\alpha,1;C_{2\pi})$ $0 < \alpha < 1$, then $\Delta(U_t,f) = O_f(t^{\alpha})$.</u>
b) <u>For each $0 < \alpha < 1$ there exists $f_\alpha \in \text{Lip}(\alpha,1;C_{2\pi})$ such that</u> $\Delta(U_t,f_\alpha) \neq o(t^{\alpha})$, $t \to 0+$.

To prove b) it suffices to consider a subsequence $t_n \to 0+$ for $n \to \infty$, namely $t_n = n^{-1}$, as well as $\varphi_{t_n} = n^{-1}$, and to choose $h_n(x) =: e^{inx} \in C_{2\pi}^{\{1\}}$ for which $h_n^{\{1\}}(x) = nh_n(x)$, $n > 0$, so that conditions (2.7),(i),(iii) are satisfied. Further,

$$\|R_{t_n} h_n\|_{C_{2\pi}} = \|U_{1/n} h_n - h_n\|_{C_{2\pi}} = \|e^{-|n|/n}h_n - h_n\|_{C_{2\pi}} = |e^{-1}-1| = c > 0 .$$

So by Thm. 4 there exists $f_\alpha \in X_\alpha$ such that $\Delta(U_t,f_\alpha) \neq o(t^{\alpha})$. Since $f_\alpha \in X_\alpha$ iff $\omega_1(t,f_\alpha;C_{2\pi}) = O(t^{\alpha})$ as above, the proof is complete.

There (also) exists an inverse theorem associated with Prop. 3 a);

it states that $\Delta(U_t, f) = O(t^\alpha)$, $0 < \alpha < 1$, implies that $f \in Lip(\alpha, 1; C_{2\pi})$ (see e.g. [9 , p. 125], [12 , p. 111]). If $\alpha = 1$, then $f \in Lip(1,1;C_{2\pi})$ implies $\Delta(U_t, f) = O(t|\log t|)$ (see [12, p. 110]). On the other hand, $\Delta(U_t, f) = O(t) \iff \tilde{f} \in Lip(1,1;C_{2\pi})$ (see [12 , p. 451], [9 , p. 118]).

5.   Whittaker - Shannon Sampling Theorem

One of the fundamental theorems of communication theory is the Whittaker - Kotel'nikov - Shannon sampling theorem according to which any signal (= function) f that is band-limited to $[-\pi W, \pi W]$, $W > 0$ (ie. function f whose Fourier transform $f^\wedge(v) := (1/\sqrt{2\pi}) \int_{\mathbb{R}} f(u)e^{-ivu} \, du$ vanishes for all $|v| > \pi W$) can be exactly reconstructed from its sampled values $f(k/W)$ taken at the nodes k/W equally spaced apart on $\mathbb{R}$ in terms of

$$f(t) = \sum_{k=-\infty}^{\infty} f(\tfrac{k}{W}) \, \text{sinc}(W t - k) \qquad (t \in \mathbb{R}) \qquad\qquad (5.1)$$

where $\text{sinc } t := (\sin \pi t)/\pi t$ for $t \neq 0$ and $\text{sinc } 0 := 1$. The basic assumptions above are that $f \in C(\mathbb{R})$ (= class of functions which are uniformly continuous and bounded on $\mathbb{R}$) and $f \in L(\mathbb{R})$ (= class of functions Lebesgue integrable over $\mathbb{R}$).

If $f(t)$ is not band-limited but time-limited, an alternative model (see eg. [17],[35]) states that f can be reconstructed from its samples approximately. More precisely, if $f \in C_1(\mathbb{R}) := \{f \in C(\mathbb{R}) \; ; f(t) = 0 \text{ all } |t| > 1\}$ - one may take $|t| > 1$ without loss of generality - and $f^\wedge(v) \in L(\mathbb{R})$ or $\lim_{\delta \to 0+} |\log \delta| \, \omega_r(\delta, f; C(\mathbb{R})) = 0$, then

$$\lim_{W \to \infty} \| (H_W f)(t) - f(t) \|_C = 0$$

uniformly in $t \in \mathbb{R}$, where ([W] = largest integer $\leqslant W$)

$$(H_W f)(t) := \sum_{k=-[W]}^{[W]} f(\tfrac{k}{W}) \, \text{sinc}(Wt - k) \, .$$

The speed of convergence of $H_W f$ to f is given by

<u>Proposition</u> 4 a) <u>If</u> $f \in C_1(\mathbb{R})$, <u>then</u>

$$\Delta(H_W, f) := \| H_W f - f \|_C \leq c \, \log W \, \omega_r \left(\tfrac{1}{W}, f; C(\mathbb{R}) \right) .$$

In particular, if $f \in \mathrm{Lip}(\alpha r, r; C(\mathbb{R})), r \in \mathbb{N}, 0 < \alpha \leq 1$, then $\Delta(H_W, f) = O_f(W^{-\alpha r} \log W)$.

b) For each $0 < \alpha < 1$ there exists $f \in \mathrm{Lip}(\alpha r, r; C(\mathbb{R}))$ such that $\Delta(H_W, f) \neq o(W^{-\alpha r} \log W)$, $W \to \infty$.

Concerning the proof of a), the operators $H_W \in [C_1(\mathbb{R}), C(\mathbb{R})]$ satisfy the "stability" condition

$$\| H_W \|_{[C_1, C]} = \sup_{t \in \mathbb{R}} \sum_{k=-[W]+1}^{[W]-1} |\operatorname{sinc}(W t - k)| \cong \log W$$

as well as the Jackson-type inequality (see [35])

$$\Delta(H_W, f) \leq c_r \, W^{-r} \log W \| f^{(r)} \|_C \qquad (f \in C_1^{(r)}(\mathbb{R})) .$$

So one can choose $X = C_1(\mathbb{R})$, $Y = C(\mathbb{R})$, $R_W := H_W - I$, $\psi_W = \log W$, $\varphi_W = W^{-r}$, and $|f|_U := \| f^{(r)} \|_C$ to give part a), noting that the associated K-functional is again equivalent to the r th modulus of continuity ([6, p.327 f.]).

Concerning part b), which is new, apply Thm. 4 to the bounded operator $R_W := (H_W - I) / \log W$. It suffices to consider the case that $W = n \in \mathbb{N}$. For $h_n \in U$ choose

$$h_n(t) := \begin{cases} (\cos \pi n t / 2)^{2r+2} & , \ |t| \leq 1 \\ 0 & , \ |t| > 1 \end{cases} \quad (n \text{ odd}) \\ 0 \qquad\qquad\quad , \ \text{all } t \quad (n \text{ even}) .$$

If n is odd, $h_n^{(j)}(\pm 1) = 0$ for $j = 0, 1, \ldots, r$; so $h_n \in C_1^{(r)}(\mathbb{R}), \| h_n \|_C \leq 1$, and $\| h_n^{(r)} \|_C \leq ((r+1)\pi)^r n^r \| h_n \|_C$, all $n \in \mathbb{N}$. So the h_n satisfy (2.7)(i), (iii), but also (ii)'. Indeed, for $n = 2m+1$, $m \in \mathbb{N}$, and $t_n = 1 - 1/2 n = (4m+1)/(4m+2)$ there holds

$$\log n \| R_n h_n \|_C \geq |(H_{2m+1} h_{2m+1})(t_n) - h_{2m+1}(t_n)|$$

$$= \left| \sum_{\substack{k=-2m-1 \\ k \text{ even}}}^{2m+1} \frac{1}{\pi[(2m+1/2)-k]} - (\cos \tfrac{\pi}{4})^{2r+2} \right|$$

$$= \left| \frac{1}{2\pi} \sum_{j=0}^{2m} \frac{1}{j+1/4} - \frac{1}{2^{r+1}} \right| .$$

This gives $\lim \sup_{n\to\infty} \| R_n h_n \|_C > 0$, proving part b).

Note that $(H_W f)(t)$ interpolates $f(t)$ at $t = k/W$ (each fixed $W > 0$) and simultaneously approximates $f(t)$ for $W \to \infty$. Although Euler studied the interpolation of functions, he does not seem to have considered the sampling series - also called the Whittaker cardinal interpolation series in mathematical circles - explicitly. Nevertheless, if the mathematics used in the related cardinal <u>spline</u> interpolation is, according to I.J. Schoenberg [33], "Eulerian in character" so is the mathematics used above.

There exists a counterpart of Prop. 4 for not necessarily time-limited functions for which the corresponding estimate is again best possible. The hypotheses are that $f \in C(\mathbb{R}) \cap L(\mathbb{R})$ with $f^\sim \in L(\mathbb{R})$ and $f(t) = O(|t|^{-\delta})$ for $t \to \pm \infty$, some $\delta > 0$ (cf. also [34]) .

6.   <u>Weak Law of Large Numbers</u>

Our final application will be the weak law of large numbers (=WLLN) of probability theory. Let $\{Z_i\}_{i \in \mathbb{N}}$ be a sequence of real independent (not necessarily identically distributed (i.i.d)) random variables (r.v.s) defined on an arbitrary probability space (Ω, A, P), let F_{Z_i} be the distribution function (d.f.) of $Z_i : \Omega \to \mathbb{R}$, and assume that the expectation $E[Z_i]$ $(:= \int_{\mathbb{R}} z \, dF_{Z_i}(Z)) = 0$ for $i \in \mathbb{N}$ (otherwise apply results to $Y_i := Z_i - E[Z_i]$). Assume that the variance $V[Z_i] (:= E[Z_i^2]) < \infty$. Let $S_n := \sum_{i=1}^{n} Z_i$.

The sequence $\{Z_i\}_{i \in \mathbb{N}}$ is said to satisfy the WLLN if S_n/n converges in probability to 0, that is, given $\varepsilon > 0$,

$$\lim_{n\to\infty} P(\{\omega \in \Omega; |S_n(\omega)/n| \geq \varepsilon\}) = 0 \tag{6.1}$$

or, equivalently, if (see e.g. [1 , p. 220])

$$\lim_{\substack{n\to\infty}} \sup_{y\in\mathbb{R}} |\int_{\mathbb{R}} f(z+y)d[F_{S_n/n}(z)-F_{Z^0}(z)]| = 0 \tag{6.2}$$

for each $f\in C^{(r)}(\mathbb{R})$, $r\in\mathbb{P}$ arbitrary fixed. Here Z^0 is the degenerate r.v. with d.f. $F_{Z^0}(z)=0$ for $z<0$, $=1$ for $z\geq 0$. In this respect one has

Lemma: The sequence $\{Z_i\}_{i\in\mathbb{N}}$ satisfies the WLLN if

$$\sum_{i=1}^{n} V[Z_i] = o(n^2) \qquad (n\to\infty). \tag{6.3}$$

We shall not consider error estimates for the WLLN in the form (6.1), as studied by L.E. Baum and M. Katz [2], but in the the form (6.2). Indeed,

Proposition 5 a) For $f\in C(\mathbb{R})$ one has with $n\in\mathbb{N}$

$$\Delta_n'(f) := \sup_{y\in\mathbb{R}} |\int_{\mathbb{R}} f(z+y)d[F_{S_n/n}(z) - F_{Z^0}(z)]|$$

$$\tag{6.4}$$

$$\leq c\, \omega_z([\frac{1}{2n^2}\sum_{i=1}^{n} V[Z_i]]^{1/2}, f; C(\mathbb{R})).$$

In particular, if the r.v. Z_i are i.i.d, and $f\in \mathrm{Lip}(2\alpha,2;C(\mathbb{R}))$, $0<\alpha\leq 1$, then $\Delta_n'(f) = O(n^{-\alpha})$.

b) For $0<\alpha<1$ there exists $f_\alpha \in \mathrm{Lip}(2\alpha,2;C(\mathbb{R}))$ such that $\Delta_n'(f_\alpha) \neq o(n^{-\alpha})$, $n\to\infty$ provided the Z_i are i.i.d.

To apply Thm. 3 take $(T_n f)(y) := \int_{\mathbb{R}} f(z+y)d\, F_{S_n/n}(z)$ and $(Tf)(y) := \int_{\mathbb{R}} f(z+y)\, dF_{Z^0}(z)$ $(\equiv f(y))$ with $R_n := T_n - T$. Then $R_n \in [C(\mathbb{R})]$ and $\|R_n\|_{[C]} = 1$. So $X = Y = C(\mathbb{R})$ with $\psi(n) = 1$, $n\in\mathbb{N}$. The Jackson-type inequality is satisfied in the form

$$\Delta_n'(f) = \|T_n f - T f\|_C \leq (\frac{1}{2n^2}\sum_{i=1}^{n} V[Z_i])\|f''\|_C \quad (f\in C^{(2)}(\mathbb{R})); \tag{6.5}$$

the proof follows by a Taylor series expansion of $f(z/n+y)$ in $(T_n f)(y) = \int_{\mathbb{R}} f(z/n+y)d\, F_{Z_i}(z)$ (see [6]). So $\varphi_n := (1/2n^2)\sum_{i=1}^{n} V[Z_i]$, and

$U = C^{(2)}(\mathbb{R})$. This will yield (6.4). If the r.v.'s Z_i are i.i.d., and $V[Z_i] = 1$, so that $\varphi_n = 1/2n$, and part a) follows.

Concerning part b), take $h_n(z) = e^{i\sqrt{n}z} \in C(\mathbb{R})$, $n \in \mathbb{N}$. Since $|h_n|_{C^{(2)}} = n \|h_n\|_C = n$, conditions (2.7)(i),(iii) of Thm. 4 are satisfied with $c_2 = 2$. Regarding (2.7)(ii)',

$$\|R_n h_n\|_C = \|\int_{\mathbb{R}} e^{i\sqrt{n}z} dF_{S_n/n}(z) - \int_{\mathbb{R}} e^{i\sqrt{n}z} dF_{Z^0}(z)\|_C = \|F^{\hat{}}_{S_n/n}(\sqrt{n}) - 1\|_C .$$

Since the Z_i are i.i.d., one has by Taylor's expansion

$$F^{\hat{}}_{S_n/n}(\sqrt{n}) = \{F^{\hat{}}_{Z_1}(1/\sqrt{n})\}^n$$

$$= \{1 + \frac{1}{\sqrt{n}} (F^{\hat{}}_{Z_i})'(0) + \frac{1}{2n}(F^{\hat{}}_{Z_i})''(\frac{\theta_n}{\sqrt{n}})\}^n \quad (0 < \theta_n < \frac{1}{\sqrt{n}})$$

(6.5)

But $(F^{\hat{}}_{Z_i})'(0) = E[Z_i] = 0$, and

$$(F^{\hat{}}_{Z_i})''(\theta_n/\sqrt{n}) \to F^{\hat{}}_{Z_i}{}''(0) = - V[Z_i] = -1 ,$$

so that the curly bracket term of (6.5) tends to the expression $e^{-1/2} = \lim_{n\to\infty}\{1 - \frac{1}{2n}[1+\varepsilon_n]\}^n$, $\varepsilon_n \to 0$. Hence $\lim \sup_{n\to\infty} \|R_n h_n\|_C = |e^{-1/2}-1| > 0$. This will finally complete the proof of part b).

Note that L. Hahn [28] has shown that the estimate of (6.4) is best possible in another sense, namely that if $\Delta_n'(f) = O(n^{-\alpha})$ for $f \in \mathrm{Lip}(2\alpha,2;C(\mathbb{R})), 0 < \alpha \leq 1$, then $E[Z_1^2] < \infty$ and $E[Z_1] = E[Z^0] = 0$.

If the r.v.'s Z_i are not necessarily i.i.d., then the estimate (6.4) can give rates that are better than $O(n^{-1})$ for particular r.v.'s Z_i (the best possible rate for i.i.d. random variables in general unless $F_{Z_i} = F_{Z^0}$). Thus in [10] there is an example of a particular sequence $\{Z_i\}$ for which the rate is $O_f(n^{-2})$ for $f \in C^{(3)}(\mathbb{R})$.

Let us remark that Prop. 5 contains the lemma. Indeed, $f \in C^{(2)}(\mathbb{R})$ implies that $\Delta_n'(f) \leq (1/2n^2) \sum_{i=1}^{n} V[Z_i] = o(1)$ by (6.3). It also follows immediately from (6.5).

Whereas Chebyshev was the first to consider the (W)LLN - coined
so by Poisson - in the form (6.1), James Bernoulli examined a particular case of it in his "Ars Conjectandi" of 1713. Although Euler is
known for his work on probability [31], the author doubts whether he
considered the WLLN.

Let us finally add that Thms. 3 and 4 could also be applied to the
central limit theorem. For the counterpart of part a) see [6]; that
of part b) will be published elsewhere.

The author has profited greatly from many discussions with his
colleague Rolf Nessel on the subject, as well as from his lectures held
at Lille, Delft, Reinhardsbrunn and Aachen. He as well as my collabo-
rator Rolf Stens read the whole manuscript with expert care. The author
also likes to thank Dr. W. Dickmeis, Mr. S. Ries and Mr. D. Schulz for
help in connection with the proofs of parts b) of Propositions 3, 4
and 5.

References

[1] H. Bauer: Wahrscheinlichkeitstheorie und Grundzüge der Maßtheorie.
(2nd ed.) De Gruyter, Berlin 1974.

[2] L.E. Baum and M. Katz: Convergence rates in the law of large numbers. Trans. Amer. Math. Soc. 120 (1965), 108 - 123.

[3] M. Becker and R.J. Nessel: Inverse results via smoothing. In: Constructive Function Theory (Proc. Conf. Blagoevgrad 1977. Ed.
by B. Sendov, D. Vačov). Publ. House Bulg. Acad. Sci. Sofia
1980, pp. 231 - 243.

[4] H. Berens and G.G. Lorentz: Inverse theorems for Bernstein polynomials. Indiana Univ. Math. J. 21 (1972), 693 - 708.

[5] H. Burkhardt: Trigonometrische Reihen und Integrale bis etwa 1850.
Encyk. der Math. Wiss., II A 12. B.G. Teubner 1914/15, pp 819-
1354.

[6] P.L. Butzer: The Banach-Steinhaus theorem with rates and applications to various branches of analysis. In: General Inequalities II (Proc. Conf. Oberwolfach 1978. Ed. by. E.F. Beckenbach) ISNM 47, Birkhäuser, Basel 1980, pp. 299 - 331.

[7] P.L. Butzer: Legendre transform methods in the solution of basic problems in algebraic approximation. In: Colloquia Mathematica Societatis János Bolyai 35. (Proc. Conf. on Functions, Series, Operators. Budapest 1980, Ed. by J. Szabados and B.Sz. Nagy.) North - Holland and Bolyai János Math. Soc. (in Press). 26 pp. 1983.

[8] P.L. Butzer: A survey of the Whittaker - Shannon sampling theorem and some of its extensions. J. Math. Res. Exposition 3 (1983), 185 - 212.

[9] P.L. Butzer and H. Berens: Semi - Groups of Operators and Approximation. Springer,Berlin 1967, XI + 318 pp.

[10] P.L. Butzer and L. Hahn: General theorems on rates of convergence in distribution of random variables II. Applications to the stable limit laws and weak law of large numbers. J. Multivariate Anal. 8 (1978), 202 - 221.

[11] P.L. Butzer and J. Junggeburth: On Jackson - type inequalities in approximation theory. In: General Inequalities I. (Proc. Conf. Oberwolfach 1976. Ed. by E.F. Beckenbach) ISNM 41, Birkhäuser, Basel 1978, pp. 85 - 114.

[12] P.L. Butzer and R.J. Nessel: Fourier Analysis and Approximation. Academic Press, New York, and Birkhäuser, Basel 1971, XVI + 553 pp.

[13] P.L. Butzer and K. Scherer: Approximationsprozesse und Interpolationsmethoden. B.I. Hochschulskripten, 826/826 a, Mannheim 1968, 172 pp.

[14] P.L. Butzer and K. Scherer: Über die Fundamentalsätze der klassischen Approximationstheorie in abstrakten Räumen. In: Abstract Spaces and Approximation (Proc. Conf. Oberwolfach, 1968. Ed. by P.L. Butzer and B.Sz.-Nagy). ISNM Vol. 10, Birkhäuser, Basel 1969, pp. 113 - 125.

[15] P.L. Butzer and K. Scherer: Jackson and Bernstein - type inequalities for families of commutative operators in Banach spaces. J. Approx. Theory 5 (1972), 308 - 342.

[16] P.L. Butzer, K. Scherer and U. Westphal: On the Banach - Steinhaus theorem and approximation in locally convex spaces. Acta. Sci. Math. (Szeged), 34 (1973), 25 - 34.

[17] P.L. Butzer and W. Splettstoesser: A sampling theorem for duration-limited functions with error estimates. Information and Control 34 (1977), 55 - 65.

[18] P.L. Butzer and R.L. Stens: The Poisson summation formula, Whittaker's cardinal series and approximate integration. In: Second Edmonton Conf. on Approximation Theory (June 1982). Canadian Math. Soc. Conf. Proc. Vol. 3, Amer. Math. Soc. Providence, R.I. 1983 (in press).

[19] R.A. DeVore: The Approximation of Continuous Functions by Positive
      Linear Operators. Lecture Notes in Math. Vol. 293, Springer,
      Berlin / Heidelberg / New York 1972, VIII + 289 pp.

[20] W. Dickmeis and R.J. Nessel: On Banach - Steinhaus theorems with
      orders. Comment. Math. Prace Mat. Tomus Specialis in Honorem
      Ladislai Orlicz 1 (1978), 95 - 107.

[21] W. Dickmeis and R.J. Nessel: A unified appraoch to certain
      counterexamples in approximation theory in connection with
      a uniform boundedness principle with rates. J. Approx.Theory
      31 (1981), 161 - 174.

[22] W. Dickmeis and R.J. Nessel: On uniform boundedness principles
      and Banach - Steinhaus theorems with rates. Numer. Funct.
      Anal. Optim. 3 (1981), 19 - 52.

[23] W. Dickmeis and R.J. Nessel: Quantitative Prinzipien gleichmäßiger
      Beschränktheit und Schärfe von Fehlerabschätzungen. For-
      schungsberichte des Landes Nordrhein-Westfalen 3117, West-
      deutscher Verlag, Opladen 1982, 110 pp.

[24] W. Dickmeis and R.J. Nessel: Quantitative Banach - Steinhaus
      theorems - a survey. In: Recent Trends in Mathematics,
      Reinhardsbrunn 1982 (Ed. by H. Kurke, J. Mecke, H. Triebel
      and R. Thiele), Teubner Texte zur Mathematik, Vol. 50,
      Teubner, Leipzig 1983, pp. 69 - 82.

[25] W. Dickmeis, R.J. Nessel and E. van Wickeren: On the sharpness of
      estimates in terms of averages. Math. Nachr. (1984)(in press).

[26] R.P. Feinerman and D.J. Newman: Polynomial Approximation. Williams
      and Wilkins, Baltimore 1974 VIII + 148 pp.

[27] I. Grattan - Guinness: The Development of the Foundations of Mathe-
      matical Analysis from Euler to Riemann. MIT Press, Cambridge,
      Mass. 1970, XIII + 186 pp.

[28] L. Hahn: Inverse theorems on the rate of approximation for certain
      limit theorems in probability theory. In: Linear Spaces and
      Approximation (Proc. Conf. Oberwolfach 1977. Ed. by P.L.
      Butzer and B.Sz.-Nagy) ISNM Vol. 40. Birkhäuser, Basel, 1978
      pp. 583 - 601.

[29] M. Kline: Mathematical Thought from Ancient to Modern Times.
      Oxford University Press, New York 1972, XVII + 1238 pp.

[30] R.E. Langer: Fourier Series: The Genesis and Evolution of a Theory.
      Slaught Memorial Paper. American Math. Monthly. Supplement
      to Volume 54 (1947), pp. 1 - 86.

[31] L.E. Maistrov: Probability Theory, a Historical Sketch. (Transl.
      and ed. by S. Kotz). Academic Press, New York/London 1974,
      XIII + 281 pp.

[32] A.B. Paplauskas: Trigonometric Series from Euler to Lebesgue
      (Russian). Izdat. "Nauka", Moscow, 1966, 276 pp.

[33] I.J. Schoenberg: Euler's contribution to cardinal spline inter-
      polation: The exponential Euler splines. In: Leonhard Euler
      1707 - 1783. Gedenkband des Kantons Basel - Stadt anläßlich
      der 200. Wiederkehr seines Todestages. Ed. by E.A. Fellmann.
      Birkhäuser, Basel, 1983.

[34] W. Splettstoesser, R.L. Stens and G. Wilmes: On approximation by
      the interpolating series of G. Valiron. Functiones at
      Approximatio $\underline{11}$ (1980), 39 - 56.

[35] R.L. Stens: Approximation of duration - limited functions by
      sampling sums. Signal Processing 2 (1980), 173 - 176.

[36] R.L. Stens: Characterization of best algebraic approximation by
      weighted moduli of continuity. In: Colloquia Mathematica
      Societatis János Bolyai 35. (Proc. Conf. on Functions, Series,
      Operators. Budapest 1980. Ed. by J. Szabados and B.Sz.-Nagy.)
      North - Holland and Bolyai János Math. Soc. (in press). 7 pp.
      1983

[37] A.F. Timan: Theory of Approximation of Functions of a Real Vari-
      able. Pergamon Press, Oxford/London/New York/Paris 1963,
      XII + 631 pp.

[38] C.A. Truesdell: The Rational Mechanics of Flexible or Elastic
      Bodies 1638 - 1788. In: Leonhardi Euleri Opera Omnia. (Ed.
      by A. Speiser, E. Trost, C. Blanc). Series 2, Vol. 11,
      Section 2. Societatis Scientiarum Naturalium Helveticae.
      Orell Füssli, Zürich 1960, 435 pp.

Rheinisch-Westfälische Technische
Hochschule Aachen
Lehrstuhl A für Mathematik
D 5100 Aachen
Federal Republic of Germany

GEORDNETE KONVEXE KEGEL IN DER POTENTIALTHEORIE

Aurel Cornea

<u>Einleitung.</u> Ein moderner Aspekt der Potentialtheorie
ist das Studium der Struktur der Gesamtheit aller superharmonischen Funktionen. Es stellt sich heraus, daß - ausgehend von einfachen algebraischen und ordnungstheoretischen
Eigenschaften - ein Großteil der Theorie aufgebaut werden
kann. In § 1 werden solche Eigenschaften für den konvexen
Kegel der positiven superharmonischen Funktionen erörtert.
In § 2 werden wir dann sehen, daß im wesentlichen die
gleichen Eigenschaften für eine große Klasse von Kegeln exzessiver Funktionen erfüllt sind. Im nächsten Abschnitt
wird schließlich dieser Sachverhalt axiomatisiert, und wir
gelangen zum Begriff des Standard H-Kegels. In § 4 führen
wir die Dualitätstheorie für Standard H-Kegel vor. Stammt
ein Standard H-Kegel von einem Differentialoperator ab, so
entspricht der duale H-Kegel dem adjungierten Differentialoperator. Andere Axiomatisierungen der Potentialtheorie gestatten keine ähnlich natürliche Dualitätstheorie. Im letzten
Abschnitt beschäftigen wir uns einerseits mit Darstellungen
für Standard H-Kegel als Funktionenkegel auf polnischen
Räumen und andererseits mit Integraldarstellungen einzelner
Elemente eines Standard H-Kegels. Dort werden wir schließlich auch sehen, daß ein Standard H-Kegel im wesentlichen
ein Kegel exzessiver Funktionen ist. Auf die eigentliche
Potentialtheorie der Standard H-Kegel können wir hier nicht
eingehen. Diese kann man ebenso wie die Beweise der hier
vorgeführten Sätze in [1] finden.

157

§ 1   Potentiale und superharmonische Funktionen

Der Name "Potential" wurde zunächst von Physikern benützt,
um eine Funktion zu beschreiben, deren Gradient gleich
einem gegebenen Gravitationsfeld oder elektrostatischen Feld
ist. Die analytische Form dieser so entstehenden Newtonschen
bzw. Coulombschen Potentiale ist

$$u(x) = \int_B \frac{f(y)}{\|x-y\|} \, d\sigma(y)$$

wobei B ein Masse bzw. elektrische Ladung tragender Körper
im $\mathbb{R}^3$ ist. Die positive Funktion f stellt die Dichte bezüglich des Volumen- oder Oberflächenmaßes σ dar.

Die klassische Potentialtheorie beschäftigte sich mit den
Eigenschaften solcher Potentiale; z. B. das Verhalten auf
dem Körper, im ladungsfreien Raum, im Unendlichen, sowie
Differenzierbarkeit und Integrierbarkeit.

Schon sehr frühzeitig stellte man enge Beziehungen zwischen Potentialen und der Laplaceschen Differentialgleichung
fest: Für jedes Potential u gilt im distributionstheoreti-
schen Sinn

$\circledast$ $\Delta u \leq o$,

(im ladungsfreien Raum gilt sogar $\Delta u = o$, wie schon Laplace
bemerkte). Heute nennt man üblicherweise jede nach unten
halbstetige Funktion mit Werten in $\mathbb{R} \cup \{\infty\}$, die der Ungleichung $\circledast$ genügt, eine <u>superharmonische Funktion</u>.

Es sei S die Menge aller positiven superharmonischen Funktionen auf $\mathbb{R}^3$. S enthält alle Potentiale. Offenbar ist S
stabil bezüglich Addition und Multiplikation mit positiven
reellen Zahlen, also ein <u>konvexer Kegel</u>.

Weitere fundamentale Eigenschaften von S sind:

1. Für jede aufsteigend filtrierende Teilmenge F von S ist
    das punktweise Supremum VF von F wieder ein Element von
    S, wenn überhaupt eine Majorante von F in S existiert.

2. Für jede Teilmenge F von S existiert das Infimum $\wedge F$ von
   F in S und es gilt

$$s + \wedge F = \wedge(s+F)$$

   für jedes $s \in S$ ($\wedge F$ ist <u>nicht</u> notwendigerweise das punktweise Infimum).

3. (Rieszsche Zerlegungseigenschaft). Sind $s, t_1, t_2 \in S$ mit
   $s \leq t_1 + t_2$, so läßt sich s zerlegen: $s = s_1 + s_2$ mit
   $s_1, s_2 \in S$, $s_1 \leq t_1$, $s_2 \leq t_2$.

4. Es existiert eine abzählbare Menge D von Potentialen,
   so daß jedes $p \in D$ stetig und außerhalb einer kompakten
   Menge harmonisch ist, und für jedes $s \in S$ gilt

$$s = V\{p : p \in D, \; p \leq s\}.$$

   Jedes Element $p \in D$ besitzt die folgende besondere Kon-
   vergenzeigenschaft (Dini-Konvergenz):

   Für jede aufsteigend filtrierende Familie $F \subset S$ mit
   $p = VF$ und jedes $\varepsilon > o$ gibt es $s \in F$ mit $p \leq s + \varepsilon$;

   d.h., jede monotone Approximation von unten eines
   solchen $p \in D$ ist bereits gleichmäßig.

Ein ähnliches Vorgehen ist für eine große Klasse von semi-
elliptischen Differentialoperatoren L möglich. Es zeigt sich,
daß der Kegel der entsprechend definierten L-superharmoni-
schen Funktionen ebenfalls die Eigenschaften 1. bis 4. besitzt.

§ 2 Exzessive Funktionen

In den fünfziger Jahren wurde von Hunt [3] für gewisse Mar-
koffsche Prozesse eine Klasse von positiven Funktionen - die
sogenannten exzessiven Funktionen - eingeführt, die im Spezialfall der Brownschen Bewegung genau mit der Klasse der
positiven superharmonischen Funktionen übereinstimmt.

Im folgenden werden wir den Begriff der exzessiven Funk-

tionen in einem sehr allgemeinen Rahmen einführen. Die so
entstehenden Funktionenmengen bilden weitere Beispiele von
konvexen Kegeln, die ebenfalls die fundamentalen Eigenschaften 1 - 4 aus § 1 besitzen.

Sei $(X, \mathcal{X})$ ein Meßraum und $\mathcal{F}_+$ die Menge aller nichtne-
gativen meßbaren numerischen Funktionen auf X.

Eine Abbildung $K : \mathcal{F}_+ \to \mathcal{F}_+$ heißt <u>Kern</u>, wenn $K(0) = 0$ und
$K(\sum_{n=1}^{\infty} f_n) = \sum_{n=1}^{\infty} K f_n$ für alle Folgen (f_n) in $\mathcal{F}_+$.

K heißt <u>eigentlich</u>, wenn eine Folge (f_n) in $\mathcal{F}_+$ existiert,
so daß (f_n) gegen 1 aufsteigt und $K f_n$ für alle $n \in \mathbb{N}$ endlich ist.

K heißt <u>absolut-stetig</u>, wenn ein endliches Maß μ auf
$(X, \mathcal{X})$ so existiert, daß $Kf = 0$ für alle $f \in \mathcal{F}_+$ mit $\int f d\mu = 0$.

Man sagt, ein Kern K genügt dem <u>vollständigen Maximum-
prinzip</u>, wenn für alle $f, g \in \mathcal{F}_+$ aus $Kf \leq Kg + 1$ auf $\{g > o\}$
schon $Kf \leq Kg + 1$ auf ganz X folgt.

Das klassische Beispiel eines Kernes, der all die genann-
ten Eigenschaften besitzt, ist der <u>Newton-Kern</u> V auf $\mathbb{R}^n$:

Für jede nichtnegative Borel-meßbare Funktion f auf $\mathbb{R}^n$
wird Vf definiert durch

$$Vf(x) = c_n \int \frac{f(y)}{\|x-y\|^{n-2}} \, dy, \quad x \in \mathbb{R}^n.$$

Die Konstanten c_n werden so festgelegt, daß $\Delta Vf = -f$ gilt.
Somit ist V - bis auf das Vorzeichen - der zu Δ inverse
Operator. Allgemeiner sind die obigen Eigenschaften für die
sogenannten <u>Riesz-Potentialkerne</u> V^α $(0 < \alpha \leq 2)$ erfüllt

$$V^\alpha f(x) = \int \frac{f(y)}{\|x-y\|^{n-\alpha}} \, dy, \quad x \in \mathbb{R}^n.$$

Ein weiteres Beispiel stammt von der Fundamentallösung der
Wärmeleitungsgleichung ab

$$Vf(x,t) = d_n \cdot \int_{\mathbb{R}^n} \int_{-\infty}^{t} (t-s)^{-\frac{n}{2}} \exp\left(-\frac{\|x-y\|^2}{4(t-s)}\right) f(y,s) \, ds \, dy.$$

Im folgenden sei V stets ein eigentlicher, absolut-stetiger Kern, der das vollständige Maximumprinzip erfüllt.

Eine meßbare Menge $A \subset X$ heißt <u>V-Nullmenge</u>, wenn $V1_A = 0$. Eine Funktion $u \in \mathcal{F}_+$ heißt <u>V-exzessiv</u>, wenn eine Folge (f_n) in $\mathcal{F}_+$ existiert mit $Vf_n \uparrow u$. Insbesondere ist jede Funktion der Form Vf mit $f \in \mathcal{F}_+$ V-exzessiv. Solche Funktionen heißen <u>V-Potentiale</u>. Mit $\mathcal{E}_V$ bezeichnen wir die Menge aller V-exzessiven Funktionen u, die außerhalb einer V-Nullmenge endlich sind. Offensichtlich ist $\mathcal{E}_V$ ein konvexer Kegel.

Ist V der Newton-Kern, so ist $\mathcal{E}_V$ genau die Menge aller positiven superharmonischen Funktionen.

S erfüllt die folgenden Eigenschaften

1. Für jede aufsteigend filtrierende Teilmenge G von $\mathcal{E}_V$ gehört das punktweise Supremum VG erneut zu $\mathcal{E}_V$, wenn überhaupt eine Majorante von G in $\mathcal{E}_V$ existiert.

2. Für jede Teilmenge G von $\mathcal{E}_V$ existiert das Infimum $\wedge G$ von G in $\mathcal{E}_V$ und es gilt

$$u + \wedge G = \wedge(u+G)$$

für jedes $u \in \mathcal{E}_V$.

3. (Rieszsche Zerlegungseigenschaft). Zu $u, v_1, v_2 \in \mathcal{E}_V$ mit $u \leq v_1 + v_2$ existieren $u_1, u_2 \in \mathcal{E}_V$ mit $u_1 + u_2 = u$ und $u_i \leq v_i$, $i = 1,2$.

4. Es existiert eine abzählbare Teilmenge D von $\mathcal{E}_V$ mit den beiden folgenden Eigenschaften:
    a) $u = \sup\{v \in D : v \leq u\}$ für alle $u \in \mathcal{E}_V$;
    b) Jedes $v \in D$ besitzt die in § 1 formulierte Dini-Konvergenzeigenschaft.

<u>Bemerkungen zum Beweis.</u> Aufgrund des vollständigen Maximumprinzips kann man eine strikt positive Funktion $f_o \in \mathcal{F}_+$ so wählen, daß Vf_o beschränkt ist. Der durch $Wf := V(f_o f)$ definierte Kern W ist dann zusätzlich beschränkt, und es ist $\mathcal{E}_W = \mathcal{E}_V$. Nach einem Satz von Hunt [3], (siehe auch [1]) existiert dann genau eine Familie $(W_\alpha)_{\alpha > o}$ von Kernen mit den

Eigenschaften

$$(1) \quad W_\alpha \circ W_\beta = W_\beta \circ W_\alpha \qquad \text{für alle } \alpha, \beta > 0.$$

$$(2) \quad W_\alpha = W_\beta + (\beta - \alpha) W_\alpha W_\beta \qquad \text{für alle } \beta > \alpha > 0.$$

$$(3) \quad Wf = \sup_{\alpha > 0} W_\alpha f \qquad \text{für alle } f \in \mathcal{F}_+.$$

Eine Familie von Kernen mit den Eigenschaften (1) und (2) wird eine <u>Resolvente</u> genannt. Wiederum nach einem Satz von Hunt [3] (siehe auch [1]) gilt die folgende Äquivalenz

(i) u ist W-exzessiv.

(ii) $\alpha W_\alpha u \leq u$ für alle $\alpha > 0$ und $\lim_{\alpha \to \infty} \alpha W_\alpha u = u$.

Üblicherweise definiert man exzessive Funktionen bezüglich Resolventen durch die Eigenschaft (ii). Mit Hilfe dieser Charakterisierung lassen sich dann die Eigenschaften (1) – (3) zeigen (siehe [1]). Die Eigenschaft (4) ist tieferliegender und beruht auf einem Kompaktheitssatz von Mokobodzki: für einen Kern V mit den obigen Eigenschaften existiert $\varphi \in \mathcal{F}_+$ strikt positiv, so daß die Menge $\{Vf : f \in \mathcal{F}_+, 0 \leq f \leq \varphi\}$ kompakt bezüglich gleichmäßiger Konvergenz ist.

§ 3 Standard-H-Kegel

Eine Menge S, versehen mit einer additiven Verknüpfung +, einer Skalarmultiplikation · mit positiven reellen Zahlen und einer Ordnungsrelation $\leq$, heißt ein <u>geordneter konvexer Kegel von positiven Elementen</u>, wenn folgende Bedingungen erfüllt sind

1. Die Addition + ist kommutativ, assoziativ und besitzt O als neutrales Element.

2. $\alpha(s+t) = \alpha s + \alpha t$, $(\alpha+\beta)s = \alpha s + \beta s$, $(\alpha \cdot \beta) \cdot s = \alpha \cdot (\beta \cdot s)$, $1 \cdot s = s$, $\alpha, \beta \in \mathbb{R}$, $s, t \in S$.

3. a) $s \geq 0$ für alle $s \in S$.

   b) $s \leq t \Rightarrow \alpha s \leq \alpha t$, $\alpha \in \mathbb{R}_+$, $s, t \in S$.

   c) $s \leq t \Leftrightarrow s + u \leq t + u$, $s, t, u \in S$.

Man kann leicht zeigen (siehe [1], S. 36), daß für solch ein S ein geordneter Vektorraum E mit $S \subset E_+$ und $E = S - S$

existiert.

Für jede Teilmenge $F \subset S$ bezeichnen wir mit $\vee F$ (bzw. $\wedge F$) das Supremum (bzw. Infimum) von F in S, falls dieses existiert. Analoges gelte für $s \vee t$, $s \wedge t$.

Ein geordneter konvexer Kegel von positiven Elementen S heißt <u>H-Kegel</u>, wenn folgende Eigenschaften erfüllt sind

H1) Für jede aufsteigend filtrierende Menge $F \subset S$ existiert $\vee F$, wenn F überhaupt eine Majorante besitzt, und für alle $s \in S$ gilt $\vee(s+F) = s + \vee F$.

H2) Für jede Menge $F \subset S$ existiert $\wedge F$, und für alle $s \in S$ gilt $\wedge(s+F) = s + \wedge F$.

H3) (Rieszsche Zerlegungseigenschaft). Sind $s, t_1, t_2 \in S$ mit $s \leq t_1 + t_2$, so existieren $s_1, s_2 \in S$ mit $s = s_1 + s_2$, $s_1 \leq t_1$, $s_2 \leq t_2$.

Beispiele. 1) Ist V ein eigentlicher, absolut-stetiger Kern, der dem vollständigen Maximumprinzip genügt, so ist $\mathcal{E}_V$ ein H-Kegel.

2) Die Menge aller positiven, superharmonische Funktionen auf dem $\mathbb{R}^n$ ($n \geq 3$) ist ein H-Kegel. Allgemeiner ist die Menge aller positiven, superharmonischen Funktionen eines P-harmonischen Raumes (siehe [2]) ein H-Kegel.

3) Der konvexe Kegel aller positiven cadlag Supermartingale bezüglich einer stochastischen Basis $(\Omega, \mathcal{F}, P, (\mathcal{F})_{t>0})$ ist ein H-Kegel.

4) Die aufsteigenden Funktionen $f : \mathbb{R} \to \mathbb{R}_+$ bilden einen H-Kegel.

Obwohl man eine ganze Reihe von Resultaten der Potentialtheorie auf H-Kegel übertragen kann, hat sich dieser Begriff für bestimmte Zwecke wie Funktionaldarstellung und Integraldarstellung als zu allgemein erwiesen.

Im folgenden werden wir deshalb die Dini-Eigenschaft, die in § 1, § 2 jeweils als Eigenschaft (4) aufgetreten ist, verbandstheoretisch axiomatisieren.

Sei S ein H-Kegel. Ein Element $u \in S$ heißt <u>schwache Einheit</u>, wenn für alle $s \in S$ gilt $s = \vee_n (s \wedge nu)$. In den obigen

Beispielen sind genau die strikt positiven Elemente die schwachen Einheiten. Ist u eine schwache Einheit, so nennen wir ein Element $p \in S$ u-stetig, wenn für jede aufsteigend filtrierende Menge $G \subset S$ mit $VG = p$ und jedes $\varepsilon > o$ ein $s \in G$ existiert mit $p \leq s + \varepsilon u$. Ein Element $p \in S$ heißt universell-stetig, wenn p für jede schwache Einheit u u-stetig ist. Die Menge aller universell-stetigen Elemente wird mit S_o bezeichnet. In Beispiel 2 ist jedes stetige Potential, welches außerhalb einer kompakten Menge harmonisch ist, universell-stetig. Die Umkehrung gilt nicht.

Lemma. Ist S ein H-Kegel, u eine schwache Einheit und gilt $s = V\{t \in S : t \leq s,\ t$ u-stetig$\}$ für alle $s \in S$, so existiert für jedes u-stetige $t \in S$ eine Folge (p_n) von universell-stetigen Elementen mit $p_n \uparrow t$. Insbesondere gilt für alle $s \in S$ $s = V\{p \in S_o : p \leq s\}$.

Definition. Ein H-Kegel S heißt Standard-H-Kegel, wenn zusätzlich die folgenden Eigenschaften erfüllt sind

H4 a) Es existiert eine schwache Einheit.

H4 b) Es existiert eine abzählbare Menge $D \subset S_o$ mit
$s = V\{p \in D : p \leq s\}$ für alle $s \in S$.

Mit Hilfe des obigen Lemmas und der Ergebnisse von § 1 bzw. § 2 sieht man sofort, daß die H-Kegel von Beispiel 1,2 Standard-H-Kegel sind. In § 5 wird gezeigt, daß ein Standard-H-Kegel im wesentlichen zu einem Kegel $\mathcal{E}_V$ isomorph ist. Die H-Kegel aus Beispiel 3,4 sind keine Standard-H-Kegel.

§ 4 Dualität

Im folgenden sei S ein H-Kegel.

Eine Abbildung $\mu : S \to \overline{\mathbb{R}}_+$ heißt H-Integral auf S, wenn folgende Eigenschaften erfüllt sind

I1) $\mu(\alpha s + \beta t) = \alpha\mu(s) + \beta\mu(t)$ $\alpha, \beta \geq o,\ s, t \in S$.

I2) $s \leq t \Rightarrow \mu(s) \leq \mu(t)$.

I3) Für jedes $s \in S$ und jede aufsteigend filtrierende Menge
$G \subset S$ mit $s = \mathrm{V}G$ gilt $\mu(s) = \sup_{t \in G} \mu(t)$.

I4) Für jedes $s \in S$ gilt $s = \mathrm{V}\{t \in S : t \leq s, \mu(t) < \infty\}$.

Die Menge aller H-Integrale wird mit S^* bezeichnet.

Beispiel. Ist S der Kegel der superharmonischen Funk-
tionen auf dem $\mathbb{R}^n$ und μ ein Borel-Maß auf dem $\mathbb{R}^n$ mit
kompaktem Träger, so wird durch $s \to \int s\,d\mu$ in natürlicher
Weise ein H-Integral definiert.

Ist S ein Standard H-Kegel, so kann man $\mu(p) < \infty$ für alle
$\mu \in S^*$ und $p \in S_o$ zeigen. Umgekehrt gilt ähnlich wie bei Radon-
Maßen (aber wesentlich tieferliegender, da keine universell-
stetige schwache Einheit existieren muß) der folgende Satz.

Satz. Sei $\mu : S_o \to \mathbb{R}_+$ eine Abbildung mit den Eigenschaften

(1) $\mu(\alpha s + \beta t) = \alpha\mu(s) + \beta\mu(t)$ $\alpha, \beta \in \mathbb{R}_+$, $s, t \in S_o$

(2) $s \leq t \Rightarrow \mu(s) \leq \mu(t)$.

Dann läßt sich μ zu einem H-Integral auf S fortsetzen.

Satz. S^* ist ein H-Kegel (Addition, Skalarmultiplikation und Ordnung sind dabei punktweise definiert). Man nennt
S^* den zu S _dualen_ H-Kegel.

1. Hauptsatz. Ist S ein Standard-H-Kegel, so ist auch
S^* ein Standard-H-Kegel.

Satz. Für alle $s \in S$, ist die Abbildung $\tilde{s} : S^* \to \overline{\mathbb{R}}_+$,
definiert durch $\tilde{s}(\mu) = \mu(s)$, ein H-Integral auf S^*.

Die Abbildung $s \to \tilde{s}$ ist eine "strukturtreue" Abbildung
von S nach S^{**}. Ähnlich wie in der Theorie der lokalkonvexen
Räume kann man nun fragen, wann diese Auswertungsabbildung
bijektiv ist. Für allgemeine H-Kegel ist diese Abbildung
nicht einmal injektiv. Ist S ein Standard-H-Kegel, so gilt
jedoch

$\underline{\text{2. Hauptsatz.}}$ a) $s \to \tilde{s}$ ist eine injektive Abbildung von S nach S**.

b) Für alle $s, t \in S$ gilt $s \leq t \Leftrightarrow \tilde{s} \leq \tilde{t}$.

c) Für alle $\varphi \in S^{**}$, $s \in S$ mit $\varphi \leq \tilde{s}$ existiert $t \in S$ mit $\tilde{t} = \varphi$.

d) Ist u eine schwache Einheit in S, so ist $\tilde{u}$ eine schwache Einheit in S**.

$\underline{\text{Korollar.}}$ a) $(S^{**})_o = \{\tilde{p} : p \in S_o\}$.

b) Für alle $\varphi \in S^{**}$ gilt $\varphi = V\{\tilde{s} : s \in S, \tilde{s} \leq \varphi\}$.

$\underline{\text{Korollar.}}$ Die Abbildung $\mu \to \tilde{\mu}$ von S* nach S***ist bijektiv.

$\underline{\text{Bemerkung.}}$ Der bis heute einzige Beweis der beiden Hauptsätze ist sehr lang und ist im Kern nicht von verbandstheoretischer Natur. Vielmehr spielt hier die Theorie der absolut-stetigen Resolventen eine zentrale Rolle. Als wichtige Zwischenergebnisse erhält man dabei unter anderem die folgenden beiden Sätze.

$\underline{\text{Satz.}}$ Ist V ein eigentlicher absolut-stetiger Kern, der dem vollständigen Maximumprinzip genügt, so existiert ein σ-endliches Maß λ und ein weiterer eigentlicher absolut-stetiger Kern V*, der dem vollständigen Maximumprinzip genügt, mit den Eigenschaften.

(1) V,V* sind absolut-stetig bezüglich λ.

(2) $\int g\, Vf\, d\lambda = \int f\, V^*g\, d\lambda$ für alle positiven, meßbaren Funktionen f,g.

$\underline{\text{Satz.}}$ Seien V,V* und λ wie im vorherigen Satz. Für alle $\mu \in (\mathcal{E}_V)^*$ existiert dann genau ein $\hat{\mu} \in \mathcal{E}_{V^*}$ mit

$$\mu(Vf) = \int f \cdot \hat{\mu}\, d\lambda \text{ für alle positiven, meßbaren Funktionen f.}$$

Die Abbildung $\mu \to \hat{\mu}$ ist ein Isomorphismus zwischen $(\mathcal{E}_V)^*$ und $\mathcal{E}_{V^*}$. Mit anderen Worten: die H-Integrale sind genau die "co-exzessiven" Funktionen.

Bemerkung. In vielen konkreten Fällen liegt die Wahl von λ und V* auf der Hand.

a) Ist L der Laplace-Operator (oder allgemeiner ein selbstadjungierter, elliptischer Differentialoperator zweiter Ordnung) und V der Newtonsche Kern (bzw. der zu -L inverse Operator), so kann man für λ das Lebesguesche Maß und V* := V wählen. Insbesondere liefert der letzte Satz in diesem Fall einen natürlichen Isomorphismus zwischen $\mathcal{E}_V$ und $(\mathcal{E}_V)*$.

b) Ist L ein gleichmäßig elliptischer oder gleichmäßig parabolischer Differentialoperator zweiter Ordnung mit Koeffizienten in $C^{2,\alpha}$, so existiert der adjungierte Differentialoperator L* mit Koeffizienten in $C^{0,\alpha}$. Sind V,V* die inversen Operatoren zu -L, -L* (diese können als Kerne aufgefaßt werden) und λ das Lebesguesche Maß, so sind erneut die Voraussetzungen des letzten Satzes erfüllt. Der Dualität von Differentialoperatoren entspricht also genau die Dualität von Standard-H-Kegel.

c) Analoge Betrachtungen wie in b) können für gleichmäßig elliptische Differentialoperatoren zweiter Ordnung in Divergenzform angestellt werden.

§ 5 Darstellungssätze

Im folgenden sei S ein Standard-H-Kegel.

Die gröbste Topologie auf S derart, daß alle $\mu \in (S*)_o$ stetig sind, heißt die natürliche Topologie auf S. Wegen der kanonischen Isomorphie von S_o und $(S**)_o$, ist die natürliche Topologie von S* offenbar genau die gröbste Topologie, bezüglich der alle Abbildungen $\tilde{s}$ mit $s \in S_o$ stetig sind.

Satz. Die natürliche Topologie von S ist metrisierbar und die von S* sogar vollständig metrisierbar.

Der folgende Satz ist die Grundlage sowohl für Integral- als auch Funktionaldarstellungen.

168

<u>Satz.</u> Sei $u \in S$ eine schwache Einheit. Dann ist $K_u := \{\mu \in S^* : \mu(u) \leq 1\}$ ein kompaktes metrisierbares Choquet-Simplex bezüglich der natürlichen Topologie.

<u>Satz (Funktionaldarstellung).</u> Sei $u \in S$ eine schwache Einheit, X_u die Menge aller von 0 verschiedenen Extremalpunkte von K_u und $S_u := \{\tilde{s}|_{X_u} : s \in S\}$.
   Dann gilt:

a) X_u ist eine G_δ-Teilmenge von K_u. Insbesondere ist X_u ein polnischer Raum.

b) S_u (versehen mit den punktweisen Operationen) ist ein Standard-H-Kegel. Für alle $f, g \in S_u$ ist $f \wedge g$ genau das punktweise Infimum der beiden Funktionen, und für alle aufsteigend filtrierenden Mengen $G \subset S_u$ ist $\vee G$ genau das punktweise Supremum, falls $\vee G$ existiert.

c) Die Elemente von S_u (bzw. $(S_u)_o$) sind nach unten halbstetig und endlich auf einer dichten Teilmenge (bzw. stetig und beschränkt).

d) Durch $s \to \tilde{s}|_{X_u}$ wird eine natürliche Isomorphie zwischen den Standard-H-Kegeln S und S_u definiert.

e) Für alle $\mu \in S^*$ mit $\mu(u) < \infty$ existiert genau ein endliches Borel-Maß m auf X_u mit $\mu(s) = \int \tilde{s}|_{X_u} \, dm$.

<u>Bemerkung.</u> Im Gegensatz zum Supremum für aufsteigend filtrierende Mengen in S_u, ist für eine Menge $G \subset S_u$ das punktweise Infimum im allgemeinen von $\wedge G$ verschieden (das punktweise Infimum braucht nicht einmal nach unten halbstetig zu sein). $\wedge G$ ist jedoch die größte n.u.h. Minorante des punktweisen Infimums von G.

<u>Bemerkung.</u> Sei S der Kegel der positiven, superharmonischen Funktionen auf dem $\mathbb{R}^n$ und $u = 1$. Identifiziert man alle $x \in \mathbb{R}^n$ mit dem Dirac-Maß ε_x, so gilt $X_u = \mathbb{R}^n$ und $S_u = S$. Analoges gilt für andere Differentialoperatoren.

In § 3 haben wir gezeigt, daß $\mathcal{E}_V$ ein Standard-H-Kegel ist. Wir kommen nun zu der bereits angekündigten Umkehrung, die auch im Beweis der beiden Hauptsätze eine wichtige Rolle spielt.

Satz. Sei u eine schwache Einheit. Dann existiert ein beschränkter, absolut-stetiger Kern V auf X_u, der dem vollständigen Maximumprinzip genügt, mit den Eigenschaften

1) $\quad S_u \subset \mathcal{E}_V$.

2) $\quad$ Jede beschränkte V-exzessive Funktion gehört zu S_u.

Wir setzen nun zusätzlich voraus, daß die Abbildung $s \to \tilde{s}$ eine Bijektion von S nach S** ist.

Diese Bedingung bedeutet keine wesentliche Einschränkung, und sie ist beispielsweise erfüllt, wenn $S = \mathcal{E}_V$ oder S die Menge aller positiven superharmonischen Funktionen auf dem $\mathbb{R}^n$ ist.

Satz. Sei u* eine schwache Einheit in S*. Dann ist $K_{u*} := \{s \in S : u*(s) \leq 1\}$ ein kompaktes Choquet-Simplex, und die Menge X_{u*} aller von 0 verschiedenen Extremalpunkte ist eine G_δ-Teilmenge von K_{u*}. Weiter existiert für jedes $s \in S$ mit $u*(s) < \infty$ genau ein endliches Borel-Maß m auf X_{u*} derart, daß

$$\mu(s) = \int \mu(\xi) \, dm \, (\xi)$$

für alle $\mu \in S*$.

Literatur

[1]   Boboc, N.; Bucur, Gh.; Cornea, A.; Höllein, H., Order and convexity in potential theory; H-cones. Lecture Notes in Mathematics __853__. Berlin-Heidelberg-New York: Springer 1981.

[2]   Constantinescu, C.; Cornea, A., Potential theory on harmonic spaces. Berlin-Heidelberg-New York: Springer 1972.

[3]   Hunt, G.A., Markoff processes and potentials I, II. Ill. J. Math. 1, 44-93, 316 - 369 (1957).

Katholische Universität Eichstätt
Mathematisch-Geographische Fakultät
D 8078 Eichstätt
Bundesrepublik Deutschland

ON THE FUNCTIONAL CALCULUS OF

PSEUDO-DIFFERENTIAL BOUNDARY PROBLEMS

Gerd Grubb

The lecture falls in three parts. First we give an introduction to
the calculus of pseudo-differential boundary value problems, that
generalize the boundary problems for differential operators. A particularly interesting ingredient here is the singular Green operators
(entering also in differential boundary problems), and the second part
is concerned with some spectral results for such operators. Finally,
in the third part we give an account of a calculus of "functions of an
operator". The techniques are of interest also for scattering theory
(with obstacles). An appendix gives some detailed formulas.

1. The Boutet de Monvel algebra

Like in many other lectures at this conference, the point of
departure is the Laplace operator, here considered on a smooth domain
$\Omega \in \mathbb{R}^n$. Solving the Dirichlet problem (for smooth data, say) amounts
to inverting the operator

$$A = \begin{pmatrix} -\Delta \\ \gamma_0 \end{pmatrix} : C^\infty(\overline{\Omega}) \to \begin{matrix} C^\infty(\overline{\Omega}) \\ \times \\ C^\infty(\partial\Omega) \end{matrix} \qquad (1)$$

where $\gamma_0 u$ stands for $u|_{\partial\Omega}$ (more generally, $\gamma_j u$ denotes the j'th
normal derivative of u at $\partial\Omega$). The Laplace operator on $\mathbb{R}^n$ can
be expressed via the Fourier transform

$$-\Delta u = F^{-1}(|\xi|^2 Fu) = (2\pi)^{-n} \int e^{ix\cdot\xi}|\xi|^2 \hat{u}(\xi)d\xi \qquad (2)$$

which is a very special case of a <u>pseudo-differential operator</u>
(ps.d.o.)

$$Pu = Op(p(x,\xi))u = (2\pi)^{-n} \int e^{ix\cdot\xi} p(x,\xi)\hat{u}(\xi)d\xi \tag{3}$$

for suitable <u>symbols</u> $p(x,\xi)$. Also the solution operator

$$Qu = \frac{c_n}{|x|^{n-2}} * u \qquad \text{(for } n \geq 3) \tag{4}$$

is a pseudo-differential operator, with symbol $|\xi|^{-2}$. The calculus
of pseudo-differential operators, in its original and simplest form,
gives a generalization of differential operators containing the
inverses (modulo smoothing operators) of elliptic differential
operators. We shall here describe a calculus of <u>pseudo-differential</u>
<u>boundary</u> <u>problems</u> containing the operators describing elliptic differ-
ential boundary problems (as in (1)) and <u>their</u> inverses.

The inverse of (1) is of the form

$$A^{-1} = (R \quad K) : \begin{array}{c} C^\infty(\overline{\Omega}) \\ \times \\ C^\infty(\partial\Omega) \end{array} \rightarrow C^\infty(\overline{\Omega}) \tag{5}$$

where K is the Poisson operator solving $-\Delta u = 0$, $\gamma_0 u = \varphi$ (K
sends φ into u) ; and R is the operator solving $-\Delta u = f$,
$\gamma_0 u = 0$. R can be viewed as the inverse of the <u>realization</u> B of
$-\Delta$ whose domain consists of the functions u with $\gamma_0 u = 0$. The
structure of R is more precisely

$$R = Q_\Omega + G , \tag{6}$$

where Q is as in (4) (the "Newton kernel");

$$Q_\Omega = r_\Omega Q e_\Omega , \tag{7}$$

where r_Ω denotes restriction to Ω and e_Ω denotes extension by
zero; and G is a correction adapted specially to the Dirichlet
problem (called a singular Green operator). To get a calculus containing all these ingredients, one must consider matrices

173

$$A = \begin{pmatrix} P_\Omega + G & K \\ T & S \end{pmatrix} : \begin{matrix} C^\infty(\overline{\Omega})^N \\ \times \\ C^\infty(\partial\Omega)^M \end{matrix} \to \begin{matrix} C^\infty(\overline{\Omega})^N \\ \times \\ C^\infty(\partial\Omega)^{M'} \end{matrix} , \tag{8}$$

where P is a pseudo-differential operator on $\mathbb{R}^n$ (P_Ω its restriction as in (7)), T is a __trace__ __operator__ (going from Ω to $\partial\Omega$) , K is a so-called __Poisson__ __operator__ (also called a potential operator or coboundary operator) going from $\partial\Omega$ to Ω , and S is a ps.d.o. acting in $\partial\Omega$. Finally, G is a so-called __singular__ __Green__ __operator__ (s.g.o.), acting in Ω but quite unlike a ps.d.o. L. Boutet de Monvel showed in [3] how to define these systems to form an __algebra__, in the sense that the composite $A \circ A'$ of two such systems (when the dimensions fit together) is again of the same kind; this really stands for 13 different composition rules. M and M' are ≥ 0 ; note that $M = 0$ in (1) and $M' = 0$ in (5). P is assumed to have the "transmission property", assuring that P_Ω preserves $C^\infty(\overline{\Omega})$.

Without going into details we just mention that the operators G , T and K can be viewed as a kind of pseudo-differential operators with respect to $x' \in \partial\Omega$, acting in certain different ways with respect to the normal coordinate at $\partial\Omega$. The full system A is called a __Green__ __operator__. The appendix gives further explanations.

__Ellipticity__ of A means that (i) and (ii) hold: (i) P is elliptic (the principal symbol $p^0(x,\xi)$ is invertible), (ii) the principal *boundary symbol operator* $a^0(x',\xi',D_n)$ (a "model" operator on $\mathbb{R}_+$ defined at each (x',ξ') in the cotangent bundle of $\partial\Omega$) is invertible. In the elliptic case, A has a parametrix A' belonging to the algebra, such that $AA' - I$ and $A'A - I$ are smoothing operators.

The s.g.o. term G is particularly interesting. A special case (occurring in (6)) is where G is of the form KT (with K a Poisson operator and T a trace operator); more generally G is an infinite series $G = \Sigma_{j=1}^{\infty} K_j T_j$ (converging rapidly in suitable norms). The following operator on $\mathbb{R}_+^n = \{x \in \mathbb{R}^n \mid x_n > 0\}$ is likewise a s.g.o. (cf. [11])

$$G^+(P) = r_{\mathbb{R}_+^n} P e_{\mathbb{R}_-^n} J \tag{9}$$

where P is a ps.d.o. with the transmission property, and J is the reflection operator $u(x',x_n) \mapsto u(x',-x_n)$ ($x' \in \mathbb{R}^{n-1}$ and $x_n \in \mathbb{R}$).

The theory of pseudo-differential boundary problems not only has an interest in itself, but also gives new insight into differential operator problems. For instance it is of interest in scattering theory connected with boundary problem for $P = -\Delta + 1$ (and other uniformly elliptic operators) on an exterior domain Ω_+ (with $\Omega_- = \mathbb{R}^n \smallsetminus \Omega_+$ bounded), that the operator

$$G_0 = P^{-1} - P_+^{-1} \oplus P_-^{-1} \tag{10}$$

(where P_+ and P_- are elliptic realizations of P on Ω_+ resp. Ω_-) can be written as a sum of s.g.o.-like operators, some of the type KT and some of the type $r_{\Omega_+} P e_{\Omega_-}$ (cf. (9)); here G_0 is compact while neither P nor P_+ is compact.

2. Spectral estimates

When Ω is bounded and G is a singular Green operator of order $-d$ on Ω $(d > 0)$, continuous from $L^2(\Omega)$ to $H^d(\Omega)$, then its characteristic values $s_k(G)$ (the eigenvalues of $|G| = (G^*G)^{\frac{1}{2}}$) have an asymptotic behaviour that is better than what one should expect from the fact that G ranges in $H^d(\Omega)$, namely

$$s_k(G) \text{ is } O(k^{-d/(n-1)}) \text{ for } k \to \infty , \tag{11}$$

with the boundary dimension $n-1$ instead of n . This kind of estimate was observed already by Birman in 1962 [2] for the special case

$$G = P_{Dir}^{-1} - P_{Neu}^{-1} \tag{12}$$

(for the Dirichlet and Neumann realizations of an elliptic differential operator of order d). That observation was sharpened in Grubb [9] to

$$s_k(G) \sim c(G)k^{-d/(n-1)} \qquad \text{for } k \to \infty \tag{13}$$

(with some remainder estimates). H'melnickiĭ [14] showed (13) for more general s.g.o.s arizing from differential boundary problems, and Lapt'ev [16] showed (13) for s.g.o.s of the type $G^+(P)$ (cf. (9)), with quite general P . The present author has recently obtained (13) for <u>all</u> s.g.o.s. in Boutet de Monvel's class, cf. [12].

Now consider an exterior domain Ω_+ (with $\Omega_- = \mathbb{R}^n \setminus \overline{\Omega}_+$ bounded). Here we have found that G_0 (cf. (10)) behaves spectrally like a s.g.o. on a bounded domain,

$$s_k(G_0) \text{ is } \mathcal{O}(k^{-d/(n-1)}) \text{ for } k \to \infty , \tag{14}$$

and therefore, since it is well known that

$$s_k(P_-^{-1}) \sim c(P,\Omega_-)k^{-d/n} \text{ for } k \to \infty \tag{15}$$

(the Courant-Weyl estimate), then also

$$s_k(P^{-1} - P_+^{-1} \oplus 0) \sim c(P,\Omega_-)k^{-d/n} \text{ for } k \to \infty , \tag{16}$$

by an easy perturbation argument. (In particular, $P^{-1} - P_+^{-1} \oplus 0$) is of trace class for $d > n$, which occurs e.g. when P is an N'th power of $-\Delta + 1$, for $2N > n$.) This sharpens earlier estimates of Deift and Simon [4], Reed and Simon [18], that are useful in scattering theory. Details in [11].

3. Functional calculus

For the study of "functions of an operator" we must consider operators with domain and range in the same space. One instance is where one consideres a square matrix formed A , as in (8), with $M = M'$. This case is far removed from the differential operator case (compare (1)) but occurs after compositions of differential systems and parametrices of such. (An interesting case where $M = M' = 0$ arizes from the Stokes operator, cf. [8].) Another case, that is directly relevant for differential operators, is where one considers a realization $B = (P + G)_T$, regarded as an unbounded operator in $L^2(\Omega)$, acting like $P_\Omega + G$ (of order $d > 0$) and with domain

$$D(B) = \{u \in H^d(\Omega) \mid Tu = 0\} . \tag{17}$$

We here assume that the system

$$\begin{pmatrix} P_\Omega + G \\ T \end{pmatrix} : C^\infty(\overline{\Omega})^N \to \begin{matrix} C^\infty(\overline{\Omega})^N \\ \times \\ C^\infty(\partial\Omega)^{M'} \end{matrix} \tag{18}$$

is elliptic. Let R_λ denote the resolvent of B

$$R_\lambda = (B - \lambda)^{-1} \tag{19}$$

(whenever defined as a bounded operator in $L^2(\Omega)$). Functions $f(B)$ will be defined via the Cauchy integral

$$f(B) = \frac{i}{2\pi} \int_C f(\lambda) R_\lambda \, d\lambda \tag{20}$$

where C is a curve going clockwise around the spectrum of B , and $f(\lambda)$ is assumed to be holomorphic on and near the spectrum, satisfying growth conditions ensuring the convergence of the integral.

For the structure of $f(B)$ we note that just as in (5) - (7), R_λ enters in the full inverse

$$\begin{pmatrix} P_\Omega + G - \lambda \\ T \end{pmatrix}^{-1} = (R_\lambda \quad K_\lambda) \ , \quad \text{with the structure} \tag{21}$$

$$R_\lambda = (Q_\lambda)_\Omega + G_\lambda \ , \tag{22}$$

where $Q_\lambda = (P-\lambda)^{-1}$, the resolvent of P on $\mathbb{R}^n$, and G_λ is a (parameter-dependent) s.g.o. Inserting (22) in (20), we find

$$f(B) = \left[\frac{i}{2\pi} \int_C f(\lambda) Q_\lambda d\lambda \right]_\Omega + \frac{i}{2\pi} \int_C f(\lambda) G_\lambda d\lambda = [f(P)]_\Omega + f_1(B) \ . \tag{23}$$

The operator $f(P)$ (without boundary conditions) has been studied extensively for increasingly general functions f and elliptic ps.d.o.s P (by Seeley [19], Strichartz [20], Dunau [5], Widom [21] and others), leading to $f(P)$ in more and more general classes.

The new object is then $f_1(B) = \frac{i}{2\pi} \int_C f(\lambda) G_\lambda d\lambda$; it is a kind of s.g.o.; very rarely in the Boutet de Monvel class but having some of the same features (e.g. with regards to spectral properties).

Among the functions that have been studied are $f(\lambda) = \lambda^z$ (Re $z < 0$) and $f(\lambda) = \exp(-t\lambda)$ $(t > 0)$; let us give an account of the latter (more details in [10]). The function $\exp(-tB)$ solves the "heat equation"

$$u'(t) + B \, u(t) = 0 \quad , \quad t > 0$$

$$u(0) = u_0 \quad , \tag{24}$$

(for functions of t valued in the domain of B). As a concrete example, one can here consider problems of the form (where $u = u(x,t)$)

$$\frac{\partial u}{\partial t} - \Delta_x u + K_0 \gamma_0 u + K_1 \gamma_1 u + G'u = 0 \quad \text{for} \quad x \in \Omega , \quad t > 0 ;$$

$$\gamma_0 u + T_0 u = 0 \quad \text{for} \quad x \in \partial\Omega , \quad t > 0 ; \quad (25)$$

$$u(x,0) = u_0(x) \quad \text{for} \quad x \in \Omega , \quad t = 0;$$

here K_0 and K_1 are integral operators from $\partial\Omega$ to Ω (Poisson operators), G' is an integral operator over Ω (of s.g.o.-type), and T_0 is an integral operator (trace operator) from $\partial\Omega$ to Ω . (Also nonzero data in the first two lines of (25) can be allowed.) The terms $K_0\gamma_0 u$ and $K_1\gamma_1 u$ are sometimes called "boundary feedback terms", and the second line in (25) a "boundary renewal condition" (occurring e.g. in population dynamics); systems of this kind are currently studied in control theory. Denoting

$$P = -\Delta , \quad G = K_0\gamma_0 + K_1\gamma_1 + G' , \quad T = \gamma_0 + T_0 , \quad (26)$$

the problem (25) can be put in the form (24), with $B = (P + G)_T$ (cf. (17), d - 2).

We here need a hypothesis on parabolicity, that we state in its technical form, for scalar operators ($S(\overline{\mathbb{R}}_+)$ stands for $r_{\mathbb{R}_+} S(\mathbb{R})$) .

<u>Definition 1.</u> Let $\theta \in [0,2\pi]$. The system $\begin{pmatrix} P_\Omega + G \\ T \end{pmatrix}$ is said to be <u>parameter-elliptic on the ray with argument</u> θ , when $1^0 - 3^0$ hold for the principal symbols:

1^0 $(p^0(x,\xi)-\lambda)^{-1}$ exists for all $x \in \overline{\Omega}$, $\xi \in \mathbb{R}^n$ and $\lambda = re^{i\theta}$ with $|\xi| + r > 0$.

2^0 The (parameter-dependent) principal boundary symbol operator

$$a_\lambda^0(x',\xi',D_n) = \begin{pmatrix} p^0(x',0,\xi',D_n) + g^0(x',\xi',D_n) - \lambda \\ t^0(x',\xi',D_n) \end{pmatrix} \quad (27)$$

is bijective from $S(\overline{\mathbb{R}}_+)$ to $S(\overline{\mathbb{R}}_+) \times \mathbb{C}^{M'}$ for all $x' \in \partial\Omega$, $\xi' \in \mathbb{R}^{n-1}$ and $\lambda = re^{i\theta}$ with $|\xi'| + r > 0$.

3^0 $a_\lambda^0(x',\xi',D_n)$, considered with strict homogeneity for $\xi' \neq 0$, has a limit $a_\lambda^h(x',0,D_n)$ for $\xi' \to 0$ $(r > 0)$, which is again bijective from $S(\overline{\mathbb{R}}_+)$ to $S(\overline{\mathbb{R}}_+) \times \mathbb{C}^{M'}$.

Definition 2. The problem

$$\frac{\partial u}{\partial t} + (P_\Omega + G)u = f \quad \text{for } x \in \Omega , \ t > 0 ,$$

$$Tu = \varphi \quad \text{at } \partial\Omega , \text{ for } t > 0 , \tag{28}$$

$$u\big|_{t=0} = u_0 \quad \text{on } \Omega , \text{ for } t = 0 ,$$

is said to be <u>parabolic</u>, when $\begin{pmatrix} P_\Omega + G \\ T \end{pmatrix}$ is parameter-elliptic on the rays with argument θ , for all $\theta \in [\pi/2 , 3\pi/2]$.

The parameter-ellipticity implies that $d \geq 0$ and that T is a <u>normal</u> boundary operator (essentially, its principal part with respect to the normal coordinate is a usual normal differential trace operator). The parabolicity moreover requires that d be even ≥ 0 and that $M' = d/2$. (The case $d = 0$ is a little special in that the operator B is then bounded in $L^2(\Omega)$.)

Assume now that Definition 2 is satisfied and $d > 0$. One of the problems in the treatment of (28) is that $\partial/\partial t + P$ is not a nice ps.d.o. in the $n+1$ variables (x,t) (i.e. a parabolic ps.d.o., as treated e.g. by Fabes, Rivière [6]) <u>unless</u> P is a differential operator; otherwise the symbol $i\tau + p(x,\xi)$ has a non-standard behavior in the neighbourhood of the whole axis $\xi = 0$. The crucial part of the treatment of $f(B)$ has been the introduction of symbol classes (not only for ps.d.o.s but for full Green operators (8)) taking this bad behaviour into account.

The results that have been obtained are as follows. For one thing, it is shown that (28) can be solved in the framework of L^2 Sobolev spaces, much as described for differential operators in Lions-Magenes [17] and Friedman [7] (under suitable compatibility conditions on the data).

Another result is that the very detailed description of the symbols has permitted an analysis of the behaviour of the trace of the heat operator for $t \to 0$ (which is of trace class for $t > 0$, when Ω is bounded):

$$\begin{aligned} \operatorname{tr} \exp(-tB) = C_{-n} t^{-n/d} + C_{1-n} t^{(1-n)/d} + \dots \\ \dots + C_0 + \dots + C_r t^{r/d} + o(t^{r/d}) , \end{aligned} \tag{29}$$

where r is a certain number with $0 < r < d$ (depending on the choice of G and T). Like in the case of differential problems (cf. e.g. Atiyah [1]), the C_0 term in this formula can be used to calculate the index for a wide class of boundary value problems, here allowing nonlocal terms both in the interior equation and the boundary condition.

Also for exterior problems, the point of view of functional calculus is fruitful. We have in [13] studied the singular Green contribution for some functions, in particular

$$G_{exp}(t) = \exp(-tP) - \exp(tP_+) \oplus \exp(-tP_-) , \tag{30}$$

determining the asymptotic behaviour of the trace for $t \to 0$ to a high precision (extending and generalizing results of Jensen and Kato [15]).

Appendix

The entries in (8) have the following detailed structure, described in local coordinate systems where $\overline{\Omega}$ is replaced by $\overline{\mathbb{R}}^n_+$.

The pseudo-differential operator P of order d is defined by (3) on $\mathbb{R}^n$, with a symbol $p(x,\xi) \sim \Sigma^\infty_{\ell=0} p_{d-\ell}(x,\xi)$, the $p_{d-\ell}(x,\xi)$ being C^∞ in (x,ξ) and homogeneous in ξ of degree $d - \ell$ for $|\xi| \geq 1$. The equivalence $\sim$ stands for the estimates

$$|D^\beta_x D^\alpha_\xi (p - \sum_{\ell < M} p_{d-\ell})| \leq c(x)(1+|\xi|)^{d-|\alpha|-M} ,$$

valid for all indices α, β and M, with continuous functions $c(x)$ depending on the indices. The _transmission_ _property_ means that the functions (inverse Fourier transforms in ξ_n)

$$\widetilde{p}_{(m)}(x',z_n,\xi') = F^{-1}_{\xi_n \to z_n} D^m_{x_n} p(x',0,\xi',\xi_n) ,$$

that are defined and C^∞ in all variables for $z_n \neq 0$, extend to C^∞ functions for $z_n \geq 0$ and for $z_n \leq 0$, generally with a jump at $z_n = 0$.

The _trace_ _operator_ T is of the form

$$T = \Sigma^{r-1}_{j=0} S_j \gamma_j + T' ,$$

where the S_j are ps.d.o.s. in $\mathbb{R}^{n-1}$ of order $d-j$, the γ_j are standard trace operators $\gamma_j : u \to \left(D_{x_n}^j u \right)\big|_{x_n=0}$, and T' is an integral operator (scalar product) with respect to the x_n-variable, "pseudo-differential" in the x'-variable:

$$(T'u)(x') = (2\pi)^{1-n} \int_{\mathbb{R}^{n-1}} e^{ix'\cdot\xi'} \int_0^\infty \tilde{t}'(x',x_n,\xi')u(\hat{\xi}',x_n)dx_n d\xi' \ .$$

Here $\tilde{t}'$ lies in $S(\overline{\mathbb{R}}_+)$ with respect to x_n and satisfies the estimates, for all indices,

$$\| x_n^m D_{x_n}^{m'} D_{x'}^{\beta'} D_\xi^{\alpha'} \tilde{t}' \|_{L^2_{x_n}(\mathbb{R}_+)} \le c(x')(1+|\xi'|)^{d+\frac{1}{2}-m+m'-|\alpha'|} \ .$$

T is then said to be of order d and class r.

The <u>Poisson operator</u> K is of the form

$$(K\varphi)(x) = (2\pi)^{1-n} \int_{\mathbb{R}^{n-1}} e^{ix'\cdot\xi'} \tilde{k}(x',x_n,\xi')\hat{\varphi}(\xi')d\xi' \ ,$$

where $\tilde{k}$ is of the same kind as $\tilde{t}'$ above (K is then of order $d+1$). The example $\tilde{k} = \exp(-x_n(1+|\xi'|^2)^{\frac{1}{2}})$ occurs in the study of $-\Delta + 1$.

The <u>singular Green operator</u> G is of the form (order d, class r)

$$G = \Sigma_{j=0}^{r-1} K_j \gamma_j + G' \ ,$$

where the K_j are Poisson operators of order $d-j$, and G' is an integral operator (Hilbert-Schmidt operator) in the x_n-variable, "pseudo-differential" in the x'-variable:

$$G'u = (2\pi)^{1-n} \int_{\mathbb{R}^{n-1}} e^{ix'\cdot\xi'} \int_0^\infty \tilde{g}'(x',x_n,y_n,\xi')u(\hat{\xi}',y_n)dy_n d\xi' \ .$$

Here g' lies in $S(\overline{\mathbb{R}}_+ \times \overline{\mathbb{R}}_+)$ in the (x_n,y_n)-variable, and satisfies the estimates, for all indices,

$$\| x_n^m D_{x_n}^{m'} y_n^k D_{y_n}^{k'} D_{x'}^{\beta'} D_\xi^{\alpha'} \tilde{g}' \|_{L^2_{x_n,y_n}(\mathbb{R}_+ \times \mathbb{R}_+)}$$
$$\le c(x')(1+|\xi'|)^{d-1-m+m'-k+k'-|\alpha'|} \ .$$

Finally, S is a ps.d.o. on $\mathbb{R}^{n-1}$.

There are further explanation in [3], [8], [11]; and details on
the calculus are also given in the book of S. Rempel and B.-W. Schulze
"Index Theory of Elliptic Boundary Value Problems".

References

[1] M. Atiyah, "Global aspects of the theory of elliptic differential
operators"., *Proc. Int. Congr. Math., Moscow* 1966, 7-14.

[2] M. S. Birman, "Perturbations of the continuous spectrum of a
singular elliptic operator under changes of the boundary and
boundary conditions", *Vestn. Leningr.* 1 (1962), 22-55.

[3] L. Boutet de Monvel, "Boundary problems for pseudo-differential
operators", *Acta Math.* 126 (1971), 11-51.

[4] P. Deift and B. Simon, "On the decoupling of finite singularities
from the question of asymptotic completeness in two body quantum
systems", *J. Functional Analysis* 23 (1976), 218-238.

[5] J. Dunau, "Fonctions d'un opérateur elliptique sur une variété
compacte", *J. Math. Pures Appl.* 56 (1977), 367-391.

[6] E. B. Fabes, N. M. Rivière, "Symbolic calculus of kernels with
mixed homogeneity", *AMS Proc. Symp. Pure Math.* 10 (1967), 106-127.

[7] A. Friedman, *Partial Differential Equations*, Holt, Rinehart and
Winston, New York 1969.

[8] G. Geymonat, G. Grubb, "The essential spectrum of elliptic
systems of mixed order", *Math. Ann.* 227 (1977), 247-276.

[9] G. Grubb, "Properties of normal boundary problems for elliptic
even-order systems", *Ann. Sc. Norm. Sup. Pisa* 1 (Ser. 4) (1974),
1-61.

[10] G. Grubb, "The heat equation associated with a pseudo-differential
boundary problem", *Seminar Analysis* 1981/82, Akad. Wiss. DDR, 27-48.

[11] G. Grubb, "Singular Green operators and trace class estimates for
exterior boundary problems" (to appear), *Copenhagen Univ. Prepr.
Ser.* No. 16 (1982).

[12] G. Grubb, "Comportement asymptotique du spectre des opérateurs de
Green singuliers", *C. R. Acad. Sc. Paris* 296 (1983), 35-37.

[13] G. Grubb, "Remarks on trace estimates for exterior boundary
problems", *Copenhagen Univ. Prepr. Ser.* No. 11, 1983.

[14] P. H'melnickiĭ, "The asymptotics of the spectrum of integral
operators with kernels satisfying homogeneous elliptic systems",
Problems in Math. Analysis 8, Leningrad 1981, 189-212 (see also
Dokl. A. N. 19, 1978).

[15] A. Jensen and T. Kato, "Asymptotic behaviour of the scattering
phase for exterior domains", *Comm. Part. Diff. Equ.* 3 (1978),
1165-1195.

[16] A. A. Lapt'ev, "Spectral asymptotics for a class of Fourier
integral operators", *Trudy Mosc. Math. Obsv.* 43 (1981), 92-115
(see also *Dokl. A. N.* 18, 1977).

[17] J. L. Lions and E. Magenes, *Problèmes aux limites non homogènes*

et applications, vol. 2. Editions Dunod, Paris 1968.

[18] M. Reed and B. Simon, *Methods of Modern Mathematical Physics III*, Academic Press, New York 1978.

[19] R. Seeley, "Complex powers of an elliptic operator", *AMS Proc. Symp. Pure Math.* <u>10</u> (1967), 288-307.

[20] A. Strichartz, "A functional calculus for elliptic pseudo-differential operators", *Am. J. of Math.* <u>94</u> (1972), 711-722.

[21] H. Widom, "A complete symbolic calculus for pseudo-differential operators", *Bull. Sc. Math.* (2 sér.) <u>104</u> (1980), 19-63.

Copenhagen University
Mathematics Department
Universitetsparken 5
DK-2100 Copenhagen Ø
Denmark

ENTWICKLUNGEN BEI DER PRAKTISCHEN

BEHANDLUNG VON INTEGRALGLEICHUNGEN

Günther Hämmerlin

1.   Ein Bericht über neuere Entwicklungen bei der praktischen Behandlung von Integralgleichungen im Rahmen eines
Vortrags setzt notwendigerweise eine Auswahl voraus. Das
Thema schließt eine Vielzahl von Untersuchungen der verschiedenen Typen von Integralgleichungen ein. Stellen diese doch neben den Differentialgleichungen das wichtigste
Werkzeug zur Beschreibung von Vorgängen in der Natur, von
technischen Problemen und wirtschaftlichen Zusammenhängen
mit Mitteln der Analysis dar.

Ein Kolloquium, das unter dem Namen von Leonhard Euler
stattfindet, ist gewiß eine geeignete Gelegenheit, auch
über numerische Methoden zu berichten. Sein Name ist mit
Untersuchungen, die man heute der numerischen Analysis zu-
rechnen würde, ebenso verbunden wie mit anderen Teilgebie-
ten der Mathematik. Im übrigen sind praktische Ansätze und
numerische Aspekte von theoretischen ohnehin häufig nicht
zu trennen.

Allgemeine Entwicklungstendenzen der letzten Jahrzehn-
te wirkten sich auch auf die Numerik der Integralglei-

chungen aus. Dazu gehört vor allem das starke Eindringen
funktionalanalytischer Betrachtungsweisen in numerische
Untersuchungen. Integralgleichungen bilden Paradebeispiele
hierfür. Die Lebendigkeit der Untersuchungen brachte in
letzter Zeit zahlreiche Veröffentlichungen hervor sowie
Spezialtagungen, von denen das Symposium in Durham (England) 1982 als jüngste Veranstaltung erwähnt werden soll;
der Tagungsband [1] gibt einen Einblick in die Vielfalt
der auftretenden Fragestellungen. Nichtlineare Integralgleichungen, singuläre Typen der verschiedenen Klassen,
inkorrekt gestellte Probleme im Zusammenhang mit Integralgleichungen 1. Art (z.B. in [7]) bilden eine Auswahl davon. Die Methode der Randelemente zur numerischen Behandlung elliptischer Randwertprobleme (z.B. [20]) stellt ein
Beispiel einer theoretisch wie praktisch bedeutsamen Neu-
entwicklung dar.

Auch im Bereich linearer Integralgleichungen sind
die Untersuchungen keineswegs abgeschlossen; es läßt sich
jedoch, vor allem im Fredholmschen Fall, eine Systematik
erkennen. In den folgenden Abschnitten soll auf einige
Typen von Verfahren zur Gewinnung von Näherungslösungen
Fredholmscher Integralgleichungen 2. Art eingegangen werden.

2. Der Gedanke liegt nahe, in der Integralgleichung (Igl)

$$(2.1) \qquad \kappa\varphi(s) = \int_a^b k(s,t)\varphi(t)dt + f(s)$$

die Integration durch eine numerische Quadratur zu ersetzen,
um zu Näherungen an die gesuchte Lösung zu kommen; von
einer solchen Diskretisierung geht bereits die Fredholmsche
Determinantentheorie aus. So gab Nyström [12], zunächst für
Gaußsche Quadraturformeln, das folgende Verfahren an:

$$\text{Sei} \qquad Jg := \int_a^b g(t)dt, \qquad \text{und sei}$$

$$(2.2) \qquad Q_n g := \sum_1^n w_j g(t_j)$$

eine Quadraturformel. Dann gilt

$$Jg = Q_n g + R_n g$$

mit dem Fehlerfunktional R_n. Bei Anwenden der Quadraturformel (2.2) entsteht aus der Igl (2.1) die Gleichung

$$(2.3) \qquad \kappa \widetilde{\varphi}(s) = \sum_1^n w_j k(s,t_j) \widetilde{\varphi}(t_j) + f(s)$$

für eine Näherungslösung $\widetilde{\varphi}$ von (2.1). Kollokation an den
Stützstellen $s_i := t_i$ ergibt das lineare Gleichungssystem

$$\kappa \widetilde{\varphi}(s_i) = \sum_{j=1}^n w_j k(s_i,t_j) \widetilde{\varphi}(t_j) + f(s_i) \; ,$$

$(i = 1,2,\ldots,n)$, im inhomogenen oder

$$\widetilde{\kappa} \widetilde{\varphi}(s_i) = \sum_{j=1}^n w_j k(s_i,t_j) \widetilde{\varphi}(t_j)$$

im homogenen Fall, aus denen sich die Stützwerte $\widetilde{\varphi}(s_i)$ bzw.
$\widetilde{\kappa}$ und $\widetilde{\varphi}(s_i)$ berechnen lassen. Der Gesamtverlauf der Näherungslösungen $\widetilde{\varphi}$ fließt dann aus (2.3).

Konvergenz- und Fehleruntersuchungen der Quadratur-
methode sind auch im inhomogenen Fall nicht ganz einfach.
Das wird augenfällig, wenn man an folgendes denkt:
Operieren etwa J und Q_n auf dem Banachraum $C([a,b], \|\cdot\|_\infty)$,
so gilt zwar die Abschätzung $\|Jg - Q_n g\| \leq \|J - Q_n\| \, \|g\|$.

Zu einer Konvergenzaussage würde dann die Aussage
$\lim_{n \to \infty} \|J - Q_n\| = 0$ führen; diese Aussage gilt jedoch nicht

in $C([a,b], \|\cdot\|_\infty)$, wie einfache Gegenbeispiele zeigen.

Besonders im homogenen Fall aber gelangen erst Brakhage [3] unter der Annahme symmetrischer Kerne Fehlerabschätzungen und davon ausgehende Konvergenzaussagen für die Qua-
draturmethode. Untersuchungen des asymptotischen Fehlerver-
haltens für allgemeinere Kerne wurden später von Vainikko
[19], Osborne [13], Spence [18], Chatelin [4] und anderen
angegeben.

An zweiter Stelle soll hier das Ritz-Galerkin-Verfah-
ren (R-G-Verfahren) erwähnt werden. Ein direkter Zugang zu
diesem Verfahren ergibt sich aus dem folgenden Ansatz: Sei
$\{\varphi_1,\varphi_2,\ldots,\varphi_l\}$ ein System linear unabhängiger Elemente in
einem geeigneten Hilbertraum, in dem die Lösung der Igl

(2.4) $\qquad \kappa\varphi = K\varphi + f$

gesucht wird. Der lineare Näherungsansatz

$$\widetilde{\varphi} = \sum_1^l \alpha_j \varphi_j$$

führt zunächst zu den Gleichungen

$$\kappa \sum_1^l \alpha_j \varphi_j = \sum_1^l \alpha_j K\varphi_j + f + \rho$$

mit dem Defekt ρ; die Forderungen $\langle \varphi_i, \rho \rangle = 0$,
$(i = 1,2,\ldots,l)$, ergeben die Bestimmungsgleichungen

$$(2.5) \qquad \kappa \sum_{j=1}^l \alpha_j \langle \varphi_i, \varphi_j \rangle = \sum_{j=1}^l \alpha_j \langle \varphi_i, K\varphi_j \rangle + \langle \varphi_i, f \rangle$$

für $\alpha_1, \alpha_2, \ldots, \alpha_l$ bzw.

$$\widetilde{\kappa} \sum_{j=1}^l \alpha_j \langle \varphi_i, \varphi_j \rangle = \sum_{j=1}^l \alpha_j \langle \varphi_i, K\varphi_j \rangle$$

oder kurz

$$(2.6.1) \qquad \widetilde{\kappa} B \underline{\alpha} = A \underline{\alpha}$$

für $\widetilde{\kappa}$ und $\underline{\alpha} := (\alpha_1, \alpha_2, \ldots, \alpha_l)^T$ im homogenen Fall.

Ist insbesondere $\{\varphi_1, \varphi_2, \ldots, \varphi_l\}$ ein Orthonormalsystem, so wird $B := I$, und es entsteht das System

$$(2.6.2) \qquad \widetilde{\kappa} \underline{\alpha} = A \underline{\alpha} \ .$$

Für selbstadjungierte Integraloperatoren lassen sich die Bestimmungsgleichungen (2.6) auch aus dem Satz von Poincaré-Fischer über die Maximum-Minimum-Eigenschaft der Eigenwerte und im inhomogenen Fall (2.5) ebenfalls aus einem Extremalprinzip gewinnen. Die Frage der Konvergenz und der Fehlerabschätzung stellen wir etwas zurück.

3. Um zu einer dritten Klasse von Verfahren zu kommen, erinnern wir uns an die Eigenschaften ausgearteter Kerne

$$k(s,t) = \sum_{j,l=1}^r c_{jl} y_j(s) \eta_l(t) \ .$$

Eingesetzt in (2.1) entsteht

$$\kappa\varphi(s) = \sum_{j=1}^{r} y_j(s) \left[\sum_{l=1}^{r} c_{jl} \int_{a}^{b} \eta_1(t)\varphi(t)dt \right] + f(s);$$

also hat die Lösung φ die Gestalt

$$(3.1) \qquad \kappa\varphi(s) = \sum_{1}^{r} d_j y_j(s) + f(s) ,$$

deren Koeffizientenvektor $\underline{d} := (d_1, d_2, \ldots, d_r)^T$
sich aus dem Gleichungssystem

$$\underline{d} = CY\underline{d} + C\underline{\psi} ,$$

$$(3.2) \qquad C := (c_{jl})_1^r , \quad Y := (\langle \eta_1, y_q \rangle)_1^r ,$$

$$\underline{\psi} := (\langle \eta_1, f \rangle, \langle \eta_2, f \rangle, \ldots, \langle \eta_r, f \rangle)^T$$

berechnen läßt.

Im homogenen Fall reduziert sich die Lösung der Igl
entsprechend auf die Lösung des linearen Gleichungssystems

$$\kappa\underline{d} = CY\underline{d} .$$

Um die Eigenschaft ausgearteter Kerne auszunützen,
stets die explizite Lösung der Igl zu gestatten, kommt
es darauf an, solche Approximationen an k zu finden, die
ausgeartet sind. Eine dieser Möglichkeiten soll hier dargestellt werden.

Dazu betrachten wir das Intervall $I := [0,1]$, die
Schrittweite $h := \frac{1}{n+1}$ und die durch die äquidistanten
Knoten $s_i = (i - m)h$, $(i=1,2,\ldots,2m+n)$, gegebene Untertei-
lung π . Dann ist

$$S(D^m, \pi) := \{\sigma \in C_{m-2}(I) \mid D^m\sigma(s) = 0 \quad \text{für}$$

$$s \in (s_i, s_{i+1}), \quad (i=m, m+1, \ldots, m+n)\}$$

der Raum der Polynomsplines vom Grad $(m-1)$ (der Ordnung m)
bezüglich der Unterteilung π. Eine lokale Basis dieses
$(m+n)$-dimensionalen Raumes wird durch die B-Splines
$B_i^m(s)$, $(i=1,2,\ldots,m+n)$, gebildet. Der Träger eines Ele-

ments B_i^m dieser Basis ist das Intervall $[s_i, s_{i+m}]$, B_i^m wird in jedem Teilintervall durch ein Polynom $(m-1)$-ten Grades dargestellt, und es gilt $B_i^m \in C_{m-2}(I)$.

Mit Hilfe von Polynomsplines lassen sich verschiedene lineare Approximationen an eine Funktion f konstruieren, die auf I und in einer hinreichenden Nachbarschaft definiert ist.

So ist für ungeraden Grad $(m-1)$ die Projektion $Pf \in S$ etwa durch die Interpolationsbedingungen

$$[f - Pf](s_i) = 0, \quad m < i < m+n+1 ,$$

zusammen mit den hermiteschen Endbedingungen

$$(3.3.1) \quad D^j[f - Pf](0) = D^j[f - Pf](1) = 0, \quad 0 \le j \le \frac{m}{2} - 1 ,$$

eindeutig bestimmt.

Eine andere Möglichkeit bilden die von Lyche und Schumaker ([11]; [17], S.224) studierten Quasiinterpolanten

$$(3.3.2) \quad Pf = \sum_{i=1}^{m+n} (\lambda_i f) B_i^m$$

mit geeignet definierten Punktfunktionalen λ_i, so daß $Pg = g$ für alle Polynome bis zum Grad $(m-1)$ gilt.

Schließlich seien noch die durch die Orthogonalitätsbedingungen

$$(3.3.3) \quad < \sigma - f, B_i^m > = 0 \quad (i=1,2,\ldots,m+n)$$

eindeutig definierten Splines $\sigma \in S(D^m, \pi)$ genannt. $\sigma = Pf$ ist die Orthogonalprojektion von f auf S.

Um zu einer zweidimensionalen Verallgemeinerung solcher Splines zu kommen, betrachten wir das Quadrat $G := [0,1] \times [0,1] \subset \mathbb{R}^2$ und die Funktion $F : G \to \mathbb{R}$. Seien P_s der Projektionsoperator in s-Richtung, P_t derjenige in t-Richtung; dann erzeugt die Projektion $P_s P_t F$ einen zweidimensionalen Tensorprodukt-Spline. Ziehen wir die lokale Darstellung eindimensionaler Splines durch B-Splines heran, so entsteht

$$(3.4) \qquad P_s P_t F = \sum_{j,l=1}^{m+n} a_{jl} \, B_j^m(s) B_l^m(t) \ .$$

Für $F := k$ ist (3.4) sichtlich als ausgeartete Darstellung $\tilde{k} = P_s P_t k$ aufzufassen. Für lineare Splines (m=2) gilt dabei in besonders einfacher Weise $a_{jl} = k(s_{j+1}, t_{l+1})$.

Einen anderen Weg zur zweidimensionalen Verallgemeinerung weist die Boolesche Summenbildung ([5])

$$(3.5) \qquad (P_s \otimes P_t) F = P_s F + P_t F - P_s P_t F \ .$$

Die Approximation $\tilde{k} = (P_s \otimes P_t) k$ lautet dann explizit

$$\tilde{k}(s,t) = \sum_{1}^{m+n} B_i^m(s) g_i(t) + \sum_{1}^{m+n} h_j(s) B_j^m(t) -$$

$$- \sum_{i,j=1}^{m+n} a_{ij} B_i^m(s) B_j^m(t) \ .$$

Im linearen Fall (m=2) ist $g_i(t) = k(s_{i+1}, t)$, $h_j(s) = k(s, t_{j+1})$.

Diese "Blende-Splines" haben die bemerkenswerte Eigenschaft, die Originalfunktion F bzw. den Originalkern k nicht nur in den Gitterpunkten, sondern längs der ganzen Gitterlinien zu interpolieren. Im Fall linearer Splines erkennt man das sofort: Wegen $B_i^m(s_{l+1}) = \delta_{i,l+1}$ bzw. $B_j^m(t_l) = \delta_{j,l+1}$ und $a_{ij} = k(s_{i+1}, t_{j+1})$ ist dann $\tilde{k}(s_i, t) = k(s_i, t)$ und $\tilde{k}(s, t_j) = k(s, t_j)$ auf den Gitterlinien.

Die Definition

$$y_i(s) := B_i^m(s) \ , \qquad (i = 1,2,\ldots,m+n) \ ,$$

$$\eta_j(t) := B_j^m(t) \ , \qquad (j = 1,2,\ldots,m+n) \ ,$$

$$y_{m+n+j}(s) := h_j(s) \ , \qquad\qquad " \qquad\qquad ,$$

$$\eta_{m+n+i}(t) := g_i(t) \ , \qquad\qquad " \qquad\qquad ,$$

macht aus $\tilde{k}$ auch hier einen ausgearteten Kern ($r := 2(m+n)$).

190

Um die Näherungsgleichungen

$$\kappa \widetilde{\varphi} = \widetilde{K} \widetilde{\varphi} + f$$

bzw.

$$\widetilde{\kappa \varphi} = \widetilde{\widetilde{K} \varphi}$$

zu lösen, die durch die Kernapproximationen $\widetilde{k}$ nach (3.4) oder (3.5) entstehen, sind die Matrizen C und Y sowie der Vektor $\underline{\psi}$ nach (3.2) zu berechnen.

Für Tensorprodukt-Splines (3.4) erhält man ([9])

$$C := (a_{jl})_1^{m+n} \quad , \quad Y := (\langle B_l^m, B_q^m \rangle)_1^{m+n} \quad ,$$

$$\underline{\psi} := (\langle B_1^m, f \rangle, \ldots, \langle B_{m+n}^m, f \rangle)^T \ ; \ \text{hier ist Y vom}$$

Kern unabhängig, kann also ein für allemal berechnet werden. Bei Approximation durch Blende-Splines (3.5) haben die Matrizen C und Y naturgemäß die doppelte Reihenzahl. Es entsteht ([8])

$$C := \left[\begin{array}{c|c} (a_{ij})_1^{m+n} & I_{m+n} \\ \hline I_{m+n} & O \end{array} \right] \quad ,$$

$$Y := \left[\begin{array}{c|c} (\langle B_i^m, B_j^m \rangle)_1^{m+n} & (\langle B_i^m, g_j \rangle)_1^{m+n} \\ \hline (\langle h_i, B_j^m \rangle)_1^{m+n} & (\langle h_i, g_j \rangle)_1^{m+n} \end{array} \right] \ .$$

Vergleicht man den Aufwand zur Lösung der Ersatzgleichungen für die Ersatzkerne (3.4) mit (3.5) bei Verwendung von Splines gleichen Grades, so geht der erhöhten Rechenzeit im letzteren Fall eine wesentlich höhere Approximationsgenauigkeit des Verfahrens parallel. Interpolierende Tensorprodukt-Splines (3.3) und Quasiinterpolanten (3.4) approximieren mit der Genauigkeitsordnung $O(h^m)$, während Blende-Splines $O(h^{2m})$ garantieren ([16],[5]). Lineare Blende-Splines liefern also Näherungen der Güte $O(h^4)$, kubische $O(h^8)$.

Diese Approximationsgenauigkeit überträgt sich auf die Genauigkeit der Näherungslösungen. Im inhomogenen Fall kennt man das Fehlerverhalten $\| \varphi - \tilde\varphi \| = O(\| K - \tilde K \|)$ ([10]), und auch im homogenen Fall läßt sich eine Abschätzung angeben, die von dem Satz von Weyl [21] ausgeht und zunächst für einfache Eigenwerte symmetrischer Kerne das Fehlerverhalten $|\kappa_i - \tilde\kappa_i| = O(\| K - \tilde K \|)$ liefert [6]; diese Konvergenzgüte zeigen auch die zugehörigen Eigenfunktionen [6]. Beachtet man die in $C([a,b]; \| \cdot \|_\infty)$ und in $L^p[a,b]$ gültige Beziehung $\| K - \tilde K \| \le \| k - \tilde k \|$, so erzeugt also jede der bekannten Schranken für $\| k - \tilde k \|$ eine Abschätzung für die Genauigkeit der Lösungen der Igln.

Werden die Näherungen (3.4) oder (3.5) durch Splines von ungeradem Grad (m-1) erzeugt, so sind die Abschätzungen optimal, die auf der Approximationsgenauigkeit von $\tilde k$ an k beruhen. Bei Splines von geradem Grad dagegen wirkt sich die Tatsache aus, daß die Integrationsgenauigkeit bei Approximation des Integranden durch Polynome geraden Grades um eine Ordnung höher liegt als die Approximationsgenauigkeit; eine Tatsache, die von der Simpsonschen Quadraturregel her jedermann bekannt ist.

Es gelang Schäfer ([14],[15]), die folgende allgemeine Abschätzung anzugeben. Sei H einer der Banachräume $L^p(I)$, $1 \le p < \infty$, oder $C(I, \| \cdot \|_\infty)$. Seien K, $K_h : H \to H$ kompakte Integraloperatoren und $\kappa \ne 0$ ein Eigenwert von K der algebraischen Vielfachheit μ. Ferner sei
$\lim_{h \to \infty} \| K - K_h \| = 0$. Dann gilt: Für genügend kleines h gibt

es genau μ Eigenwerte $\tilde{\kappa}_1, \ldots, \tilde{\kappa}_\mu$ von K_h, die für $h \to 0$ gegen κ konvergieren; dabei ist

$$(3.6) \qquad |\kappa - \frac{1}{\mu} \sum_1^\mu \tilde{\kappa}_i| \leq c (\| K(K - K_h)K \| + \| K - K_h \|^2) \ .$$

Sind nun wie bisher m die Ordnung eines Polynomsplines und $\nu \geq m$ die Konvergenzordnung der Quadraturformel, die durch Approximation eines genügend oft differenzierbaren Integranden mit Hilfe dieser Splines entsteht, so läßt sich aus dieser Schranke für Tensorprodukt-Splines vom Typ (3.3.2) die Konvergenzordnung

$$(3.7) \qquad |\kappa - \frac{1}{\mu} \sum_1^\mu \tilde{\kappa}_i| = O(h^{\min(2m, \nu)})$$

herleiten ([15]) .

Für den bilinearen (m=2) und den bikubischen (m=4) Tensor-produkt-Spline ist $\nu = m$, und (3.7) bestätigt die Konvergenzordnung $O(h^2)$ bzw. $O(h^4)$, die der Approximationsgenauigkeit entspricht. Für den biquadratischen (m=3) Tensorprodukt-Spline jedoch ist $\nu = m+1$, so daß (3.7) die Ordnung $O(h^4)$ wie im bikubischen Fall liefert.

Die Situation bei Blende-Splines ist ähnlich. Aus (3.6) leitet man für Blende-Splines vom Typ (3.3.2) die Ordnung

$$(3.8) \qquad |\kappa - \frac{1}{\mu} \sum_1^\mu \tilde{\kappa}_i| = O(h^{\min(4m, 2\nu)})$$

ab ([2]), die im biquadratischen Fall (m=3, ν=m+1) die Ordnung $O(h^8)$ ebenso wie im kubischen (m=4, ν=m) deutlich macht.

Es sei noch erwähnt, daß in [2] auch die Orthogonal-projektion (3.3.3) untersucht wird. Es ergibt sich die Konvergenzordnung $O(h^{4m})$, die die bisher genannten noch übertrifft.

Alle Fehlerabschätzungen wurden in zahlreichen Bei-spielen numerisch überprüft und bestätigt, die sich in den zitierten Arbeiten finden.

4.   Zum Abschluß kommen wir noch einmal auf das R-G-Verfahren (2.3) und auf die Frage seiner Genauigkeit und seines Konvergenzverhaltens zurück. Bildet man nämlich mit
den R-G-Ansatzfunktionen $\varphi_1,\varphi_2,\ldots,\varphi_1$ den ausgearteten
Ersatzkern

$$\tilde{k}(s,t) = \sum_1^1 \varphi_i(s) \int_a^b k(t,\tau)\varphi_i(\tau)d\tau$$

$$= \sum_1^1 \varphi_i(s)\chi_i(t) \ ,$$

so entstehen mit $A := (\,<\varphi_i,K\varphi_j>\,)_1^1$

die R-G-Gleichungen (2.6.2) und mit $C := I$ und
$Y := (\,<\varphi_i,\psi_j>\,) = A$ erscheint das R-G-Verfahren als
Ersatzkernverfahren. In diesem Sinn ist jedes R-G-Verfahren zur Gewinnung einer Näherungslösung einer Fredholmschen Igl 2. Art einem Ersatzkernverfahren äquivalent.
Fehlerabschätzungen und Konvergenzbetrachtungen lassen sich
also von Ersatzkernverfahren auf R-G-Verfahren übertragen.

LITERATUR:

[1]   Treatment of Integral Equations by Numerical
      Methods, ed. by C.T.H. Baker and G.F. Miller,
      Acad. Press, London 1982.

[2]   L. Bamberger and G. Hämmerlin: Spline-blended
      substitution kernels of optimal convergence.
      In [1] , p. 47-57.

[3]   H. Brakhage: Zur Fehlerabschätzung für die numeri-
      sche Eigenwertbestimmung bei Integralgleichungen,
      Numer. Math. 3, 174-179 (1961).

[4]   F. Chatelin: Sur les bornes d'erreur a posteriori
      pour les éléments propres d'opérateurs lineaires.
      Numer. Math. 32, 233-246 (1979).

[5] W.J. Gordon: Spline-Blended Surface Interpolation
     through Curve Networks. J. of Math. and Mech. 18,
     931-952 (1969).

[6] G. Hämmerlin: Ein Ersatzkernverfahren zur numeri-
     schen Behandlung von Integralgleichungen 2. Art.
     Z. Angew. Math. Mech. 42, 439-463 (1962).

[7] Improperly Posed Problems and their Numerical
     Treatment, ISNM vol. 63, ed. by G. Hämmerlin and
     K.-H. Hoffmann, Birkhäuser Verlag, Basel 1983.

[8] G. Hämmerlin-W.Lückemann: The Numerical Treatment
     of Integral Equations by a Substitution Kernel Me-
     thod Using Blending-Splines. Memorie della Accademia
     Nazionale di Scienze, Lettere e Arti di Modena -
     Serie VI, Vol. XXI - 1979, 1-15 (1981).

[9] G. Hämmerlin-L.L.Schumaker: Procedures for Kernel
     Approximation and Solution of Fredholm Integral
     Equations of the Second Kind. Handbook Series
     Approximations, Numer. Math. 34, 125-141 (1980).

[10] P. Linz: Theoretical Numerical Analysis. John
     Wiley and Sons, New York 1979.

[11] T. Lyche-L.L.Schumaker: Local spline approximation
     methods. J. Approx. Th. 15, 294-325 (1975).

[12] E.J. Nyström: Über die praktische Auflösung von
     linearen Integralgleichungen mit Anwendungen auf
     Randwertaufgaben der Potentialtheorie, Commentat.
     physico-math. 4, 1-52 (1928).

[13] J.E. Osborne: Spectral approximation for compact
     operators. Math. Comp. 29, 712-725 (1975).

[14] E. Schäfer: Fehlerabschätzungen für Eigenwert-
     näherungen nach der Ersatzkernmethode bei Integral-
     gleichungen. Numer. Math. 32, 281-290 (1979).

[15] E. Schäfer: Spectral Approximation for Compact
      Integral Operators by Degenerate Kernel Methods,
      Numer. Funct. Anal. and Optimiz. 2, 43-63 (1980).

[16] M.H. Schultz: Spline Analysis. Prentice-Hall Inc.,
      Englewood Cliffs N.J. 1973.

[17] L.L. Schumaker: Spline Functions: Basic Theory.
      John Wiley and Sons 1981.

[18] A. Spence: On the Convergence of the Nyström Me-
      thod for the Integral Equation Eigenvalue Problem.
      Numer. Math. 25, 57-66 (1975).

[19] G.M. Vainikko: On the speed of convergence of
      approximate methods in the eigenvalue problem.
      U.S.S.R. Comp. Math. and Math. Phys. 7, no. 5,
      18-32 (1967).

[20] W.L. Wendland, E. Stephan and G.G. Hsiao: On the
      Integral Equation Method for the Plane Mixed Boun-
      dary Value Problem of the Laplacian, Math. Meth.
      in the Appl. Sci. 1, 265-321 (1979).

[21] H. Weyl: Das asymptotische Verteilungsgesetz der
      Eigenwerte linearer partieller Differentialglei-
      chungen (mit einer Anwendung auf die Hohlraum-
      strahlung). Math. Annalen 71, 441-479 (1912).

Universität München
Mathematisches Institut
Theresienstraße 39
D 8000 München 2
Bundesrepublik Deutschland

ZUM PLATEAUSCHEN PROBLEM FÜR POLYGONE

Erhard Heinz

Einleitung

Das **Plateausche** Problem ist in der Literatur vielfach
behandelt worden (vgl. dazu das Buch [11] von
J. C. C. Nitsche). In seiner einfachsten Form verlangt
es die Bestimmung einer Minimalfläche, die von einer
vorgegebenen Raumkurve berandet wird. Zu den bis heute
noch weitgehend ungelösten Problemen in diesem Zusammenhang gehört die Frage nach der Lösungsanzahl bzw. der
Struktur der Lösungsmenge. Im folgenden möchte ich über
einige Resultate aus diesem Themenkreis berichten, die
ich im Anschluß an frühere Untersuchungen von I. Marx
und M. Shiffman [10] gewonnen habe. In § 1 handelt es
sich im wesentlichen um die Charakterisierung der Lösungsmenge des verallgemeinerten **Plateauschen** Problems
für ein Polygon Γ mit (N+3) Ecken durch die kritischen Punkte einer analytischen Funktion Θ in N Vari-
abeln (Satz 1). In § 2 beschäftigen wir uns mit dem Problem, den Rang der Hesseschen Matrix von Θ an den kritischen Punkten zu bestimmen (Satz 2). Eine ausführliche
Darstellung findet sich in den Arbeiten [4] - [8].

§ 1 Das Variationsproblem von Marx-Shiffman.

Wir betrachten ein geschlossenes, doppelpunktfreies Polygon Γ im $\mathbb{R}^p$ ($p \geq 2$) mit (N+3) Ecken $e_k = (e_k^1, \ldots, e_k^p)$ (k=1,...,N+3) in zyklischer Anordnung ($e_0 = e_{N+3}, e_{N+4} = e_1$). Dabei setzen wir voraus, daß die Winkel an den Ecken alle von 0° und 180° verschieden sind. Wir bezeichnen mit B die offene Einheitskreisscheibe $|w| < 1$, $w = u + iv$ und bedienen uns der komplexen Schreibweise $x(w) = x(u,v)$. Unter dem Plateauschen Problem für Γ verstehen wir die Bestimmung einer Vektorfunktion $x = x(w) = (x^1(w), \ldots, x^p(w))$ mit folgenden Eigenschaften:

a) $x(w)$ gehört zur Klasse $C^2(B) \cap C^o(\overline{B})$ und genügt in B den Differentialgleichungen

$$(1.1) \qquad \Delta x = 0$$

und

$$(1.2) \qquad x_u^2 = x_v^2, \quad x_u x_v = 0$$

b) $x = x(w)$ bildet den Einheitskreis δB topologisch auf Γ ab, so daß die Normierungsbedingungen

$$(1.3) \qquad x(-1) = e_{N+1}, \quad x(-i) = e_{N+2}, \quad x(+1) = e_{N+3}$$

erfüllt sind.

Im Falle $p=3$ folgt aus (1.1) - (1.2) sofort, daß an allen Punkten $w = u + iv$, wo $x_u \neq 0$ ausfällt, die mittlere Krümmung der Fläche $x = x(w)$ verschwindet, also $x = x(w)$ eine Minimalfläche darstellt, die über B konform parametrisiert ist und von Γ berandet wird. Nach einem klassischen Existenzsatz [2, Kap. III] gibt es stets eine Lösung des Plateauschen Problems. Es ist aber ein offenes Problem, ob es für ein vorgegebenes Polygon $\Gamma \subset \mathbb{R}^p$ ($p \geq 3$) nur endlich viele Lösungen geben kann. Allgemein erhebt sich die Frage nach der Struktur der Lösungsmenge $\mathcal{H}'$ des Plateauschen Problems für Γ, zu der die folgenden Ausführungen einen Beitrag liefern sollen.

Betreffs Strukturaussagen und Endlichkeitssätze im Falle
allgemeiner Jordankurven Γ vergleiche man den Über-
sichtsartikel [1] von R. Böhme.

Für unsere Zwecke ist es erforderlich, den Lösungsbe-
griff in geeigneter Weise zu verallgemeinern (vgl. dazu
die Bemerkungen am Ende von § 1). Zunächst bemerken wir,
daß es zu jeder Funktion $x = x(w) \in \mathcal{H}'$ N reelle Zahlen
$\tau_1, \dots, \tau_N$ gibt mit

$$(1.4) \qquad 0 < \tau_1 < \dots < \tau_N < +\pi$$

und

$$(1.5) \qquad x(e^{i\tau_k}) = e_k \qquad (k = 1, \dots, N) \; .$$

Bezeichnen wir mit Γ_k $(k=1,\dots,N+3)$ die Geraden

$$(1.6) \qquad \Gamma_k = \{x \in \mathbb{R}^p : x = (e_{k+1} - e_k)s, \; s \in \mathbb{R}\}$$

und mit $\gamma_k = \gamma_k(\tau)$ die offenen Kreisbögen

$$(1.7) \quad \gamma_k = \{w = e^{i\varphi} : \tau_k < \varphi < \tau_{k+1}\} \quad (k=1,\dots,N+3),$$

wobei $\tau_{N+k} = \frac{\pi}{2}(1+k)$ $(k=1,2,3)$ und $\tau_{N+4} = \tau_1 + 2\pi$ gesetzt
wird, so hat man für jede Funktion $x \in \mathcal{H}'$ die Beziehung

$$(1.8) \quad x(w) \in e_k + \Gamma_k \quad (w \in \gamma_k(\tau)) \; (k=1,\dots,N+3) \; .$$

Es sei jetzt T das durch die Ungleichung (1.4) charak-
tersisierte Gebiet im $\mathbb{R}^N$. Unter einer Lösung des __ver-__
__allgemeinerten Plateauschen Problems für Γ__ verstehen
wir dann eine Funktion $x = x(w) \in C^2(B) \cap C^0(\overline{B})$, die
in B den **Differentialgleichungen** (1.1) - (1.2) **sowie**
auf ∂B der Randbedingung (1.8) genügt, wobei τ ein
Punkt in T bedeutet. Die Gesamtheit dieser verallgemeinerten Lösungen werde mit $\mathcal{H}*$ bezeichnet. Wir wollen nun
eine umkehrbar eindeutige Beziehung zwischen $\mathcal{H}*$ und den

kritischen Punkten einer analytischen Funktion $\Theta(\tau)$
herstellen. Dabei braucht Γ nicht mehr doppelpunktfrei zu sein. Zunächst definieren wir $\mathcal{F}(\tau)$ für jedes
$\tau \in T$ als die Klasse aller vektorwertigen Funktionen
$x = x(w) \in C^2(B) \cap C^0(\overline{B})$, die der Randbedingung (1.8)
genügen, und setzen dann

$$(1.9) \qquad \Theta(\tau) = \inf_{x \in \mathcal{F}(\tau)} D(x) \qquad ,$$

wobei $D(x)$ das Dirichlet-Integral

$$(1.10) \qquad D(x) = \iint_B (x_u^2 + x_v^2)\,du\,dv$$

bedeutet. Mit den direkten Methoden der Variationsrechnung läßt sich zeigen [4, Satz 1], daß es zu jedem
$\tau \in T$ eine eindeutig bestimmte, in B harmonische
Funktion $x = x(w,\tau) \in \mathcal{F}(\tau)$ gibt, so daß

$$(1.11) \qquad \Theta(\tau) = D(x(w,\tau))$$

gilt. Bezeichnet man mit $\mathcal{H}$ die Funktionenschar
$\{x(w,\tau)\}_{\tau \in T}$, so ist $\mathcal{H}^* \subset \mathcal{H}$, und es gilt der
folgende

Satz 1

Die Funktion $\Theta(\tau)$ ist in T analytisch, und die Beziehung $x(w,\tau) \in \mathcal{H}^*$ ist mit $\nabla \Theta(\tau) = 0$ äquivalent.

Historische Bemerkungen zu Satz 1.

Die Funktion $\Theta(\tau)$ wurde erstmalig von I. Marx und
M. Shiffman untersucht (vgl. [10], ferner [2, S. 235 -
236], wo diese Untersuchungen angekündigt sind). Die
Einführung der Funktionenklassen $\mathcal{F}(\tau)$ und $\mathcal{H}$ geht auf
M. Shiffman zurück [10, S. 236]. In der Arbeit [10]
wird anstelle von B die obere Halbebene als Para-
metergebiet zugrundegelegt, was für die Resultate un-
wesentlich ist. Ferner ist $p=3$, und Γ wird als

doppelpunktfrei vorausgesetzt. Dort findet sich der obige Satz in abgeschwächter Form (Theorem I) - allerdings ohne ausreichenden Beweis. Die Abschwächung besteht darin, daß anstelle der Analytizität von $\omega(\tau)$ nur die Aussage $\Theta(\tau) \in C^\infty(T)$ behauptet werden kann. Die vom Verfasser in [5] und [8] gegebenen Beweise von Satz 1 beruhen wesentlich auf den Ergebnissen von [4] über die analytische Abhängigkeit der Minimalvektoren $x(w,\tau) \in \mathcal{H}$ von den Parametern $\tau_1,\dots,\tau_N$. Unter **zusätzlichen** Bedingungen an das Polygon Γ läßt sich sogar zeigen [6, Satz 3], daß die Funktion Θ von $\tau_1,\dots,\tau_N$ und den Eckpunktskoordinaten $e_1^1,\dots,e_{N+3}^p$ analytisch abhängt.

Courant [2, S. 226 - 232] hatte früher ein Minimumproblem für das Dirichlet-Integral $D(x)$ untersucht, wo die zur Konkurrenz zugelassene Funktionenmenge $\mathcal{F}'(\tau)$ aus allen Funktionen $x(w) \in \mathcal{F}(\tau)$ besteht, die die abgeschlossenen Kreisbögen $\overline{v}_k$ schwach-monoton auf die Polygonseiten $[e_k,e_{k+1}]$ abbilden. Trivialerweise hat man für die Funktion

$$(1.12) \qquad \Theta'(\tau) = \inf_{x \in \mathcal{F}'(\tau)} D(x) \qquad (\tau \in T)$$

die Ungleichung $\Theta'(\tau) \geq \Theta(\tau)$, und einfache Gegenbeispiele [9] zeigen, daß nicht immer das Gleichheitszeichen eintritt. Wie Courant [2, Theorem 6.5] bewiesen hat, ist die Funktion $\Theta'(\tau)$ in T stetig differenzierbar, und ihre kritischen Punkte stehen in umkehrbar eindeutiger Beziehung zur Funktionenklasse $\mathcal{H}'$. Dieses Theorem, das inzwischen auf Flächen konstanter mittlerer Krümmung und Minimalflächen in Riemannschen Räumen verallgemeinert worden ist ([3], [12]), ist insofern befriedigender als Satz 1, als es eine vollständige Äquivalenz zwischen den Lösungen des klassischen Plateauschen Problems für ein Polygon Γ und den kritischen Punkten von $\Theta'(\tau)$ liefert. Auf der anderen Seite ist es bis jetzt nicht gelungen, über die stetige Differenzierbarkeit hinaus weitere Regularitätseigenschaften dieser Funktionen zu beweisen. Es ist daher insbesondere eine offene Frage, ob $\mathfrak{C}'(\tau)$ in T analytisch ist.

§ 2 Die Rangrelation.

Aus Satz 1 ist ersichtlich, daß für die Untersuchung der Lösungsstruktur des **Plateauschen** Problems der Hesseschen Matrix

$$(2.1) \qquad M = ((\mathfrak{e}_{\tau_j \tau_k}(\overset{\circ}{\tau})))_{j,k=1}^{N}$$

eine besondere Bedeutung zukommt. Dabei ist $x = x(w,\overset{\circ}{\tau}) \in \mathcal{H}*$. Insbesondere entsteht das Problem, den Rang $\mathrm{Rg}\ M$ dieser Matrix zu bestimmen. Wie im folgenden gezeigt werden soll (Satz 2), besteht im Falle $p=3$ ein enger Zusammenhang zwischen $\mathrm{Rg}\ M$, den Verzweigungspunkten von $x = x(w,\overset{\circ}{\tau})$ und dem elliptischen Differentialoperator

$$(2.2) \qquad A = -\Lambda + 2\,K\,E\ .$$

Dabei ist $E = x_u^2$, und $K = K(w)$ ist die Gausssche Krümmung der Minimalfläche $x = x(w,\overset{\circ}{\tau})$. Bekanntlich tritt der Differentialoperator A bei der zweiten Variation des Flächeninhalts einer Minimalfläche auf (vgl. z. B. ⌈11, S. 93⌉). A ist in dem Definitionsbereich

$$(2.3) \quad \vartheta_A = \{\varphi \in C^2(B) \cap C^0(\overline{B}) : \varphi|_{\partial B} = 0, -\Delta\varphi + 2\,K\,E\,\varphi \in L^2(B)\}$$

zerlegbar und besitzt ein diskretes Spektrum ⌈7, Hilfssatz 2⌉. Insbesondere ist $\dim \mathrm{Ker}\ A < +\infty$. Wir bezeichnen mit $m(\zeta)$ die Verzweigungsordnung der Fläche $x = x(w,\overset{\circ}{\tau})$ im Punkte $w = \zeta \in \overline{B}$ (zur Definition der Verzweigungsordnung vgl. man ⌈7, § 2⌉) und setzen

$$(2.4) \qquad \nu = \sum_{|\varsigma| < 1} m(\varsigma) + \frac{1}{2} \sum_{|\varsigma| = 1} m(\varsigma) \; .$$

Dann gilt [7, Satz 2]

Satz 2.

Sei $\ p=3$. Dann hat man für jede Funktion $x = x(w,\tau) \in \mathcal{H}*$
die Gleichung

$$(2.5) \qquad \dim \text{Ker } A + \text{Rg } M + 2\varkappa = N \; .$$

Aus diesem Resultat folgt insbesondere, daß im Fall
$p=3$ die Matrix M genau dann nichtsingulär ist, wenn
$\lambda =0$ kein Eigenwert von A ist und $x = x(w,\overset{\circ}{\tau})$ in $\overline{B}$
keine Verzweigungspunkte besitzt.

Literatur

[1] BÖHME, R.: New Results on the classical Problem
    of Plateau on the Existence of many Solutions.
    Séminaire Bourbaki 34e année, 1981/82, n° 579.

[2] COURANT, R.: Dirichlet's principle, conformal
    mapping, and minimal surfaces. Interscience
    publishers, New York 1950.

[3] HEINZ, E.: On surfaces of constant mean curvature
    with polygonal boundaries. Arch. Rational Mech.
    Anal. 36, 335-347 (1970).

[4] HEINZ, E.: Über die analytische Abhängigkeit der
    Lösungen eines linearen elliptischen Randwertpro-
    blems von Parametern. Nachr. Akad. Wiss. in Göttin-
    gen, II. Math.-Phys. Kl. Jahrgang 1979, 1-20.

[5] HEINZ, E.: Über eine Verallgemeinerung des
    Plateauschen Problems. manuscripta math. 28,
    81-88 (1979).

[6] HEINZ, E.: Ein mit der Theorie der Minimalflächen
    zusammenhängendes Variationsproblem. Nachr. Akad.
    Wiss. in Göttingen, II. Math.-Phys. Kl. Jahrgang
    1980, 25-35.

[7] HEINZ, E.: Minimalflächen mit polygonalem Rand.
Math. Z., erscheint demnächst.

[8] HEINZ, E.: Zum Marx-Shiffmanschen Variationsproblem.
J. Reine u. Angew. Math., erscheint demnächst.

[9] LEWERENZ, F.: Eine Bemerkung zu den Marx-Shiff-
mannschen Minimalvektoren bei Polygonen. Arch.
Rational Mech. Anal. 75, 199-202 (1981).

[10] MARX, I.: On the classification of unstable mini-
mal surfaces with polygonal boundaries. Comm. P.
Appl. Math. 8, 235-244 (1955).

[11] NITSCHE, J.C.C.: Vorlesungen über Minimalflächen.
Springer-Verlag. Berlin-Heidelberg-New York 1975.

[12] STRÖHMER, G.: Instabile Minimalflächen in Riemannschen Mannigfaltigkeiten nicht-positiver
Schnittkrümmung. J. Reine u. Angew. Math. 315,
16-39 (1980).

Georg-August-Universität zu Göttingen
Mathematisches Institut
Bunsenstraße 3-5
D 3400 Göttingen
Bundesrepublik Deutschland

A HISTORICAL SURVEY OF QUASICONFORMAL MAPPINGS

Olli Lehto

Introduction

By the classical definition, a quasiconformal mapping is a sense-preserving diffeomorphism of a plane domain onto another plane domain which maps infinitesimal circles onto infinitesimal ellipses with a uniformly bounded ratio of axes. Later it was found preferable to relax a priori differentiability conditions and define a quasiconformal mapping in the plane as a sense-preserving homeomorphism which leaves some conformal invariant quasi-invariant. The most general conformal invariant suitable for this purpose is the module of a path family. The precise requirement for quasiconfrormality is the existence of a fixed constant K such that the module of every path family lying in the domain in which the homeomorphism is considered increases at most K times.

A closer analysis of the relations between the classical and the more general definition led to the characterization of quasiconformality in terms of the Beltrami differential equation. It then turned out that quasiconformal mappings had in fact been studied for a very long time, within the theory of partial differential equations. However, this was not realized until quite a while after quasiconformal mappings were introduced into complex analysis and were given a name. In retrospect, it is amazing that it took so long before the connection between these two approaches to the theory of quasiconformal mappings finally became clear, in the late fifties.

Around 1960 the general theory of plane quasiconformal mappings had reached a satisfactory level. Interest was then focused on quasiconformal mappings in higher dimensional euclidean spaces R^n. At the outset, the theory of such mappings has no longer anything in common with complex analysis. But somewhat surprisingly, there appear to be striking analogues between (not necessarily injective) quasiconformal mappings and analytic functions of one complex variable.

1.   <u>Beltrami Differential Equation</u>

Every sense-preserving diffeomorphism is locally quasiconformal. It follows that there is no undisputed criterion to determine the first appearance of quasiconformal mappings in analysis. I have not found any direct connection with Euler, but we have good reason to open the survey of quasiconformal mappings with Gauss.

The problem of Gauss in which quasiconformal mappings are involved is to map a surface locally conformally into the plane. Let S be a smooth orientable surface in the euclidean space R^3. Given an arbitrary point $p \in S$, let $f = (f_1, f_2, f_3)$ be the inverse of a local parameter near p, i.e., f is a diffeomophism of a domain in the plane R^2 onto a neighborhood of p on S. Gauss wanted to find a mapping f which is conformal in the sense that it preserves angles.

By means of f, the line element ds of S can be expressed in the form

$$ds^2 = \sum_{i=1}^{3} \left(\frac{\partial f_i}{\partial x} \, dx + \frac{\partial f_i}{\partial y} \, dy \right)^2$$

$$= E \, dx^2 + 2 F \, dx \, dy + G \, dy^2 , \qquad (1.1)$$

with

$$E = \sum_{i=1}^{3} \left(\frac{\partial f_i}{\partial x} \right)^2 , \qquad F = \sum_{i=1}^{3} \frac{\partial f_i}{\partial x} \frac{\partial f_i}{\partial y} , \qquad G = \sum_{i=1}^{3} \left(\frac{\partial f_i}{\partial y} \right)^2 .$$

The expression (1.1) is invariant in that it does not depend on the local representation of S.

Here it is advisable to use complex notation $dz = dx + i \, dy$, $d\bar{z} = dx - i \, dy$ (even though Gauss did not). We then obtain from (1.1)

$$ds = \lambda \, |dz + \mu \, d\bar{z}| , \qquad (1.2)$$

where

$$\lambda^2 = \frac{1}{4} (E + G + 2\sqrt{EG - F^2}), \quad \mu = \frac{E - G + 2iF}{E + G + 2\sqrt{EG - F^2}}.$$

It is important to note that

$$|\mu|^2 = \frac{E + G - 2\sqrt{EG - F^2}}{E + G + 2\sqrt{EG - F^2}} < 1.$$

Gauss proved that the mapping f is conformal if and only if
E = G, F = 0; the proof is standard calculus. This condition is
equivalent to μ being identically zero. In this case $ds^2 =$
$E(dx^2 + dy^2)$ or

$$ds = \lambda |dz|.$$

Local coordinates z = x + iy of S with this property are called
isothermal.

Gauss was thus led to the problem of finding isothermal coordinates for the given surface S. The idea is to transform suitably
the coordinates z given by f^{-1}, i.e., to consider a diffeomorphism
z → w of the domain of f onto another plane domain. Then $|dw| =$
$|\partial w dz + \bar{\partial} w d\bar{z}|$, where $\partial = (\partial/\partial x - i\partial/\partial y)/2$ and $\bar{\partial} = (\partial/\partial x + i\partial/\partial y)/2$
denote complex derivatives. Suppose that

$$\bar{\partial} w = \mu \partial w. \tag{1.3}$$

Then $|dw| = |\partial w||dz + \mu d\bar{z}|$, and comparison with (1.2) shows that
$ds = (\lambda/|\partial w|)|dw|$. We see that if we can find an injective solution
of the differential equation (1.3), then the w-coordinates are iso-
thermal. (For a diffeomorphic solution, $|\partial w| \neq 0$, because the condi-
tion $|\partial w| \neq 0$ is equivalent to the Jacobian being non-zero.)

Gauss [5] solved the equation (1.3), which was later named after
Beltrami, using real notation and assuming μ to be sufficiently
smooth. Thus he solved the problem of finding a locally conformal
mapping of a smooth orientable surface into the plane. This result,
highly interesting as such, allows important interpretations if we
use modern terminology, and it leads to far-reaching generalizations.

First of all, the transition z → w from the original coordinates to the new ones is a locally quasiconformal mapping, and $\mu = \overline{\partial}w/\partial w$ is its complex dilatation. Complex dilatation is a function which describes the local geometric properties of the quasiconformal mapping. In solving (1.3), Gauss solved a basic problem in the theory of quasiconformal mappings by showing that the complex dilatation can be prescribed.

Another interpretation brings Gauss's result into contact with complex analysis. Suppose that z and w are both isothermal coordinates corresponding to the same portion of S. Then the induced mapping $z \rightarrow w$ is conformal, so that isothermal coordinates define a conformal structure of S. In other words, Gauss proved that a smooth orientable surface in R^3 can always be made into a Riemann surface. The method used by Gauss can be applied to a much more general situation, and it follows that an abstract surface with a Riemannian metric can be given a complex-analytic structure. Solving an equation (1.3), i.e., finding a quasiconformal mapping with a prescribed complex dilatation, is again the crucial step.

In 1825, the terminology could of course not be used by Gauss, who considered the problem of finding conformal mappings of a surface from the point of view of differential geometry. It took some more decades before Riemann fully recognized the fundamental connection between conformal mappings and complex analysis.

After Gauss, it took well over a century before Beltrami equations (1.3) became an inseparable part of complex function theory. There were hints of an intimate connection: An easy computation shows that if w_1 and w_2 are diffeomorphic solutions of the same equation (1.3), then $w_2 \circ w_1^{-1}$ is a conformal mapping. In other words, the solutions of (1.3) are unique up to conformal transformations. This uniqueness theorem, combined with the general uniformization theorem, yields an important result about the existence of global solutions of (1.3). Suppose that (1.3) can be solved locally injectively in a simply connected domain A of the complex plane. By the uniqueness theorem, these local solutions define a conformal structure for A which thus becomes a Riemann surface. By the general uniformization theorem, this Riemann surface is conformally equivalent to the Riemann surface A with its natural conformal structure defined by the identity mapping. The mapping function is a globally injective solution of (1.3) in A.

From the point of view of quasiconformal mappings it is of
interest to note the result, due independently to Lichtenstein and
Korn from around the year 1915, that if μ is Hölder continuous,
then the solutions of (1.3) are diffeomorphic. In the other direction,
the complex dilatation of a diffeomorphism is continuous but not
necessarily Hölder continuous. However, attempts to extend the
result of Lichtenstein and Korn to a continuous μ failed, and since
the 1950's we know that a continuous μ does not necessarily produce
a continuously differentiable solution of (1.3).

It meant decisive progress for the theory of Beltrami equations
when Morrey [10] in 1938 realized that one should not look for solutions of (1.3) in the classical sense but, as we would say today, in
the sense of distributions. More precisely, let μ be a measurable
function in a plane domain with $\|\mu\|_\infty < 1$. A function w is an L^2-
solution of (1.3) if w is continuous, belongs locally to the Sobolev
space W_2^1 (i.e., has generalized first order partial derivatives
which are locally in L^2) and satisfies (1.3) almost everywhere.
Using suitable approximation, Morrey proved that (1.3) always has
a homeomorphic L^2-solution. He also showed that the solution is
unique up to conformal mappings and that it is absolutely continuous
with respect to the two-dimensional Lebesgue measure. These generalized solutions of (1.3) are nothing else but quasiconformal mappings
in the modern sense. However, it took almost twenty years before the
importance of Morrey's paper for complex analysis was understood.

2. <u>Quasiconformal Mappings in the Plane</u>

Let f be a complex-valued diffeomorphism of a domain A of
the complex plane and $\partial_\alpha f(z)$ the derivative of f at $z \in A$ in
the direction α. The function

$$z \to D(z) = \frac{\max_\alpha |\partial_\alpha f(z)|}{\min_\alpha |\partial_\alpha f(z)|}$$

is called the dilatation quotient of f. Clearly f is a conformal
mapping of A if and only if $D(z) = 1$ at every point $z \in A$.

In 1928, Grötzsch [3] introduced the class of sense-preserving
diffeomorphisms with bounded dilatation quotients. He proved that

a number of results holding for conformal mappings can be extended for these more general mappings, either as such or with obvious modifications. In particular, certain conformal invariants remain quasi-invariant. Let $Q(z_1,z_2,z_3,z_4)$ be a quadrilateral, i.e., a Jordan domain Q and a sequence of four points z_1,z_2,z_3,z_4 on the boundary ∂Q determining a positive orientation of ∂Q with respect to Q. Let $M(Q)$ denote the conformal module of $Q(z_1,z_2,z_3,z_4)$. (If Q is mapped conformally onto the rectangle $\{x + iy \mid 0 < x < M, 0 < y < 1\}$ such that z_1,z_2,z_3,z_4 correspond to the vertices, $z_1 \to 0$, then $M(Q) = M$. $M(Q)$ is also the module of the family of paths of Q joining the sides (z_1,z_2) and (z_3,z_4).) Grötzsch proved that for a diffeomorphism f of A, the inequality $D(z) \leq K$ holds if and only if

$$M(f(Q)) \leq KM(Q) \tag{2.1}$$

for all quadrilaterals of A.

It soon became apparent that the mappings of Grötzsch were not merely an interesting generalization of conformal mappings. It was realized that they were an important tool in analysis and even more, that they had an intrinsic role in complex function theory. Ahlfors was the first to call these mappings quasiconformal in 1935. (If $D(z) \leq K$, the mapping is said to be K-quasiconformal.)

Around 1935, Lavrentjev introduced a class of homeomorphisms defined by certain geometric mapping properties. The Lavrentjev mappings were clearly more general than the Grötzsch mappings, but still possessed many properties similar to those of conformal transformations. In 1957, Bojarski proved that Lavrentjev mappings agree with those homeomorphic L^2-solutions of Beltrami equations which have a continuous μ.

In the late thirties, quasiconformal mappings rose to the forefront of complex analysis thanks to Teichmüller. Introducing novel ideas, Teichmüller showed the intimate interaction between quasiconformal mappings and Riemann surfaces (see especially Teichmüller [15].) After the second World War, Teichmüller's ideas were taken up and pursued further by Ahlfors. His paper [1] revived interest in Teichmüller's work, and it also meant an important event in the history of quasiconformal mappings.

In the applications, Grötzsch mappings had exhibited certain drawbacks. They are not closed under uniform convergence, with the result that many natural extremal problems fail to have a solution within the class. Often one had to allow a quasiconformal mapping not to be continuously differentiable at isolated points or on certain arcs. A more general definition was therefore desirable. Such a definition was suggested by Pfluger [11] in 1951, and full use of it was made by Ahlfors in the afore-mentioned paper [1] in 1953.

The inequality (2.1) characterizes K-quasiconformal diffeomorphisms. According to Pfluger and Ahlfors, a mapping is K-quasiconformal if it is a sense-preserving homeomorphism (not a diffeomorphism as before) which satisfies (2.1). This is a standard definition of quasiconformality today. (It was later proved that this definition is equivalent to the quasi-invariance of the module of path families mentioned in the Introduction.)

With this definition, a number of new problems arose as it was asked to what extent these quasiconformal mappings generalize Grötzsch mappings. Questions of this type were answered in rapid succession in the fifties, most theorems belonging by their nature more to real analysis than to complex analysis. It was proved by Strebel and Mori that a quasiconformal mapping is absolutely continuous on lines and by Mori that it is differentiable a.e. For a K-quasiconformal mapping f, differentiability a.e. in conjunction with an old result of Grötzsch, gave the inequality

$$\max_\alpha |\partial_\alpha f(z)| \leq K \min_\alpha |\partial_\alpha f(z)| \quad \text{a.e.} \tag{2.2}$$

This in turn showed that the partial derivatives of a quasiconformal mapping are locally in L^2.

In the opposite direction, it was possible to characterize quasiconformality by properties of this kind. After a gradual reduction of conditions (Yujobo, Bers [3], Pfluger), Gehring and Lehto proved in 1959 that a sense-preserving homeomorphism f is K-quasiconformal if f is absolutely continuous on lines and satisfies (2.2) a.e.

It was in this connection that the mere writing of (2.2) in a different form had an unbelievable effect. An elementary computation shows that

$$\max_{\alpha} |\partial_{\alpha} f| = |\partial f| + |\overline{\partial} f|, \quad \min_{\alpha} |\partial_{\alpha} f| = |\partial f| - |\overline{\partial} f|.$$

It follows that (2.2) is equivalent to the inequality

$$|\overline{\partial} f(z)| \leq \frac{K - 1}{K + 1} |\partial f(z)| \qquad \text{a.e.}$$

If we write

$$\overline{\partial} f = \mu \partial f, \tag{2.3}$$

we see that a homeomorphic f is K-quasiconformal if and only if f is an L^2-solution of (2.3), where $|\mu(z)| \leq (K - 1)/(K + 1) < 1$ a.e. In other words, quasiconformal mappings coincide with the solutions of Beltrami equations in the sense of Morrey. This fundamental observation was made by Bers [3] in 1957. (Why had the corresponding observation not been done in connection with Grötzsch mappings, in the thirties?)

For more details about the history of Beltrami equations and quasiconformal mappings in the plane we refer to the monograph Lehto-Virtanen [9].

The discovery of Bers immediately solved an open problem for quasiconformal mappings: They are absolutely continuous with respect to the Lebesgue area measure, because Morrey had proved it for his solutions as early as in 1938. This implies for a quasiconformal mapping f that $\partial f \neq 0$ a.e. It follows that the complex dilatation

$$\mu = \overline{\partial} f / \partial f$$

can be defined at almost all points.

The amalgamation of the two approaches to quasiconformal mappings, by way of complex analysis on the one hand and of Beltrami equations on the other hand, was quickly utilized. Complex dilatation started to play an increasingly important role in the general theory. Besides, its systematic use in the hands of Bers, Ahlfors and others soon brought about a striking new progress in the theory of Teichmüller spaces (see, e.g., Ahlfors [2], Chapter VI.)

In many cases problems dealt with in connection with Teicmüller spaces projected back to classical function theory. For instance,

interest was focused on univalent functions with quasiconformal extensions. From around 1970 on, they have been systematically studied by
Kühnau and others, without any more connections with Riemann surfaces.

Also, Schwarzian derivative, introduced by H.A. Schwarz [14] in
1869, underwent a renaissance. On Riemann surfaces it is a quadratic
differential, which explains its importance in the Teichmüller theory.
In the plane it has revealed unsuspected links between quasiconformal
mappings and classical complex analysis.

A third notion which has largely gained in importance in recent
years is a quasidisc, i.e., the image of a disc under a quasiconformal
mapping of the plane. Again, its importance was first recognized
primarily in the Teichmüller theory and later in its own right.
Gehring [6] has given a comprehensive exposition of the various
geometric and analytic characterizations of quasidiscs which were
known by 1982.

3. Quasiconformal Mappings in Several Dimensions

Around 1960, the relations between the various characterizations
of quasiconformal mappings in the plane had more or less been clarified.
Gehring and Väisälä then set off to do the same for quasiconformal
mappings in higher dimensional euclidean spaces R^n. In spite of the
fact that a good model existed in the case $n = 2$, they encountered
many difficulties. For instance, conformal mappings offered less help
than in the plane, because there are no others than Möbius transformations if $n \geq 3$. But in a few years, Gehring and Väisälä succeeded
in proving a number of results which show that, by and large, the
definitions holding for $n = 2$ can be generalized to higher dimensional cases. A solid foundation was thus laid for the theory of
quasiconformal mappings in several dimensions, for which only scattered
results had existed before. Lavrentjev seems to have been a pioneer,
having studied quasiconformal mappings in R^3 in 1938. For a detailed
account of the various definitions of quasiconformality in R^n we
refer to the monograph Väisälä [16].

At an early stage it become clear that, in some respects, the
theories are different in R^2 and in R^n, $n > 2$. A striking differ-
ence is the lack of the Riemann mapping theorem in higher dimensional
spaces. In the plane, all simply connected domains bounded by a non-

degenerate continuum are conformally equivalent. In contrast, already in R^3 it is a highly non-trivial question which topological spheres can be mapped onto each other quasiconformally. This problem was studied for the first time systematically by Gehring and Väisälä ([7]) in 1965.

Complex dilatation is a more complicated notion in R^n, $n > 2$, than it is in the plane. Partial differential equations can be utilized (Bojarski and Iwaniec [4]), but the necessity to do without the existence theorem of Beltrami equations has been bitterly felt on several occasions.

Let us conclude this article by some remarks on quasiconformal mappings which are not necessarily injective. If the mappings are not allowed to take on the value ∞, they are called quasiregular functions. In the plane, a natural definition for a quasiregular function f is that it be an L^2-solution of a Beltrami equation $\bar{\partial}w = \mu\partial w$, $\|\mu\|_\infty < 1$; f is K-quasiregular if $\|\mu\|_\infty \leq (K - 1)/(K + 1)$. It is easy to prove that

$$f = g \circ h, \tag{3.1}$$

where h is a homeomorphic L^2-solution of the same equation (i.e., a quasiconformal homeomorphism) and g is an analytic function. Because of the very simple representation (3.1), quasiregular functions have not been found very interesting in the plane.

There is no difficulty in generalizing the definition of a quasiregular function for dimensions $n > 2$. Suppose f is continuous in a domain $A \subset R^n$ and belongs locally to the Sobolev space W_n^1 (i.e., f has generalized first derivatives which are locally L^n-integrable). The linear map $f'(x): R^n \to R^n$ and the Jacobian $J_f(x) = \det f'(x)$ can then be defined for almost all $x \in A$. The function f is said to be K-quasiregular in A if

$$\|f'(x)\|^n \leq K J_f(x) \quad \text{a.e. in } A. \tag{3.2}$$

Here $\|\ \|$ denotes the sup norm. For $n = 2$, this definition agrees with the previous one. If f is injective in A, then f is a K-quasiconformal mapping of A.

At first glance, the theory of quasiregular functions in R^n,

$n > 2$, has nothing to do with complex analysis. However, a closer study has revealed surprising analogues with the classical theory of analytic functions.

The beginning for a systematic study of quasiregular functions in several dimensions was a paper of Rešetnjak [12] which appeared in 1966. Rešetnjak proved, among other things, that a non-constant quasiregular function is discrete and open. Inspired by Rešetnjak's paper, Martio, Rickman and Väisälä focused their interest on quasiregular functions and, from 1969 on, proved jointly a number of important results. (For a survey of the theory until 1978, see Väisälä [17].)

Rešetnjak's result that a non-constant quasiregular function is discrete and open is the same in all dimensions. In contrast, the branching properties of a quasiregular function are different in R^n from what they are in the plane. The branch set B_f is defined as the set of all points at which a non-constant quasiregular f is not locally homeomorphic. Zorič established in 1967 the striking result that if f is quasiregular in R^n, $n > 2$, and $B_f = \emptyset$, then f is a homeomorphism onto R^n. This is of course not true in the plane.

By Picard's classical theorem, a function which is non-constant and analytic in R^2 can omit only one finite value. At an early stage, it became a famous problem whether Picard's theorem holds for quasiregular functions in R^n. If $n = 2$, the answer is trivially affirmative, on the basis of the representation formula (3.1). An example constructed by Zorič shows that, as in the classical case, a non-constant quasiregular function can omit one value in R^n.

The first step towards a Picard theorem was the generalization of Liouville's theorm: Rešetnjak proved in 1968 that a non-constant quasiregular function in R^n is unbounded. Next, Rešetnjak and, independently, Martio, Rickman and Väisälä showed that the set of omitted values is of n-capacity zero. Finally, Rickman solved the problem in two steps. In 1978, he proved that the omitted set is finite. This still left open the exact number of exceptional values. Later Rickman showed that in R^3, the number of omitted values of a non-constant K-quasiregular function may tend to ∞ as $K \to \infty$.

Rickman's result indicates a marked similarity to the classical Picard theorem. More than that, Rickman has shown in recent years that it is possible to develop a value distribution theory for quasiregular functions along the classical lines. His theory exhibits

a remarkable analogue with the classical Nevanlinna theory and the
Ahlfors theory of covering surfaces (see Rickman [13].) In this
sense, there is also in higher dimensions a connection between
quasiregular functions and analytic functions of one complex variable,
even though the connection is far less explicit than the one expressed
by formula (3.1) in the plane.

<u>References</u>

[1]   L. V. Ahlfors: On quasiconformal mappings. J. Analyse Math. 3,
       1-58 and 207-208 (1954).

[2]   L.V. Ahlfors: Lectures on quasiconformal mappings. New Jersey-
       Toronto-New York-London: D. van Nostrand Inc. 1966.

[3]   L. Bers: On a theorem of Mori and the definition of quasicon-
       formality. Trans. Amer. Math. Soc. 84, 78-84 (1957).

[4]   B. Bojarski and T. Iwaniec: Analytic foundations of the theory
       of quasiconformal mappings in R^n. To appear in Ann. Acad.
       Sci. Fenn. vol. 8:2.

[5]   K.F. Gauss: Astronomische Abhandlungen. Vol. 3 (H. Schumacher
       ed.) Altona 1825. Or "Carl Friedrich Gauss Werke", Vol. IV,
       pp. 189-216. Dieterische Universitäts-Druckerei, Göttingen
       1880.

[6]   F.W. Gehring: Characteristic properties of quasidisks. Séminaire
       de Mathématiques Supérieures, Séminaire Scientifique OTAN
       (NATO Advanced Study Institute), Les Presses de L'université
       de Montréal (1982).

[7]   F.W. Gehring and J. Väisälä: The coefficients of quasiconfor-
       mality of domains in space. Acta Math. 114, 1-70 (1965).

[8]   H. Grötzsch: Über einige Extremalprobleme der konformen Abbildung.
       Ber. Verh. Sächs. Akad. Wiss. Leipzig 80, 367-376 (1928).

[9]   O. Lehto and K.I. Virtanen: Quasiconformal Mappings in the Plane.
       Berlin-Heidelberg-New York: Springer 1973.

[10]   C. Morrey: On the solution of quasilinear elliptic partial
       differential equations. Trans. Amer. Math. Soc. 43, 126-166
       (1938).

[11]   A. Pfluger: Quasikonforme Abbildungen und logarithmische
       Kapazität. Ann. Inst. Fourier Grenoble 2, 69-80 (1951).

[12]   Yu. Rešetnjak: Some geometrical properties of functions and
       mappings with generalized derivatives (Russian). Sibirsk.
       Mat. Z. 7, 886-919 (1966).

[13]   S. Rickman: A defect relation for quasimeromorphic mappings.
       Ann. Math. 114, 165-191 (1981).

[14]   H.A. Schwarz: Ueber einige Abbildungsaufgaben. J. für reine und
       angewandete Math. Band 70, 105-120 (1869). Or H.A. Schwarz
       Gesammelte Abhandlungen, Vol. II, 65-83, Berlin: Julius
       Springer 1890.

[15] 0. Teichmüller: Extremale quasikonforme Abbildungen und
      quadratische Differentiale. Abh. Preuss. Akad. Wiss. 22,
      1-197 (1940).

[16] J. Väisälä: Lectures on n-dimensional quasiconformal mappings.
      Lecture Notes in Math., vol. 229, Berlin-New York: Springer
      1971.

[17] J. Väisälä: A survey on Quasiregular Maps in R^n. Proceedings
      of the International Congress of Mathematicians, Helsinki
      1978, 685-691.

University of Helsinki
Department of Mathematics
Hallituskatu 15
SF-00100 Helsinki 10
Finland

QUADRATIC DIFFERENTIALS: A SURVEY

Kurt Strebel

Quadratic differentials have become an important object
in geometric function theory. They are connected with extremal quasiconformal mappings - with Teichmüller mappings [19],
but also with the general problem of extremal qc. mappings
[2],[10] -, with extremal problems for schlicht functions,
like coefficient problems [18],[12],[6], with moduli problems [17],[13], extremal length [5] and even with measured
foliations [4]. But they are not just tools: There is a geometric theory of quadratic differentials which has its own
right of existence [6],[12,[16]. It is the purpose of this
article to give a survey of the basic aspects of this theory
as it has been developped by Teichmüller and numerous other
authors in the years after their first appearance in Teichmüller's famous mapping theorem.

1.   THE NOTION OF A QUADRATIC DIFFERENTIAL AND ITS
      TRAJECTORIES.

A meromorphic function $\varphi \neq 0$ in a plane domain G defines, in a natural way, a field of line elements, namely by
the requirement that $\varphi(z)dz^2 > 0$ at every point $z \in G$ at
which $\varphi(z)$ is different from zero and infinity. This fixes
dz up to its sign, since it is equivalent to the equation

219

$\arg dz = \frac{1}{2}\arg\varphi\,(\mathrm{mod}\,\pi)$. In order to find the integral curves of the field, it is appropriate to use conformal mapping. Suppose f is a conformal mapping of a domain G^* onto G. Then, to the vector dz^* at the point z^* corresponds the vector $dz = f'(z^*)dz^*$. We want to determine the analytic function $\varphi^*(z)^*$ such that $\varphi^*(z^*)dz^{*2}$ is positive whenever $\varphi(z)dz^2$ is positive, which is equivalent to $\varphi^*(z^*)dz^{*2}/\varphi(z)dz^2 > 0$. This quotient must therefore be a positive constant, which we can choose to be one. We thus get

$$(1) \qquad \varphi^*(z^*) = \varphi(z)\cdot f'(z^*)^2 \quad , \quad z = f(z^*) \quad ,$$

as the new function in G^* . The equation determines φ^* uniquely, whenever f is an analytic mapping of G^* into G . It is convenient to write it in the symmetric form

$$(2) \qquad \varphi^*(z^*)dz^{*2} = \varphi(z)dz^2 \quad .$$

This is the transformation rule of the square of a derivative.

A meromorphic function φ in a domain G together with the transformation rule (2) under conformal mapping is called a quadratic differential. The integral curves of the associated field of line elements $\varphi(z)dz^2 > 0$ are its trajectories. The orthogonal curves are the trajectories of $-\varphi$; they are called the orthogonal trajectories of φ . The trajectories of a quadratic differential are invariant under conformal mapping.

It should be noticed that if φ is considered as a function, the transformation rule under conformal mapping is "invariance", namely $\varphi^*(z^*) = \varphi(z)$, whereas, if it is considered as a linear (first order) differential, the transformation rule is

$$(3) \qquad \varphi^*(z^*)dz^* = \varphi(z)dz \quad .$$

This is the same as the transformation law for the derivative of a function.

A meromorphic "function" φ in a domain G which is not identically equal to a zero also defines, in a natural way, a direction field, by the requirement $\varphi(z)dz > 0$ i.e. $\arg dz = -\arg\varphi \pmod{2\pi}$. The integral curves of this field of directions have a natural orientation. The proper transformation rule in this case is (3), and we therefore term φ a linear differential.

Whereas in the case of a quadratic differential φ defined in a plane domain one not necessarily has to think of conformal mapping (and therefore sometimes just speakes of the "function" φ), this is no longer the case on a Riemann surface R , because there is, in general, no single parameter for the whole domain. The quadratic differential φ on R is defined by a set of function elements $\varphi_\nu(z_\nu)$ in the local parameters z_ν which obey the transformation rule (2): $\varphi_\nu(z_\nu)dz_\nu^2 = \varphi_\mu(z_\mu)dz_\mu^2$. Note that $\varphi(z) \equiv 1$, considered as a quadratic differential on the Riemann sphere, has a pole of order four at the point at infinity, because $z^* = 1/z$ is a local parameter at infinity and (2) leads to $\varphi^*(z^*) = 1/z^{*4}$. The zeroes and poles of a quadratic differential, including their orders, are invariantly defined, i.e. they are not affected by a change of the conformal parameter. One can therefore speak of a point $P \in R$ which is a zero or a pole of φ of a certain order, but of course not of the value of φ at a point $P \in R$.

A linear or first order differential φ on a Riemann surface R can be integrated. The "Abelian integral" $\int^z \varphi(z)dz$ is a function on R (invariant under a change of the parameter), locally determined up to an additive constant, but of course in general not single valued globally. It may have additive periods along closed paths. In the case of a quadratic differential φ the corresponding function is

$$(4) \qquad w = \Phi(z) = \int^{z} \sqrt{\varphi(z)}\, dz \ .$$

Two arbitrary local function elements Φ_1 and Φ_2 outside of a zero or a pole of φ satisfy a relation of the form

$$(5) \qquad \Phi_2 = \pm\Phi_1 + \text{const} \ .$$

A sufficiently small neighborhood of a point P_0 of R at which φ is different from zero is mapped conformally, by a branch of the integral (4), which we generally denote by Φ again, onto some neighborhood in the w-plane. From the equation

$$(6) \qquad dw^2 = \varphi(z)\, dz^2 \ ,$$

derived from (4), we see that the quadratic differential φ, in terms of the parameter w (i.e. after the conformal mapping Φ) is identically equal to one. The distinguished line elements are $dw^2 > 0$, and their integrals the horizontal curves $v = \text{const}$ $(w = u + iv)$. They can be parametrized by the "natural" or "distinguished" parameter u. This simple remark permits the integration of the field of line elements $\varphi(z)\, dz^2 > 0$ on R by conformal mapping and analytic continuation rather than by the use of differential equations. Let $P_0 \in R$ be a regular point of φ (i.e. not a zero or a pole of φ). Choose a branch Φ of (4) in a neighborhood U of P_0, $\Phi(P_0) = 0$. The inverse Φ^{-1} maps the neighborhood $U' = \Phi(U)$ onto U, taking the subinterval of the real axis $v = 0$ in U' onto the "horizontal" interval through P_0. The analytic continuation of Φ^{-1} along the real axis, in both directions, where we stop when Φ^{-1} is not longer locally $1-1$, yields the trajectory of φ through P_0 in natural parametrization $P = \Phi^{-1}(u)$. The maximal open subinterval $(u_{-\infty}, u_{\infty})$ of the real axis, in which this continuation is possible, is the domain of the natural parameter u. It is of course uniquely determined up to reflection at zero (if Φ is replaced by $-\Phi$). There is no distinguished orientation of a trajectory of a quadratic differential.

We thus find that through every regular point P_0 of φ there is a uniquely determined trajectory α . It can be closed: In this case it is a Jordan curve on R which is parametrized by $\Phi^{-1}(u)$, $0 \le u \le a$, say. In the other cases, Φ^{-1} is continuous and $1-1$ on $I = (u_{-\infty}, u_{\infty})$. It is split, by any point $P_0 = \Phi^{-1}(u_0) \in \alpha$, into two rays, α^+ and α^- say, the Φ^{-1} images of the intervals $[u_0, u_{\infty}]$ and $(u_{-\infty}, u_0]$ respectively. A ray can tend to a zero or a pole of φ , but not to a regular point, because then it could be continued further. If it has no limit point on R , we call it a boundary ray. A trajectory, both rays of which are boundary rays, is called a cross cut. If the limit set of a trajectory ray α^+ consists of more than one point, it is a closed set of trajectories and their limiting critical end-points. If this set contains α itself, which means that α^+ comes back arbitrarily close to its initial point P_0 again and again, α^+ is a termed recurrent. A trajectory, both rays of which are recurrent, is a spiral. One shows [14] that for a holomorphic quadratic differential of finite norm, the closed trajectories together with the cross cuts and the spirals cover R up to a null set.

2. CRITICAL POINTS.

A point $P \in R$ is called a critical point of the qua-dratic differential $\varphi \neq 0$, if it is either a zero or a pole of φ. In the neighborhood of a regular point, the parameter $w = \Phi(z)$ is the natural parameter. The trajectories are the horizontals in the w-plane, and φ has the representation $\varphi(w) \equiv 1$. By the last equation the parameter w is uniquely determined up to the sign and an arbitrary additive constant.

In the neighborhood of a zero P of order n , where φ has a representation of the form $(P \leftrightarrow z = 0)$

$$(7) \qquad \varphi(z) = a_n z^n + a_{n+1} z^{n+1} + \ldots \quad , \ n \ge 1 \ , \ a_n \neq 0 \ ,$$

one can introduce a new parameter ζ by conformal mapping such that the representation of φ in terms of ζ is

$$(8) \qquad \varphi(z)\,dz^2 = \left(\frac{n+2}{2}\right)^2 \zeta^n d\zeta^2 \ , \qquad z \leftrightarrow \zeta \ .$$

The function Φ becomes, in terms of ζ ,

$$(9) \qquad w = \Phi(\zeta) = \zeta^{\frac{n+2}{2}} \ .$$

The parameter ζ is called the natural parameter of φ in the neighborhood of P . It is uniquely determined up to a rotation by a multiple of $2\pi/(n+2)$. The natural parameter is particularly well suited to find the trajectory structure of φ . The function Φ maps the angle $0 \leq \vartheta \leq 2\pi/(n+2)$ onto the upper half of the w-plane, where the trajectories are represented by the horizontals. We thus find n+2 trajectories emanating from $\zeta = 0$, forming angles of magnitude $2\pi/(n+2)$ .The picture for a first order zero looks as indicated in FIGURE 1 .

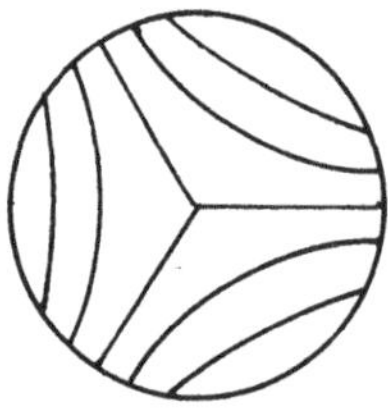

FIG. 1

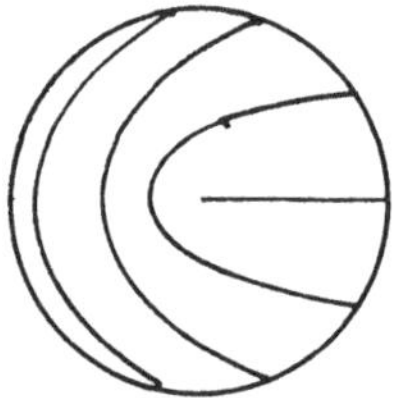

FIG. 2

The formulas (8) and (9) are still true if P is a first order pole of φ : We then have one trajectory ray, which starts at the point P , whereas in terms of the natural parameter the other trajectories are subintervals of parabolas with focus $\zeta = 0$.

For a second order pole, where the series (7) begins with the coefficient a_{-2} , the representations of φ in terms of the natural parameter is given by

$$(10) \qquad \varphi(z)\,dz^2 = \frac{a_{-2}}{\zeta^2}\,d\zeta^2 = a_{-2}\left(\frac{d\zeta}{\zeta}\right)^2 \quad .$$

It follows immediately from (10) that the trajectories are radial, if $a_{-2} > 0$, and they are circles $|\zeta| = $ const , if $a_{-2} < 0$. For general complex numbers a_{-2} we obtain logarithmic spirals tending to $\zeta = 0$ (FIGURES 3-5)

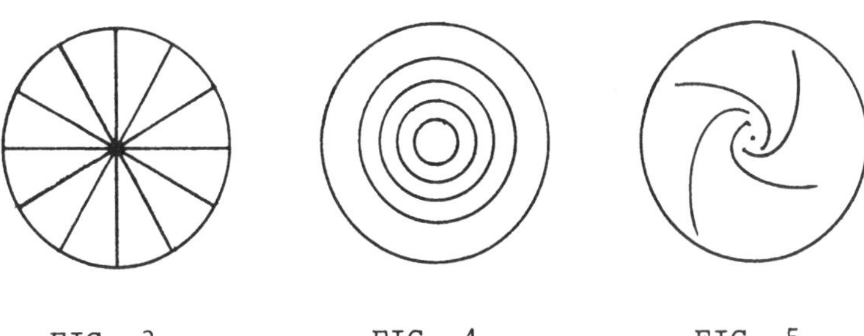

FIG. 3   FIG. 4   FIG. 5

Poles of order ≥ 3 show a different kind of structure. Again one can introduce a natural parameter ζ by conformal mapping. The representation of φ is slightly different whether the order of the pole is odd or even. In the first case, it is given by formula (8) again, with $n = -3, -5, -7, \ldots$, whereas in case of a pole of even order (where Φ has a single valued branch near P) a logarithmic term may come in. The representation then looks as follows

$$(11) \qquad \varphi(z)\,dz^2 = \left(\frac{n+2}{2}\,\zeta^{\frac{n}{2}} + \frac{b}{\zeta}\right)^2 dz^2 \quad ,$$

with uniquely determined coefficient b . The function Φ is

$$(12) \qquad w = \Phi(\zeta) = \zeta^{\frac{n}{2}+1} + b\log\zeta + c \quad ,$$

with arbitrary c . The term $b\cdot\log\zeta$ is an error term which does not change the qualitative nature of the trajectory structure. The logarithmic term is absent $(b=c=0)$ at a pole of odd order. For a pole of order 5 we have a picture

as indicated in FIGURE 6 . There are three radii, which re-
which represent trajectories.
They indicate the three directions in which the other tra-
jetories tend to P or ema-
nate from P . One shows that
there is a neighborhood U(P)
with the property that every
ray which enters U(P) tends
to P .

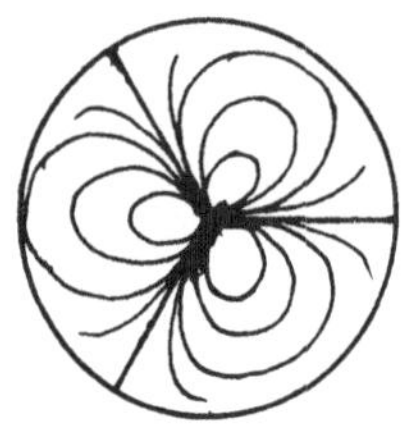

FIG. 6

Of course, one can now apply conformal mapping: The characteristic properties of the trajectory structure are those
which stay invariant under these mappings.

It should be noticed that a first order differential,
because of the global orientability of its trajectories,
allows for less singularities than a quadratic differential,
which lacks global orientability. This is the major reason
why quadratic differentials are more important in geometric
function theory than linear ones.

3.   THE METRIC.

In the neighborhood of a regular point of φ , i.e.
where $w = \Phi(z)$ is, locally, a 1-1-conformal mapping, the
Euclidean length of an arc in the w-plane is associated with
φ . The corresponding length element is

$$(13) \qquad |dw| = |\varphi(z)|^{\frac{1}{2}}|dz| \ .$$

The right hand side of (13) is a weighted length element in
terms of the arbitrary parameter z , which is invariant
under conformal mapping. But it is easier to see its properties from the left hand side. The length element is Euclidean
in the w-plane. This property shows that between any two
points which are sufficiently close to a regular point of φ
there exists a unique shortest connection. It is the straight

segment between the two points in the w-plane, and therefore satisfies

$$(14) \qquad \arg dw^2 = \arg \varphi(z) dz^2 = \text{const (mod } 2\pi) \ .$$

Even two arbitrary points in the neighborhood of a zero of φ can be joined by a unique shortest arc. This is easily seen from the representation (9) of Φ in terms of the natural parameter ζ . A sector of the ζ-plane spanning an angle of magnitude $2\pi/(n+2)$ is mapped onto a half plane of the w-plane. In the w-plane the unique shortest connection therefore consists either of a straight arc or a pair of radii. In the first case we get, in the ζ-plane, an arc joining the two points and avoiding $\zeta = 0$, in the second case again a pair of radii. The angle they form at $\zeta = 0$ must be $\geq 2\pi/(n+2)$. This is Teichmüller's angle condition.

The situation is different in the neighborhood of a first order pole $\zeta = 0$. Two opposite points can be joined by two symmetric arcs (segments of parabolas) passing on one side or the other of $\zeta = 0$. The uniqueness of the shortest connection is reestablished, if we puncture the neighborhood at $\zeta = 0$ and let the connections vary only in their homotopy class. One has to allow for the limiting case where the connection is a radius or a pair of radii. Between two arbitrary points ζ_1 and ζ_2 , different from $\zeta = 0$, and in an arbitrary homotopy class of arcs joining ζ_1 and ζ_2, with respect to the neighborhood punctured at $\zeta = 0$, there exists a unique shortest connection.

The area element of the metric (13) is given by

$$(15) \qquad du\, dv = |\varphi(z)|\, dx\, dy \ .$$

It follows from the representation of the Laurent coefficients by Cauchy's formula that the φ-area of a neighborhood of a critical point of φ is finite if and only if it is either a zero or a first order pole. Therefore these points are called finite critical points. The infinite

critical points lie at infinite distance from any point in
their neighborhood.

4.   GEODESICS.

A geodesic is a curve which is locally shortest. It
must necessarily be composed of straight arcs, and if it
passes through a zero of φ of order n , the angles on
both sides must satisfy the angle condition: They must be
$\geq 2\pi/(n+2)$. By a φ-polygon we mean a curve which is composed of finitely many straight arcs, whereas its vertices
are possibly zeroes of φ . Suppose φ is holomorphic in a
simply connected domain G and γ is a simple φ-polygon
in G . Let z_j be the vertices of γ , with inner angles
ϑ_j , $0<\vartheta_j<2\pi$. If z_j is a zero of φ , its order is denoted by n_j ; otherwise we set $n_j=0$. Along each side of
γ we have $\arg\varphi(z)dz^2 = \text{const}$, and hence $d\arg\varphi(z) =$
$-2d(\arg dz)$. We integrate this identity along γ and
apply the argument principle to the left hand side, in the
generalized form where φ has zeroes on the curve. The
integral over $d(\arg dz)$ is the rotation of the tangent
vector along γ . We then find Teichmüller's lemma:

$$(16) \qquad \sum\left(1 - \frac{2+n_j}{2\pi}\,\vartheta_j\right) = 2 + \sum_K n_k \geq 2 \quad,$$

where the n_k are the orders of the zeroes of φ in the
interior of γ .

The most important, immediate consequence is that in
case of a holomorphic φ in a simply connected domain there
are no closed geodesics. More generally, two arbitrary
points z and z' can be joined by at most one geodesic
arc. Without restricting the generality we can think of the
two arcs forming a simple φ-polygon. All the angles ϑ_j at
the vertices $\geq 2\pi/(n_j+2)$, except possibly at the points
z and z' , where we only know that the angles are positive. The value of the left hand side in (16) becomes
smaller than 2 , which is a contradiction.

On an arbitrary Riemann surface the theorem is still true if we fix the homotopy class of connecting arcs. The proof is by a lift to the universal covering surface.

The above uniqueness theorem shows that a holomorphic φ in a simply connected domain cannot have any recurrent trajectory rays (we would find two different straight arcs between the same points). A closer look at the topological situation [7] shows that this is even the case in doubly and triply connected domains. In these cases a trajectory ray which does not end in a zero of φ therefore necessarily tends to the boundary of the domain: It is a boundary ray.

It was also remarked by Teichmüller that, in a simply connected domain, two trajectory rays α_1^+ and α_2^+ starting at the endpoints of a vertical arc β necessarily diverge: The length of an arc γ connecting two points z_1 and z_2 of α_1^+ and α_2^+ respectively is always at least equal to the length b of β (divergence principle). Equality holds only if β and γ and the corresponding two subarcs of α_1^+ and α_2^+ form a boundary of a quadrilateral which is mapped onto a rectangle by Ψ . This follows again from Euclidean geometry in the w-plane. Suppose α is a trajectory which cuts β and which does not meet a zero of φ . Then γ crosses a sufficiently narrow horizontal strip S which runs along α . The length of the intersection of γ with S is at least equal to the height of the strip S . By an adequate subdivision of β into subintervals we can find horizontal strips of total height b and sum up to get the result.

A shortest connection between two points is of course necessarily a geodesic. Therefore, in a simply connected domain, or in a given homotopy class on an arbitrary Riemann surface, two points can be joined by at most one shortest arc. It is of course not true that any two points can be joined by a shortest arc. But a geodesic arc γ is the unique shortest connection between its endpoints (in the homotopy class of γ).

The proof of this theorem is again reduced to the simply

connected case. Let γ be a regular geodesic arc, i.e. there are no zeroes of φ on γ. We draw the orthogonal lines through the endpoints of γ. The situation is then reduced to the (more general) one of the divergence principle. The case of an arbitrary geodesic arc can be handled similarly, by subdivision.

It is important to consider closed geodesics, or, more specially, closed trajectories on a Riemann surface. By a lift to the universal covering surface and periodic continuation [6] one proves that a closed geodesic is shortest in its free homotopy class. It is no longer unique, because two closed geodesics in the same homotopy class have the same length.

Many properties of the metric $|\varphi(z)|^{\frac{1}{2}}|dz|$ are shared by a metric of the form $|f(z)|^{\alpha}|dz|$, with holomorphic f and any positive constant exponent α. Of course, under a conformal mapping f has to be transformed in such a way that $f(z)dz^{1/\alpha}$ stays invariant, which means that

$$(17) \qquad f^{*}(z^{*}) = f(z(z^{*}))\left(\frac{dz}{dz^{*}}\right)^{1/\alpha} .$$

It was shown by Carleman that for this metric (and hence of course for the metric associated with a quadratic differential) the isoperimetric inequality holds: The area A of a simply connected domain and the length L of its boundary satisfy $L^{2} \geq 4\pi A$. For details we refer to [1],[15].

5. CLOSED TRAJECTORIES.

A trajectory α is closed, if the continuation of Φ^{-1} along the horizontal in the w-plane is periodic: $\Phi^{-1}(u) = \Phi^{-1}(u+a)$, say. Let a be the smallest positive period. Then, the interval $[0,a]$ of the real axis is mapped by Φ^{-1} onto the entire closed trajectory α, $\Phi^{-1}(0) = \Phi^{-1}(a) = P_0$. The two function elements of Φ^{-1} at $u = 0$ and $u = a$ are inverses of elements of (4) at P_0, which satisfy (5).

The minus sign is not possible, therefore $\Phi^{-1}(w+a) = \Phi^{-1}(w)$ in a whole neighborhood of $w = 0$. The consequence is that the horizontals in some neighborhood of the interval $[0,a]$ are also mapped onto closed trajectories, and they all have the same φ-length, which is the (Euclidean) length a of the horizontal interval $[0,a]$. Any closed trajectory α is therefore embedded in a ring domain swept out by closed trajectories, and there is a largest such ring domain $R(\alpha)$. It is uniquely determined except for a holomorphic φ on a torus which we exclude in the sequel. Moreover, if one at least of the boundary components of $R(\alpha)$ reduces to a point, this is a pole of order two and φ necessarily has infinte norm. Therefore, every cylinder $R(\alpha)$ necessarily has finite modulus if the norm of φ is finite.

Two different maximal ring domains $R(\alpha_1)$ and $R(\alpha_2)$ are of course disjoint. But also, for a holomorphic φ , the closed trajectories α_1 and α_2 are not freely homotopic. This follows from a topological theorem which says that two disjoint Jordan curves on a Riemann surface R which are freely homotopic bound a ring domain on R [8]. An application of Teichmüller's lemma for doubly connected domains shows that φ cannot have any zeroes in the ring domain and hence it is swept out by closed trajectories. Therefore $R(\alpha_1) = R(\alpha_1)$.

A meromorphic quadratic differential φ on an arbitrary Riemann surface is said to have closed trajectories, if all its non closed trajectories cover a set of measure zero (in terms of local parameters). It follows immediately from the local trajectory structure that φ cannot have poles of higher order than two, and at each pole of order two the leading coefficient must be negative. Of course it is always possible to puncture the surface at the poles of φ and thus reduce the case of a meromorphic φ to a holomorphic one. Homotopy is also always with respect to the punctured surface.

6. EXTREMAL PROPERTIES.

Suppose φ is a holomorphic quadratic differential with closed trajectories and of finite norm on a Riemann surface R . We denote its ring domains by R_i . If we cut R_i along a vertical trajectory, we get a quadrilateral, which is mapped by Φ onto a rectangle S_i in the w-plane. The length of the horizontal side a_i of S_i is the φ-length of any one of the closed trajectories α_i sweeping out R_i . The length b_i of its vertical side is connected with a_i and the modulus M_i of R_i by

$$(18) \qquad M_i = \frac{b_i}{a_i} \ ,$$

and the φ-area of R_i , which is of course the Euclidean area of S_i , is $a_i b_i$. The norm of φ , $\|\varphi\| = \int\int_R |\varphi(z)|\,dx\,dy$, which is the area of R in terms of the φ-metric, is given by the expressions

$$(19) \qquad \|\varphi\| = \sum a_i b_i = \sum a_i^2 M_i = \sum \frac{b_i^2}{M_i} \ .$$

These representations of $\|\varphi\|$ lead to the following extremal properties of quadratic differentials with closed trajectories:

(I) Suppose the ring domains R_i of φ are replaced by non overlapping ring domains $\tilde{R}_i$, in the same homotopy classes as the R_i , with moduli $\tilde{M}_i$ (if, for some i , there is no $\tilde{R}_i$ at all, we call it degenerate and set $\tilde{M}_i = 0$). Then

$$\sum_i \frac{b_i^2}{M_i} \leq \sum_i \frac{b_i^2}{\tilde{M}_i} \ ,$$

with equalitiy only if $\tilde{R}_i = R_i$ for all i .

$$(II) \qquad \inf_{\{i\}} \left\{ \frac{\tilde{M}_i}{M_i} \right\} \leq 1$$

with equality only if $\tilde{R}_i = R_i$ for all i. This is in fact an immediate consequence of the extremal property (I).

(III)   Under the same hypothesis as in (I),

$$\sum_i a_i^2 M_i \geq \sum_i a_i^2 \tilde{M}_i \ ,$$

with equality only if $\tilde{R}_i = R_i$ for all i.

(IV)   Let $\rho|dz|$, $\rho \geq 0$ be a locally square integrable, invariant metric on R, with the property that $\int \rho|dz| \geq a_i$ for a.a. closed trajectories α sweeping out R_i, for all i. Then

$$\sum_i a_i^2 M_i \leq \iint_R \rho^2 dx\,dy \ ,$$

with equality only if $\rho|dz| = |\varphi(z)|^{\frac{1}{2}}|dz|$ a.e. on R. The extremal properties (I), (III) and (IV) are proved by means of the length area method, using the fact that a closed trajectory is a shortest curve, in its free homotopy class, with respect to the φ-metric. One could call the inequalities (I), (III), (IV) integrated forms of this length inequality.

7.   THE ASSOCIATED EXTREMAL PROBLEMS.

The properties (I)...(IV) suggest the following extremal problems. Instead of starting with a quadratic differential with closed trajectories, we start with a system of disjoint Jordan curves γ_i on R, no two of which are freely homotopic and none is homotopic to an arbitrarily small disk on R. In order to avoid certain difficulties (and even open questions) we only consider compact surfaces with finitely many punctures. Then, the system $\{\gamma_i\}$ is finite, and the existence and uniqueness theorems which correspond to the extremal properties (I)...(IV) are as follows:

(I') Let there be given positive numbers b_i assigned to the curves γ_i . Then, there is a unique quadratic differential φ with closed trajectories of homotopy type $\{\gamma_i\}$ and with heights of cylinders b_i .

(II') For arbitrary positive numbers m_i , assigned to the curves γ_i , there is a quadratic differential φ with closed trajectories of homotopy type $\{\gamma_i\}$ such that the moduli of its ring domains satisfy the proportion $M_i = \lambda \cdot m_i$, with a positive λ which is independent of i . φ is determined up to a positive constant factor.

(III') Let the numbers $a_i > 0$ be given. Then, there is a quadratic differential φ with closed trajectories of homotopy type $\{\gamma_i\}$ which maximizes the sum $\sum a_i^2 M_i$, and it is uniquely determined. It has the additional property that, whenever a cylinder R_i degenerates (i.e. $M_i = 0$), $a_i \leq \inf_{\gamma \sim \gamma_i} \int_\gamma |\varphi(z)|^{\frac{1}{2}} |dz|$, whereas equality holds if $M_i > 0$.

(IV') A square integrable metric $\rho|dz|$ on R is called admissible for the generalized extremal length problem which is defined by the curve system $\{\gamma_i\}$ and the lengths $\{a_i\}$, if $\int_\gamma \rho|dz| \geq a_i$ for a.a. analytic Jordan curves γ (in the sense it is used (IV)) which are freely homotopic to γ_i , for all i . Then there is a unique extremal metric, i.e. one with minimal norm $\iint_R \rho^2 dx\, dy$. It is the metric $\rho|dz| = |\varphi(z)|^{\frac{1}{2}} |dz|$ with the quadratic differential φ of (III').

Historically, these theorems and their proofs were found in the reversed order. The theorems (III') and (IV') were shown in [5], or, rather, (IV') was reduced to (III') and the proof consisted in maximizing the weighted sum of moduli $\sum a_i^2 \tilde{M}_i$ of (III), by a variation of the ring domains $\tilde{R}_i$ of homotopy type γ_i . This was achieved by the method of interior variation of Schiffer.

Theorem (II') was established in [13], using the same methods. And theorem (I') was proved in full generality in [11], in a special case, independently and approximately at the same time in [3]. The variational method in [11] is

based on Weyl's lemma, using quasiconformal deformations.
They are local, and not conformal and hence global, as in
Schiffer's variation. In fact, at least in the case of
finite curve systems, the three problems (I'), (II') and
(III') are equivalent. If (I') is solved, the solutions of
(II') and (III') follow by elementary geometric consider-
ations in n-space. A simple but non trivial example of the
kind of problems is Teichmüller's "Modulsatz". Theorem (IV')
is more or less a corollary to (III'). For details we refer
to the original papers [5],[13] and [11], or [16].

8.   COMPACT SURFACES WITH PUNCTURES.

If we now pass to arbitrary quadratic differentials, an
important case is that of a holomorphic quadratic differential of finite norm on a compact Riemann surface R with
finitely many punctures. The punctures can be, at most,
first order poles of φ . Except for finitely many critical
trajectories, i.e. trajectories which tend, in at least one
of their directions, to a critical point of φ (a zero or
first order pole), we can have closed trajectories and spirals. One shows that (except again for the torus) all the
non critical trajectories are closed if and only if the critical graph (set of critical trajectories) is compact.

A spiral is always dense in a certain domain which is
bounded by critical trajectories of finite length. An easy
way to give examples of such situations is by welding tori
with given differentials along horizontal or vertical arcs
of the same length. The differentials on the different tori
then naturally melt to a single differential on the whole
surface.

An appropriate means to deal with spiral domains is by
decomposing them into horizontal φ-rectangles. Let β be a
vertical interval in a spiral domain G . A trajectory ray
which starts at a point $P_0 \in \beta$ and which does not end up in
a critical point of φ meets β again. It either hits the
other border of β or the same one. In both cases it can

be extended to a horizontal rectangle (strip), of the first
kind if its two vertical sides are on different edges of β ,
of the second kind otherwise. This simple remark can be used
to establish a strip decomposition of G into finitely many
strips of the first and the second kind. Their vertical
sides all lie on the two edges of β and fill up these
edges.

11. A NORM INEQUALITY FOR ARBITRARY QUADRATIC DIFFERENTIALS.

It is not yet possible to give a construction of an arbitrary quadratic differential of finite norm as solution of
a minimum problem, similar to one of the constructions for
quadratic differentials with closed trajectories. However,
a minimum norm property can be established. It is based on
the notation of height of a curve which has its origin in
the theory of measured foliations.

Let γ be a simple loop which is not homotopically
trivial on a Riemann surface R . Suppose φ is a quadratic
differential on R . Then,

$$(20) \qquad h_\varphi(\gamma) = \inf_{\tilde{\gamma} \sim \gamma} \int_{\tilde{\gamma}} |dv| \ , \qquad w = u + iv = \Phi(z) \ ,$$

where $\tilde{\gamma}$ varies over all rectifiable loops on R which are
freely homotopic to γ , is called the height of γ with
respect to φ . The integral (20) itself is of course
nothing but the total variation of the imaginary part of the
function (4) along $\tilde{\gamma}$.

This notion of height is meaningful in a much more
general situation. Let $\{\tilde{v}_\nu\}$ be a system of real C^1-func-
tion elements in terms of the local parameters of R , with
the property

$$(21) \qquad \tilde{v}_2 = \pm \tilde{v}_1 + \text{const}$$

for function elements in overlapping neighborhoods. We ad-
mit isolated exceptional points, where no function elements

are defined. The imaginary parts of (4) are thus examples of a system (21).

The Dirichlet integral

$$(22) \qquad D[\tilde{v}] = \iint\limits_{R} \left\{ \left(\frac{\partial \tilde{v}}{\partial x} + \frac{\partial \tilde{v}}{\partial y} \right)^2 \right\} dx \, dy$$

evidently makes sense, and so does the height $h_{\tilde{v}}(\gamma)$ of a loop γ with respect to the system (21). Then, if

$$(23) \qquad h_{\tilde{v}}(\gamma) \geq h_{\varphi}(\gamma)$$

for all simple loops γ on R ,

$$(24) \qquad D[\tilde{v}] \geq \|\varphi\| \ .$$

Equality holds only if $\{\tilde{v}_\nu\} = \{v_\nu\}$.

An immediate consequence of this minimum property is the following uniqueness theorem:

Let φ and $\tilde{\varphi}$ be two holomorphic quadratic differentials of finite norm on a compact Riemann surface R , possibly with finitely many punctures. If $h_\varphi(\gamma) = h_{\tilde{\varphi}}(\gamma)$ for all simple loops γ , then $\varphi = \tilde{\varphi}$. For the proof and further applications we refer to [9],[16] and [4].

REFERENCES

[1] Carleman,T.: Zur Theorie der Minimalflächen. Math. Zeitschr.9 (1921) 154-160.

[2] Hamilton,R.S.: Extremal quasiconformal mappings with prescribed boundary values. Trans.Amer.Math.Soc. 138 (1969) 399-406.

[3] Hubbard,J. and Masur,H.: On the existence and uniqueness of Strebel differentials. Bulletin AMS 82 (1976) 77-79.

[4] -   : Quadratic differentials and foliations. Acta Math. 142 (1979) 221-274.

[5] Jenkins,J.A.: On the existence of certain general extremal metrics. Ann. of Math. 66 (1957) 440-453.

[6] -   : Univalent functions and conformal mapping. Er-

gebnisse der Math., Heft 18, 1-167,Springer-Verlag.

[7] Kaplan,W.: On the three pole theorem. Math. Nachr. 75 (1976) 299-309.

[8] Marden,A., Richards,I. and Rodin,B.: On the regions bounded by homologic curves. Pacific J. of Math. 16 (1966) 337-339.

[9] Marden,A. and Strebel,K.: The heights theorem for quadratic differentials on Riemann surfaces. To appear in Acta Math.

[10] Reich,E. and Strebel,K.: Extremal quasiconformal mappings with given boundary values. Contributions to Analysis. Academic Press (1974) 375-391.

[11] Renelt,H.: Konstruktion gewisser quadratischer Differentiale mit Hilfe von Dirichletintegralen. Math. Nachr. 73 (1976) 125-142.

[12] Schaeffer,A.C. and Spencer,D.C.: Coefficient regions for schlicht functions. AMS Colloquium Publications XXXV (1950) 1-311.

[13] Strebel,K.: Ueber quadratische Differentiale mit geschlossenen Trajektorien und extremale quasiconforme Abbildungen. Festband zum 70. Geburtstag von R. Nevanlinna, (1965) Springer-Verlag 105-127.

[14] — : On quasiconformal mappings of open Riemann surfaces. Comment. Math. Helv. 53 (1978) 301-321.

[15] — : On the metric $|f(z)|^\lambda |dz|$ with holomorphic f. Banach Center Publ. 11 (1982) 232-336.

[16] — : Quadratic Differentials. Ergebnisse der Math., Springer-Verlag, to appear.

[17] Teichmüller,O.: Untersuchungen über konforme und quasikonforme Abbildungen. Deutsche Math. 3 (1938) 621-678

[18] — : Ungleichungen zwischen den Koeffizienten schlichter Funktionen. Sitzungen Preuss. Akad. Wiss. (1938) 363-375.

[19] — : Extremale quasikonforme Abbildungen und quadratische Differentiale. Abh. Preuss. Akad. Wiss. 22 (1939) 1-197.

Universität Zürich
Mathematisches Institut
Rämistraße 74
CH-8001 Zürich
Schweiz